21世纪全国本科院校土木建筑类创新型应用人才培养规划教材

土质学与土力学

主　编　刘红军

副主编　韩春鹏

参　编　郭国梁　成华雄

北京大学出版社

PEKING UNIVERSITY PRESS

内 容 简 介

本书系统地介绍了土质学与土力学的基本概念、基本原理和土工问题的分析计算方法，内容包括：绪论、土的物理性质及工程分类、黏性土的物理化学性质、土中水的运动规律、土中应力计算、土的压缩性与地基沉降计算、土的抗剪强度、土压力理论、土坡的稳定分析、地基承载力、土在动荷载作用下的力学性质。全书共分为 10 章，每章均附有较全面、详细的例题和习题。

本书在编写时更加注重对学生工程实践能力的培养，每章多补充一些工程实例、例题及相关试验内容。在编写的过程中紧密结合最新的相关规范，注重编写内容及计算方法的更新。

本书不仅可以作为高等学校土木工程及交通工程专业的教学用书，也可作为研究生、科技人员及相关考试的参考用书。

图书在版编目(CIP)数据

土质学与土力学/刘红军主编. —北京：北京大学出版社，2013.4
(21 世纪全国本科院校土木建筑类创新型应用人才培养规划教材)
ISBN 978 - 7 - 301 - 22265 - 2

Ⅰ. ①土… Ⅱ. ①刘… Ⅲ. ①土质学—高等学校—教材②土力学—高等学校—教材 Ⅳ. ①P642.1 ②TU43

中国版本图书馆 CIP 数据核字(2013)第 042531 号

书　　　名：	土质学与土力学
著作责任者：	刘红军　主编
策 划 编 辑：	吴　迪　王红樱
责 任 编 辑：	王红樱
标 准 书 号：	ISBN 978 - 7 - 301 - 22265 - 2/TU · 0314
出 版 发 行：	北京大学出版社
地　　　址：	北京市海淀区成府路 205 号　100871
网　　　址：	http://www.pup.cn　新浪官方微博：@北京大学出版社
电 子 信 箱：	pup_6@163.com
电　　　话：	邮购部 62752015　发行部 62750672　编辑部 62750667　出版部 62754962
印 刷 者：	北京大学印刷厂
经 销 者：	新华书店
	787 毫米×1092 毫米　16 开本　17.75 印张　417 千字
	2013 年 4 月第 1 版　2015 年 4 月第 2 次印刷
定　　　价：	36.00 元

前　言

本书以《国家中长期教育改革和发展规划纲要(2010—2020 年)》文件精神为指导,借鉴先进的国际工程教育理念,参考卓越工程师教育培养计划,结合大众化教育实际,以工程实践能力培养为核心,以加强综合能力培养为目标编写而成。

"土质学与土力学"是土木工程专业一门重要的专业主干课程,在土木工程专业的人才培养中起着重要的作用,同时它又是一门实践性很强的学科。特别是近 30 多年以来,随着我国土木建筑事业的大发展以及土力学计算理论和工程实践的不断深入,土质学与土力学的分析计算理论与应用技术发展越来越快,相应涉及的范围越来越广,积累了许多宝贵的资料。

随着我国经济、社会的快速发展,逐年加大了基础工程建设的投入,社会对土木建筑类人才需求量会逐渐增多;同时,随着我国土木工程、交通工程等相关工程的大量进行,社会对高校的相关专业学生的应用能力和实践能力越来越看重,并提出了较高的要求。为此,高等教育已逐步由培养研究型人才向培养应用型人才和复合型人才转变,以适应经济和社会发展的需要。

本书为适应应用型人才的培养目标,从实用和易用两方面入手,用较简洁易懂的文字结合图片和实例讲解知识点,本书在编写时注重理论联系实际,并遵循课程教学规律,由浅入深、循序渐进,并辅以类型丰富的习题,从而使学生的学习成果得到巩固和加强。此外,本书在编写时非常注重对学生工程实践能力的培养,每章都配有工程实例、例题及相关的试验内容。本书在编写的过程还紧密结合最新的相关规范,注重编写内容及计算方法的更新。

本书各章编写分工如下:绪论、第 3 章、第 7 章、第 9 章由五邑大学刘红军编写;第 1 章、第 8 章由东北林业大学韩春鹏编写;第 4 章、第 5 章、第 6 章由齐齐哈尔大学郭国梁编写;第 2 章、第 10 章由建材广州地质工程勘察院成华雄编写。全书由刘红军统稿。

由于作者水平有限,编写时间仓促,所以书中疏漏和不足之处在所难免,恳请广大读者批评指正。

编　者

2013 年 1 月

目 录

第0章
绪　　论

1. 土质学与土力学的研究对象

　　土质学与土力学是将土作为建筑物的地基、材料或介质来研究的一门学科，主要研究土的工程性质以及土在荷载作用下的应力、变形和强度问题，为设计与施工提供土的工程性质指标与评价方法、土的工程问题的分析计算原理，是土木工程专业的主干课程。

　　土质学是从工程地质学范畴里发展起来的，它是从土的成因与成分出发，研究土的工程性质的本质与机理。对土在荷载、温度及湿度等因素作用下发生的变化作出数量上的评价，并根据土的强度、变形机理提出改良土质的有效途径。

　　土力学是从工程力学范畴里发展起来的，它把土作为物理-力学系统，根据土的应力-应变-强度关系提出力学计算模型，用数学力学方法求解土在各种条件下的应力分布、变形以及土压力、地基承载力与土坡稳定等课题。同时根据土的实际情况评价各种力学计算方法的可靠性与适用条件。

　　土质学和土力学是两门关系非常密切的学科，在发展的过程中相互渗透、互相结合。在工程学科范围内，把土的微观与亚微观结构的研究和土的应力-应变-强度关系的研究结合起来，把土的变形、强度机理和土的工程性质指标结合起来，进一步说明力学现象的本质，为近代计算技术在土力学中的应用提供比较切合实际的计算模型，以解决比较复杂的工程问题。从工程的要求出发，将土质学与土力学紧密结合起来学习是有好处的，有利于定性和定量研究的结合，更全面地理解土的工程问题的特点。

2. 土质学与土力学的发展简史与现状

　　土质学作为一门独立学科，始于 20 世纪。早期土质学的著作如 Приклонский 的《土质学》和 Пенисов 的《黏性土的工程性质》，系统地论述了土质学的原理，为土质学的进一步发展奠定了基础，也对我国有很大的影响。近代的著作如黄文熙的《土的工程性质》和 Mitchell 的 *Fundamentals of Soil Behavior* 代表了从两个不同的角度深入研究土的工程性质所达到的新水平。

　　18 世纪欧洲工业革命开始开启了土力学的理论研究，使土力学理论体系逐渐形成并发展为一门独立的学科，这一阶段称为土力学的理论提高阶段。1773 年库仑（C. A. Coulomb，法国）根据试验创立了砂土的抗剪强度理论，并在 1776 年发表的挡土墙土压力理论是土力学的开始。1857 年朗肯（W. J. M. Rankine，英国）借助土的极限平衡分析建立了朗肯土压力理论。达西 1856 年（Darcy，法国）根据对两种均匀砂土渗透试验结果提出了渗透定律。1885 年布西奈斯克（J. Boussinesq，法国）提出的表面竖向集中力在弹性半无限体内部应力和变形的理论解答，至今仍在土力学有关课题中广泛使用。

　　20 世纪初，一些重大土木工程事故的出现，如德国的桩基码头大滑坡、瑞典的铁路坍方、美国的地基承载力问题等，对地基问题提出了新的要求，推动了土力学理论的发展。例如普朗德尔（Prandtl，1920 年）发表了地基滑动面的数学公式。由彼德森（Peterson，1915 年）提出，以后又由费伦纽斯（W. Fellenius，1936 年）、泰勒（Taylor，1937 年）等发展了的计算边坡稳定性的圆弧滑动法等，就是这一时期的重要成果。

土力学作为一门独立的学科，一般认为是从太沙基（K. Terzaghi）总结前人的研究成果，提出了一维固结理论，并于 1925 年出版第一本《土力学》专著开始。太沙基把当时零散的有关定律、原理、理论等按土的特性加以系统化，形成了土力学的基本理论框架，从而使土力学成为一门独立的学科。因此，太沙基被认为是土力学的奠基人。太沙基指出土具有黏性、弹性和渗透性，按物理性质可把土分成黏土和砂土，并探讨了它们的强度机理，建立了有效应力原理，从而可真实地反映土力学的本质，使土力学确立自己的特色，成为土力学学科的一个重要指导原理，极大地推动了土力学的发展。1943 年他还出版了《理论土力学》，之后与 Peck 合著的《工程实用土力学》是对土力学的全面总结。

土力学作为一门独立学科发展至今可以分为两个发展阶段。第一阶段从 20 世纪 20 年代到 60 年代，称古典土力学阶段，也是土力学快速发展阶段。例如费伦纽斯（W. Fellenius，1927 年）、泰勒（D. W. Taylor，1937 年）、毕肖普（A. W. Bishop，1955）等建立和完善了圆弧稳定分析法。1942 年 B. B 索科洛夫斯基建立了散体静力学。1948 年 B. A. Barron 提出了砂井固结理论，1941 年 M. A. Biot 发表了三维固结理论和动力方程，有效应力原理得到了广泛的推广应用等。1957 年 D. C. Drucker 提出了土力学与加工硬化塑性理论，对土的本构研究起到了很大的推动作用。在本阶段，土体被视为线弹性体、刚塑性体、连续介质或分散体。在太沙基理论基础上，形成以有效应力原理、渗透固结理论、极限平衡理论为基础的土力学理论体系，研究土的强度与变形特性，解决地基承载力和变形、挡土墙土压力、土坡稳定等与工程密切相关的土力学课题，对弹塑性力学的应用也有了一定认识。在这一阶段，土力学得到了完善、充实和提高。

第二阶段从 20 世纪 60 年代开始，称为现代土力学阶段。其主要代表人物和理论有 K. H. Roscoe，D. C. Fredrund 等。1963 年剑桥大学的 K. H. Roscoe 等人提出了状态边界面概念，据此创立了著名的剑桥弹塑性模型，突破了先前弹性介质模型和刚塑性模型的局限，标志土力学进入了崭新的现代发展阶段。这一阶段改变了古典土力学中把各受力阶段人为割裂开来的情况，把土的应力、应变、强度、稳定等受力变化过程统一用一个本构关系加以研究，从而更切合土的真实性状。此后几十年，土力学的研究取得了多方面的重要进展，例如：土体非线性和弹塑性本构模型研究和应用，非饱和土渗流固结变形理论与强度理论的研究（1993 年 D. C. Fredrund 和 H. Bahardjo 发表了《非饱和土力学》），土的渐近破坏理论和损伤力学模型研究，砂土的液化和动力固结模型的研究，土的微观力学模型研究，土与结构相互作用研究以及数值分析与模拟方法的研究，等等。作为岩土力学界四年一届的盛会-国际土力学与岩土工程会议（1999 年以前称为土力学与地基基础会议），至 2009 年已开了 17 届。1999 年国际土力学与基础工程协会（ISSMFE）更名为国际土力学与岩土工程协会（ISSMGE）。

国内学者在这方面也做了不少工作，例如南京水利科学研究院所提出的弹塑性模型。由于本构关系对计算参数的种类和精度要求更高，因此也推动了测试和取样技术的发展。虽然这种方法目前还未广泛在工程中应用，也无法替代简化的和经验的传统方法。但它代表土工研究的发展趋势，促使土力学发生重大变革，使土工设计和研究达到新的水平。

由于土体的复杂性，许多计算理论和公式都做了许多简化和假设。尽管这些理论尚有不完善之处，但它仍是解决工程问题的重要依据。在长期的工程实践中发挥着不可替代的作用。从土木工程的发展和相关学科的进步考虑，国内外学者认为 21 世纪土力学的发展具有以下特点。

（1）进一步汲取现代数学、现代力学的成果和充分利用计算机技术，深入研究土的非线性、各向异性、流变等特性，建立新的更符合土体特性的本构模型和计算方法。

（2）充分考虑土和土工问题的不确定性，进行风险分析和优化决策，岩土工程的定值设计方法逐步向可靠度设计转化。

（3）对非饱和土的深入研究，充分揭示土粒、水、气三相界面的表面现象对非饱和土力学特性的影响，建立非饱和土强度变形的理论框架。

（4）土工测试设备和测试技术将得到新的发展。高应力、粗粒径、大应变、多因素和复杂应力组合的试验设备和方法得到发展，原位测试、土工离心试验等得到更大应用，计算机仿真成为特殊的土工试验手段，声波法、γ 射线法、CT 识别法等也将列入土工试验方法的行列。

（5）环境土力学得到极大的重视。由开矿、抽水、各种岩土工程活动造成的地面沉降和对周围环境的影响及防治继续受到重视。污染土和污染水的性质和治理，固体废料深埋处置方法中废料、周围土介质和地下水的相互作用以及污染物的扩散规律等研究将大大加强。沙漠化、盐碱化、区域性滑坡、洪水、潮汐、泥石流、地震等大环境问题也将进入土力学的研究范畴。

（6）土质学的研究进一步深入，用微观和细观的手段，研究和揭示岩土力学特性的本质。

（7）人工合成材料的应用。人工合成材料在排水、防渗、滤层、加筋等方面已得到很好的应用，但设计理论和方法还很不完善，其相互作用机理的了解尚很初步，对这种复合材料的深入研究将给土力学研究增加新的内容。

3. 土质学与土力学的学习内容

尽管人们对土的性质已有了比较深入的了解，也取得了前所未有的工程应用成就。然而，土作为自然历史的产物，它的许多性质人们无法预先控制，如土的受荷历史、沉积时的自然地理环境，因此土质学与土力学还不是一门纯理论的学科。21 世纪人类正面临资源和环境严峻现实的挑战，有许多问题需要土质学和土力学知识来解决，仍需要全面地深化对土的认识。从这个意义而言，土质学和土力学的主要研究内容包括土的物理性质及工程分类、黏性土的物理化学性质、土中水的运动规律、土中应力计算、土的压缩性与地基沉降计算、土的抗剪强度、土压力理论、土坡的稳定分析、地基承载力、土在动荷作用下的力学性质。也可将其分为两部分内容：第一部分是关于土的基本性质的试验、分析以及基本规律的介绍；第二部分是关于土的应力、变形、强度理论及土工问题基本分析方法的内容。

第 1 章土的物理性质及工程分类主要介绍土的物质组成与干湿、疏密状态的指标试验和计算，以及利用土工指标对土进行分类的方法。

第 2 章黏性土的物理化学性质主要讨论土粒表面与水的相互作用所引起的一系列物理化学现象及其工程意义。

第 3 章土中水的运动规律主要研究土的渗透特性和冻结时土中水分的迁移与积聚机理。土中水的存在是土区别于其他材料的重要因素。土中水的渗流、土的渗透破坏、水的浮力以及土的冻胀和翻浆是工程设计与施工必须考虑的问题，也是许多工程事故的主要原因。

第4章土中应力计算主要研究在外荷载作用下，土中应力状态的变化及其实用计算方法。这种应力的变化通常是造成土体变形或强度破坏的内在原因，在沉降计算时则需要计算土中附加应力沿深度的变化。这一章为后面几章的学习提供关于应力分布的基础知识和计算附加应力的方法。

第5章土的压缩性与沉降计算主要介绍压缩性指标的试验方法和建筑物沉降计算方法。沉降的计算与控制是地基基础设计的重要内容，过大的沉降与不均匀沉降常常是影响工程安全与正常使用的主要原因。此外，还介绍了分析沉降与时间关系的饱和土固结理论。

第6章土的抗剪强度主要讨论土的极限平衡理论、土的抗剪强度指标的试验方法与指标的工程应用。土的抗剪强度是土力学的重要课题之一，包括地基承载力、土压力和边坡稳定在内的土体稳定性验算都需要正确测定与正确应用土的抗剪强度指标。

第7章土压力理论主要讨论静止、主动与被动土压力的基本概念、朗肯土压力理论和库仑土压力理论的基本原理及实用计算方法，特别在各种特殊条件下土压力的计算方法。

第8章土坡的稳定分析主要介绍均质土和层状土的土坡稳定分析的几种实用方法，讨论在各种工程条件下土坡稳定计算需要考虑的一些特殊问题。

第9章地基承载力主要讨论地基破坏的三种模式，介绍地基临界荷载和极限荷载理论公式的基本概念和实用计算表达式，同时还介绍了规范给出的确定地基承载力的实用经验方法。

第10章土在动荷载作用下的力学性质讨论了土的动强度、动模量的基本概念与试验方法，介绍饱和粉细砂土和粉土的液化机理与液化判别方法，讨论了填土压实控制的原理与压实性指标的工程应用。

4. 土质学和土力学与土木工程专业之间的关系及相关案例

从事土木工程的技术人员在工程实践中将会遇到大量的与土有关的工程技术问题。土在工程中的应用概括起来有三个方面：①作为建筑物的地基；②作为填筑材料；③作为周围环境的介质。下面以两个典型案例说明土质学和土力学与土木工程专业之间的关系。

1）加拿大特朗斯康谷仓

加拿大特朗斯康谷仓如图0.1所示，平面呈矩形，南北向长59.4m，东西向宽23.5m，

图 0.1　加拿大特朗斯康谷仓地基破坏示意图

谷仓高 31m，容积 36368m³，由 5 排共计 65 个圆筒形的筒仓组成。基础为钢筋混凝土筏板，厚 0.6m，埋深 3.66m。粮仓于 1911 年动工，1913 年秋完工，谷仓自重 200MN，相当于装满谷物后满载总重量的 42.5%。当年 10 月装谷子约 3200m³ 时，发现谷仓 1h 内下沉 30cm，没有引起重视，任其发展，24h 之内，谷仓西段下沉 7.3m，东段抬升 1.5m，整个谷仓倾斜 27°。这是历史上少数几个发生地基整体失稳的著名案例之一。

2）意大利比萨斜塔

闻名世界的意大利比萨斜塔，如图 0.2 所示，始建于 1173 年，至 1370 年最终竣工，历经近 200 年，其间几度中断又几度复工。塔身呈圆筒形，共 8 层，高 55m，全塔总重量约为 145MN。塔身建立在深厚的高压缩性土之上，地基的不均匀沉降导致塔身发生倾斜，塔顶偏离塔心垂线的水平距离达 5.27m，倾斜达 93‰，高于我国地基基础规范允许值的 18 倍之多，是典型的地基不均匀沉降引起建筑物倾斜的著名案例。

图 0.2 意大利比萨斜塔倾斜照片

本 章 小 结

本章主要介绍了土质学与土力学的研究对象、土质学与土力学的发展简史与现状、土质学与土力学的学习内容、土质学和土力学与各专业之间的关系及相关案例。通过对本章的学习，重点要了解土质学与土力学所讲述的主要内容，理解土质学和土力学与土木工程专业之间的关系及学习土质学与土力学的目的和意义。

习 题

简答题

1. 什么是土质学？什么是土力学？两者有何区别与联系？
2. 土质学与土力学的研究内容有哪些？
3. 简述土质学与土力学的发展简史与现状。

第1章
土的物理性质及工程分类

【教学目标与要求】

- **概念及基本原理**

【掌握】土的特性；土的颗粒级配；土的三相比例指标；土的界限含水率；土的塑性指数和液性指数；土的相对密度。

【理解】土的结构与构造；土的工程分类。

- **计算理论及计算方法**

【掌握】土的三相比例指标计算；土的塑性指数、液性指数计算；土的相对密度计算。

- **试验**

【掌握】土的密度、含水率及土粒密度测定试验；土的液塑限测定试验。

【理解】土的颗粒分析试验。

导入案例

案例：甘肃舟曲泥石流事故(图1.1)

2010年8月7日22时许，甘南藏族自治州舟曲县突降强降雨，县城北面的罗家峪、三眼峪土体含水率迅速增大，形成泥石流下泄，由北向南冲向县城，造成沿河房屋被冲毁，泥石流阻断白龙江、形成堰塞湖。舟曲"8·8"特大泥石流灾害中遇难1434人，失踪331人。

图1.1 甘肃舟曲泥石流事故

土是由岩石经过物理风化和化学风化作用后的产物，是由各种大小不同的土粒按各种比例组成的集合体，土粒之间的孔隙中包含着水和气体，因此，土是一种三相体系。本章主要讨论土的物质组成以及定性、定量描述其物质组成的方法，包括土的三相组成、土的颗粒特征、土的三相比例指标、黏性土的界限含水率、砂土的密实度和土的工程分类。这些内容是学习土质学与土力学所必需的基本知识，也是评价土的工程性质以及分析与解决土的工程技术问题的基础。

1.1 土的形成及特性

1.1.1 土的形成

地球表面的整体岩石，在大气中经受长期的风化、剥蚀后形成形状不同、大小不一的颗粒，这些颗粒在不同的自然环境下进行堆积，或者经搬运和沉积而形成沉积物，即形成了土。土是一种集合体。土粒之间的孔隙中包含着水和气体，因此土是一种三相体。

岩石和土在不同的风化作用下形成不同性质的土。风化作用主要有物理风化、化学风化和生物风化。

（1）物理风化。岩石经受风、霜、雨、雪的侵蚀以及温度、湿度变化的影响，产生不均匀的膨胀与收缩破碎，或者运动过程中因碰撞和摩擦破碎，这种只改变颗粒大小和形状，不改变矿物颗粒成分的现象，称为物理风化。只经过物理风化形成的土是无黏性土，一般也称为原生矿物。

（2）化学风化。母岩表面破碎的颗粒受环境因素的作用而产生一系列的化学变化，改变了原来矿物的化学成分，形成新的矿物——次生矿物。经化学风化生成的土为细粒土，具有黏结力，成分主要是黏土颗粒及大量的可溶性盐类。

（3）生物风化。由植物、动物和人类活动对岩体产生的破坏称为生物风化。

1.1.2 土的特性

1. 土粒粒组的划分

自然界的土都是由大小不同的土粒组成。土粒的大小称为粒度，通常以粒径表示。天然土体的粒度变化悬殊，大的超过几十厘米，小的只有千分之几毫米，形状也不相同。不同粒度组成的土，其性质上有很大的差别。如砂、卵石等粗粒土多为浑圆或棱角状的石英颗粒组成，粒度较粗，具有较大的透水性而无黏性；而黏土的颗粒组成主要为颗粒细小的黏土矿物，形状为片状或针状，粒度极细，具有黏滞性而透水性低。因此，工程上常把大小、性质相近的土粒划分为一组，称为粒组，划分粒组的分界尺寸称为界限粒径。粒组之间的分界线是人为划分的，划分时应使粒组界限与粒组性质的变化相适应，并按一定比例递减关系划分粒组的界限值。

对粒组的划分，各个国家，甚至一个国家的不同部门有不同的规定。我国的粒组划分原则上是将土分为六大粒组即漂石或块石、卵石或碎石、圆砾或角砾、砂粒、粉粒和黏粒，但各行业的界限粒径有所不同，表1-1我国规范规定的粒组划分标准。

表1-1　我国规范规定的粒组划分标准

粒组	《土的工程分类标准》 (GB/T 50145—2007)		《公路土工试验规程》 (JTG E40—2007)	
	颗粒名称	粒径范围(mm)	颗粒名称	粒径范围(mm)
巨粒	漂石(块石)	>200	漂石(块石)	>200
	卵石(碎石)	60~200	卵石(碎石)	60~200
粗粒	砾粒 粗砾	20~60	砾(角砾) 粗砾	20~60
	中砾	5~20	中砾	5~20
	细砾	2~5	细砾	2~5
	砂粒 粗砂	0.5~2	粗砂	0.5~2
	中砂	0.25~0.5	砂粒 中砂	0.25~0.5
	细砂	0.075~0.25	细砂	0.075~0.25
细粒	粉粒	0.005~0.075	粉粒	0.002~0.075
	黏粒	≤0.005	黏粒	≤0.002

2. 土的颗粒级配

土的颗粒大小及其组成情况，通常用土中各个不同粒组的相对含量(各粒组干土质量的百分比)来表示，称为土的颗粒级配，它可用以描述土中不同粒径土粒的分布特征。

土的颗粒级配常用的表示方法有表格法、累计曲线法和三角坐标法。

表格法是以列表形式直接表达各粒组的相对含量，表格法有两种表示方法：一种是以累计含量百分比表示的(表1-2)；另一种是以粒组表示的(表1-3)。累计百分含量是直接由试验求得的结果，而以粒组表示的土粒分析结果则是由相邻两个粒径的累计百分含量之差求得的。

表1-2　颗粒分析的累计百分含量表示法

粒径 d_i (mm)	粒径小于等于 d_i 的累计百分含量 p_i(%)		
	土样A	土样B	土样C
10	—	100.0	—
5	100.0	75.0	—
2	98.9	55.0	—
1	92.9	42.7	—
0.50	76.5	34.7	—
0.25	35.0	28.5	100.0
0.10	9.0	23.6	92.0

（续）

粒径 d_i (mm)	粒径小于等于 d_i 的累计百分含量 p_i（%）		
	土样 A	土样 B	土样 C
0.075	—	19.0	77.6
0.010	—	10.9	40.0
0.005	—	6.7	28.9
0.001	—	1.5	10.0

表 1-3 颗粒分析的粒组表示法

粒组（mm）	土样 A	土样 B	土样 C
10～5	—	25.0	—
5～2	1.1	20.0	—
2～1	6.0	12.3	—
1～0.5	16.4	8.0	—
0.5～0.25	41.5	6.2	—
0.250～0.100	26.0	4.9	8.0
0.100～0.075	9.0	4.6	14.4
0.075～0.010	—	8.1	37.6
0.010～0.005	—	4.2	11.1
0.005～0.001	—	5.2	18.9
<0.001	—	1.5	10.0

累计曲线法是一种图示的方法，通常用半对数纸绘制，横坐标（按对数比例尺）表示某一粒径大小，纵坐标表示小于某一粒径的土粒的百分含量。表 1-2 中的三种土样用累计曲线法表示（图 1.2）。

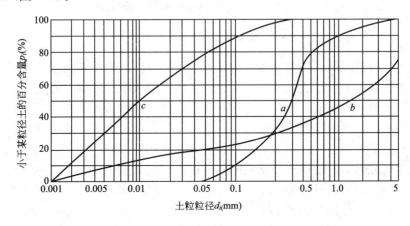

图 1.2 土的累计曲线

在累计曲线上，可确定两个描述土的级配的指标：

不均匀系数

$$C_u = \frac{d_{60}}{d_{10}} \tag{1-1}$$

曲率系数

$$C_c = \frac{d_{30}^2}{d_{60}d_{10}} \tag{1-2}$$

式中：d_{10}、d_{30}、d_{60}——分别相当于累计百分含量为 10%、30%、60% 的粒径，d_{10} 称为有效粒径，d_{60} 称为限制粒径。

不均匀系数 C_u 反映的是大小不同粒组的分布情况，$C_u < 5$ 的土称为匀粒土，级配不良；C_u 越大，说明粒组分布范围越广，但如果 C_u 过大，可能缺失中间粒径，属不连续级配，故需同时用曲率系数 C_c 来评价。曲率系数 C_c 是描述累计曲线整体形状的指标，工程中，当同时满足 $C_u \geqslant 5$ 和 $C_c = 1 \sim 3$ 时，土的级配良好，为不均匀土。

三角坐标法也是一种图示法，利用等边三角形内任意一点至三个边的垂直距离恒等于三角形之高 H 的原理，用以表示组成土的三个粒组的相对含量，即图中的三个垂直距离可以确定一点的位置。三角坐标法只适用于划分为三个粒组的情况，如图 1.3 所示土样 C 被划分为砂土、粉土和黏土粒组，图中过 m 点分别向三条边做平行线，得到 m 坐标分别为：黏粒含量 28.9%，粉粒含量 48.7%，砂粒含量 22.4%，三粒组之和为 100%。

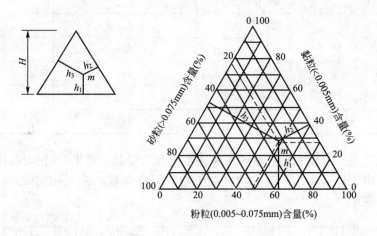

图 1.3　三角坐标图

上述三种土粒组成的表示方法各有其特点和适用条件。表格法能很清楚地用数量说明土样各粒组的含量，但很难直观比较大量土样之间颗粒级配的差别。累计曲线法能用一条曲线表示一种土的颗粒组成，而且可以在一张图上同时表示多个土样的颗粒组成，因此能直观地比较各土样之间的颗粒级配状况，目前在土的颗粒分析试验成果整理中大多采用累计曲线法。三角坐标法能用一点表示一种土的颗粒组成，在同一张图内也可以同时表示多个土样的颗粒组成情况，便于进行土料的级配设计，但只能进行三个粒组成分的比较。三角坐标图中不同的区域表示土的不同组成，因而还可以用来确定颗粒级配分类的土名。

在工程上可根据使用的要求选择合适的表示方法，也可以在不同的场合选用不同的方法。

3. 土的颗粒分析方法

土的颗粒分析可采用土的颗粒分析试验方法，简称颗分试验，它可分为筛分方法（简称筛分法）和沉降分析法。对于粒径大于 0.075mm 的土粒可采用筛分法，而对于粒径小于 0.075mm 的土粒则必须用沉降分析法来分析土的颗粒组成。

筛分法是用一套不同孔径的标准筛把各种粒组分离出来，与建筑材料的粒径级配筛分石料试验一样的，但很细的粒组无法直接用筛分试验分离出来。我国现行标准，最小孔径的筛孔为 0.075mm，相当于美国 ASTM 标准的 200 号筛即在 1 平方英寸（1 英寸＝25.1mm 面积上有 200 个筛孔），这是在国际上比较通用的标准。在采用最小孔径的筛进行筛分试验时应当采用水筛的方法，如此才能把联结在一起的细颗粒分开。通过 0.075mm 的土粒用筛分法则无法再加以细分，需要采用沉降分析法进行颗粒分析。将筛分法和沉降分析法的结果综合在一起，就可以得到完整的以累计百分含量表示的土的颗粒级配，见表 1-2。

沉降分析法依据司笃克斯（stokes）定律进行测定。当土粒在液体中靠自重下沉时（图 1.4），较大的颗粒下沉较快，而较小的颗粒下沉较慢。一般认为，对于粒径为 0.2～0.002mm 的颗粒，在液体中靠自重下沉时做等速运动，这符合司笃克斯定律。但实际上，由于土粒并不是球形颗粒，因此采用司笃克斯定律计算得到的并不是实际土粒的尺寸，而是与实际土粒有相同沉降速度的理想球体的直径，称为水力直径。

沉降分析测定悬液密度的方法有两种，即密度计法（比重计法）和移液管法。密度计法是将一定量的土样（粒径小于 0.075mm）放在量筒中，然后加纯水，经过搅拌，使土的大小颗粒在水中均匀分布，制成一定量的均匀浓

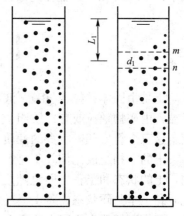

图 1.4 土粒在悬液中的沉降

度的土悬液（1000mL），静悬液，让土粒沉降，在土粒下沉过程中，用密度计测出在悬液中对应于不同时间的不同悬液密度，根据密度计读数和土粒的下沉时间，就可以计算出小于某一粒径的颗粒占土样的百分数。移液管法是根据司笃克斯定律计算出某粒径的颗粒自液面下沉到一定深度所需要的时间，并在此时间间隔用移液管自该深度处取出固定体积的悬液，将取出的悬液蒸发后称干土质量，通过计算此悬液占总悬液的比例来求得此悬液中干土质量占全部试样的百分数，具体试验方法可见有关试验标准。

4. 土粒的形状

土粒的形状是多种多样的，卵石接近于圆形而碎石具有颇多棱角；砂是粒状的而黏土颗粒大多是扁平的。土粒形状对于土的密实度和土的强度有显著影响，棱角状的颗粒互相嵌挤咬合形成比较稳定的结构，强度较高；而磨圆度好的颗粒之间容易滑动，土体的稳定性比较差。

土粒的形状与土的矿物成分有关，也与土的成因条件及地质历史有关。云母是薄片状而石英砂却是颗粒状的；未经长途搬运的残积土的颗粒大多呈棱角状，而在河流下游沉积的颗粒大多磨圆度较高。

描述土粒的形状一般用肉眼观察鉴别的方法，或借助电子显微镜扫描照片采用计算机

图像处理的方法研究土粒的几何参数；还有用体积系数和形状系数描述土粒的形状，这些指标只能用于定性的评价。

体积系数 V_c

$$V_c = \frac{6V}{\pi d_m^3} \qquad (1-3)$$

式中：V——土粒体积(mm^3)；

$\quad d_m$——土粒的最大粒径(mm)。

V_c 越大，土粒越接近于圆形。圆球状土粒的 $V_c = 1$；立方体土粒的 $V_c = 0.37$；棱角状土粒的 V_c 则更小。

形状系数 F

$$F = \frac{AC}{B^2} \qquad (1-4)$$

式中：A、B、C——土粒的最大、中间和最小粒径。

1.2 土的三相组成

土是由固体颗粒(固相)、液体(液相)、气体(气相)三部分组成的三相体。固体部分为土粒，由矿物颗粒或有机质组成，构成土的骨架。骨架间有许多孔隙，为水和气体所填充。这三个组成部分本身的性质及它们之间的比例关系和相互作用决定土的物理性质。

土的三相组成比例并不是恒定的，它随着环境的变化而变化。土的三相组成比例不同，土的状态和工程性质也随之各异。当土中只有固体和气体时，液相为零，土为干土，此时黏土呈坚硬状态，砂土呈松散状态；当土中三相都存在时，土体属于非饱和土，此时黏土多为可塑状态；当土体只含有固体和液体时，土体为饱和土。粉细砂或粉土遇地震作用，可能产生液化，黏土地基受到建筑荷载作用发生沉降需几年甚至几十年才能稳定。

1.2.1 土中固体颗粒

土的固相物质包括无机矿物颗粒和有机质，是构成土的骨架最基本的物质。土中的无机矿物成分又可以分为原生矿物和次生矿物两大类。

原生矿物是岩浆在冷凝过程中形成的矿物，如石英、长石、云母等。

次生矿物是由原生矿物经过化学风化作用后所形成的新矿物，如三氧化二铝、三氧化二铁、次生二氧化硅、黏土矿物以及碳酸盐等。次生矿物按其与水的作用程度可分为易溶的、难溶的和不溶的，次生矿物的水溶性对土的性质有着重要的影响。黏土矿物的主要代表性矿物为高岭石、伊利石和蒙脱石，由于其亲水性不同，当其含量不同时，土的工程性质也随之不同。

在以物理风化为主的过程中，岩石破碎而并不改变其成分，岩石中的原生矿物得以保存下来；但在化学风化的过程中，有些矿物分解成为次生的黏土矿物。黏土矿物是很细小的扁平颗粒，表面具有极强的与水相互作用的能力，颗粒越细，表面积越大，亲水的能力就越强，对土的工程性质的影响也就越大。

在风化过程中，由于微生物作用，土中会产生复杂的腐殖质矿物，此外还会有动植物残体等有机物，如泥炭等。有机颗粒紧紧地吸附在无机矿物颗粒的表面形成了颗粒间的联结，但这种联结的稳定性较差。

1.2.2 土中的水

土的液相是指存在于土孔隙中的水。通常认为水是中性的，在零度时结冻，但土中的水实际上是一种成分非常复杂的电解质水溶液，它与亲水性的矿物颗粒表面有着复杂的物理化学作用。按照水与土相互作用程度的强弱，可将土中水分为结合水和自由水两大类。

结合水是指处于土颗粒表面水膜中的水，受到表面引力的控制而不服从静水力学规律，其冰点低于零度。结合水又可分为强结合水和弱结合水。强结合水存在于最靠近土颗粒表面处，水分子和水化离子排列得非常紧密，以致其密度大于1，并有过冷现象（即温度降到零度以下而不发生冻结的现象）。在距土粒表面较远地方的结合水则称为弱结合水，由于引力降低，弱结合水的水分子排列不如强结合水紧密，弱结合水可能从较厚水膜或浓度较低处缓慢地迁移到较薄的水膜或浓度较高处，即弱结合水可能从一个土粒周围迁移到另一个土粒的周围，这种运动与重力无关。这层不能传递静水压力的水定义为弱结合水。

自由水包括毛细水和重力水。毛细水不仅受到重力的作用，还受到表面张力的支配，能沿着土的毛细孔隙从潜水面上升到一定的高度。毛细水上升对于公路路基土的干湿状态及建筑物的防潮有重要影响。重力水在重力或压力差作用下能在土中渗流，对于土颗粒和结构物都有浮力作用，在土力学计算中应当考虑这种渗流及浮力的作用力。

1.2.3 土中的气体

土的气相是指填充在土孔隙中的气体，包括与大气连通和不连通两类气体。与大气连通的气体的成分与空气相似，对土的工程性质没有多大影响，当土受到外力作用时，这种气体很快从土孔隙中挤出；但是密闭的气体对土的工程性质有很大影响，在压力作用下这种气体可被压缩或溶解于水中，而当压力减小时，气泡则会恢复原状或重新游离出来。

1.3 土的三相物理指标

土的三相物质在体积和质量上的比例关系称为土的三相比例指标。土的三相比例指标反映了土的干燥与潮湿、疏松与紧密，是评价土的工程性质最基本的物理性质指标，也是工程地质勘察报告中不可缺少的基本内容。

为了推导土的三相比例指标，通常把在土体中实际上是处于分散状态的三相物质理想化地分别集中在一起，构成如图 1.5 所示的三相图。在图 1.5(c)中，右边注明土中各相的体积，左边注明土中各相的质量。土样的体积 V 为土中空气的体积 V_a、水的体积 V_w 和土粒的体积 V_s 之和；土样的质量 m 为土中空气的质量 m_a、水的质量 m_w 和土粒的质量 m_s 之和；通常认为空气的质量可以忽略，则土样的质量就仅为水的质量和土粒质量之和。

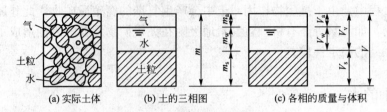

(a) 实际土体　　(b) 土的三相图　　(c) 各相的质量与体积

图 1.5　土的三相图

土的三相物理指标可分为两大类：一类是实测物理指标(试验指标)；另一类是换算物理指标(换算指标)。

1.3.1　土的实测物理指标及其测定方法

实测物理指标也称为试验指标，是指通过试验测定的指标，有土的密度、土粒比重和土的含水率。

1. 土的密度 ρ

土的密度是单位体积土的质量，单位为 g/cm^3。若令土的体积为 V，质量为 m，则土的密度 ρ 可表示为：

$$\rho = \frac{m}{V} \tag{1-5}$$

土的密度常用环刀法测定，就是采用一定体积环刀切取土样并称出土的质量，环刀内土的质量与环刀体积之比即为土的密度。一般土的密度为 $1.60 \sim 2.20\ g/cm^3$。当用国际单位制计算重力 W 时，由土的质量产生的单位体积的重力称为重力密度 γ，简称为重度；重力等于质量乘以重力加速度，因此重度由密度乘以重力加速度 g 求得，其单位是 kN/m^3，即：

$$\gamma = \rho g \tag{1-6}$$

天然土求得的密度称为天然密度或湿密度，相应的重度称为天然重度或湿重度，以区别于其他条件下的指标。

2. 土粒比重 G_s

土粒比重是土粒质量 m_s 与同体积 4℃ 时纯水的质量之比，可用式(1-7)表示：

$$G_s = \frac{m_s}{V_s \rho_{w1}} = \frac{\rho_s}{\rho_{w1}} \tag{1.7}$$

式中：ρ_{w1}——纯水在 4℃ 时的密度($1g/cm^3$)；

　　　ρ_s——土粒密度。

土粒比重在数值上等于土粒密度(g/cm^3)，但土粒比重无量纲。

土粒比重可采用比重瓶法测定，基本原理是利用称好质量的干土放入盛满水的比重瓶的前后质量差异，来计算土粒的体积，从而进一步计算出土粒比重。但土粒比重主要取决于土的矿物成分，不同土类的比重变化幅度并不大，在有经验的地区可按经验值选用，一般土的比重见表 1-4。

表 1-4 土粒比重的一般数值

土名	砂土	砂质粉土	黏质粉土	粉质黏土	黏土
土粒比重	2.65~2.69	2.70	2.71	2.72~2.73	2.74~2.76

3. 土的含水率 ω

土的含水率是土中水的质量 m_w 与土粒质量 m_s 的比值，可用式(1-8)表示：

$$\omega = \frac{m_w}{m_s} \times 100\%$$
(1-8)

土的含水率一般采用烘干法测定，就是将试样放在温度能保持 $105\sim110℃$ 的烘箱中，烘至恒重时所失去的水质量与达到恒重后干土质量的比值即为土的含水率。土的含水率是描述土的干湿程度的重要指标，常以百分数表示。土的天然含水率变化范围很大，从干砂的含水率接近于零到蒙脱土的含水率可达百分之几百。

1.3.2 土的换算物理指标

除了上述土的三个实测物理指标之外，还有一些土的指标可以通过计算求得，称为换算指标，包括土的干密度(干重度)、饱和密度(饱和重度)、有效重度、孔隙比、孔隙率和饱和度。

1. 土的干密度 ρ_d

土的干密度是土的颗粒质量 m_s 与土的总体积 V 之比，单位为 g/cm^3，可用式(1-9)表示：

$$\rho_d = \frac{m_s}{V}$$
(1-9)

土的干密度越大，土则越密实，强度也就越高，水稳定性也越好。干密度常用来作为填土密实度的施工控制指标。

2. 土的饱和密度 ρ_{sat}

土的饱和密度是当土的孔隙中全部被水所充满时的密度，即全部充满孔隙的水质量 m_w 与颗粒质量 m_s 之和与土的总体积 V 之比，单位为 g/cm^3，可用式(1-10)表示：

$$\rho_{sat} = \frac{m_s + V_v \rho_w}{V}$$
(1-10)

式中：V_v——土的孔隙体积；

　　　ρ_w——水的密度($\approx 1g/cm^3$)。

当用干密度或饱和密度计算重力时，应乘以重力加速度 g 变换为干重度 γ_d 或饱和重度 γ_{sat}，单位为 kN/m^3，可用式(1-11)或式(1-12)表示：

$$\gamma_d = \rho_d g$$
(1-11)

$$\gamma_{sat} = \rho_{sat} g$$
(1-12)

3. 土的有效重度 γ'

当土浸没在水中时，土的颗粒受到水的浮力作用，单位土体积中土粒的重力扣除同体积水的重力后，即为单位土体积中土粒的有效重力，称为土的有效重度(又称浮重度)，单位为 kN/m^3，可用式(1-13)表示：

$$\gamma' = \frac{m_s g - V_s \gamma_w}{V} = \gamma_{sat} - \gamma_w \tag{1-13}$$

式中：γ_w——水的重度。

4. 土的孔隙比 e

土的孔隙比是土中孔隙的体积 V_v 与土粒体积 V_s 之比，以小数计，用式(1.14)表示：

$$e = \frac{V_v}{V_s} \tag{1-14}$$

孔隙比可用来评价土的紧密程度，或从孔隙比的变化推算土的压密程度，是土的一个重要的物理性指标。

5. 土的孔隙率 n

土的孔隙率是土中孔隙的体积 V_v 与土的总体积 V 之比，常以百分数计，用式(1-15)表示：

$$n = \frac{V_v}{V} \times 100\% \tag{1-15}$$

6. 土的饱和度 S_r

土的饱和度是指孔隙中水的体积 V_w 与孔隙体积 V_v 之比，常以百分数计，用式(1-16)表示：

$$S_r = \frac{V_w}{V_v} \times 100\% \tag{1-16}$$

1.3.3 土的基本物理指标之间的关系

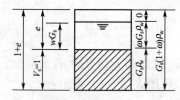

图 1.6 土的三相草图

土的三相比例指标之间可以互相换算，根据土的密度、土粒比重和土的含水率三个试验指标，可以换算得到全部换算物理指标，也可以用某几个指标换算其他的指标。

如图 1.6 所示为土的三相草图，假定土的颗粒体积 $V_s = 1$，并假定 $\rho_w = \rho_{wl}$，则孔隙体积 $V_v = e$，总体积 $V = 1 + e$，颗粒质量 $m_s = V_s G_s \rho_{wl} = G_s \rho_w$，水的质量 $m_w = \omega m_s = \omega G_s \rho_w$，总质量 $m = G_s (1 + \omega) \rho_w$，于是根据定义则有：

$$\rho = \frac{m}{V} = \frac{G_s(1+\omega)\rho_w}{1+e} \tag{1-17}$$

$$\rho_d = \frac{m_s}{V} = \frac{G_s \rho_w}{1+e} = \frac{\rho}{1+\omega} \tag{1-18}$$

$$e = \frac{G_s \rho_w}{\rho_d} - 1 = \frac{G_s(1+\omega)\rho_w}{\rho} - 1$$

$$\rho_{sat} = \frac{m_s + V_v \rho_w}{V} = \frac{(G_s + e)\rho_w}{1+e}$$

$$\gamma' = \frac{m_s g - V_s \gamma_w}{V} = \frac{m_s g - (V - V_v)\gamma_w}{V} = \frac{m_s g + V_v \gamma_w - V\gamma_w}{V} = \gamma_{sat} - \gamma_w$$

$$= \frac{(G_s + e)\gamma_w}{1+e} - \gamma_w = \frac{(G_s - 1)\gamma_w}{1+e} \qquad (1-19)$$

$$n = \frac{V_v}{V} = \frac{e}{1+e} \qquad (1-20)$$

$$S_r = \frac{V_w}{V_v} = \frac{\dfrac{m_w}{\rho_w}}{e} = \frac{\dfrac{\omega G_s \rho_w}{\rho_w}}{e} = \frac{\omega G_s}{e} \qquad (1-21)$$

土的三相比例指标换算公式可见表 1-5。

表 1-5　土的三相比例指标换算关系

换算指标	用试验指标计算的公式	用其他指标的公式
孔隙比 e	$e = \dfrac{G_s(1+\omega)\gamma_w}{\gamma} - 1$	$e = \dfrac{G_s \gamma_w}{\gamma_d} - 1$ $e = \dfrac{\omega G_s}{S_r}$
饱和重度 γ_{sat}	$\gamma_{sat} = \dfrac{\gamma(G_s - 1)}{G_s(1+\omega)} + \gamma_w$	$\gamma_{sat} = \dfrac{G_s + e}{1+e}\gamma_w$ $\gamma_{sat} = \gamma' + \gamma_w$
饱和度 S_r	$S_r = \dfrac{\gamma G_s \omega}{G_s(1+\omega)\gamma_w - \gamma}$	$S_r = \dfrac{\omega G_s}{e}$
干重度 γ_d	$\gamma_d = \dfrac{\gamma}{1+\omega}$	$\gamma_d = \dfrac{G_s}{1+e}\gamma_w$
孔隙率 n	$n = 1 - \dfrac{\gamma}{G_s(1+\omega)\gamma_w}$	$n = \dfrac{e}{1+e}$
有效重度 γ'	$\gamma' = \dfrac{\gamma(G_s - 1)}{G_s(1+\omega)}$	$\gamma' = \gamma_{sat} - \gamma_w$

例 1.1　已知土的试验指标，重度 $\gamma = 17.0\text{kN/m}^3$、土粒比重 $G_s = 2.72$、含水率 $\omega = 10.0\%$，求孔隙比 e、饱和度 S_r 和干重度 γ_d。

解：可以采用两种方法。第一种方法是直接采用表 1-5 中的换算公式计算；第二种方法是利用试验指标按三相草图分别求出三相物质的重力和体积，然后按定义计算。

方法一：

$$e = \frac{G_s(1+\omega)\gamma_w}{\gamma} - 1 = \frac{2.72 \times (1+0.10) \times 9.81}{17.0} - 1 = 0.727$$

$$S_r = \frac{\omega G_s}{e} = \frac{0.1 \times 2.72}{0.727} = 0.374 = 37.4\%$$

$$\gamma_d = \frac{\gamma}{1+\omega} = \frac{17.0}{1+0.10} = 15.5\text{kN/m}^3$$

方法二：

设　土粒体积

$$V_s = 1 m^3$$

则　土粒的重力

$$W_s = V_s G_s \gamma_w = 1 \times 2.72 \times 9.81 = 26.68 kN$$

水的重力

$$W_w = \omega W_s = 0.10 \times 26.68 = 2.67 kN$$

土的重力

$$W = W_w + W_s = 26.68 + 2.67 = 29.35 kN$$

已知土的重度

$$\gamma = 17.0 \ kN/m^3$$

则　土的体积

$$V = \frac{W}{\gamma} = \frac{29.35}{17.0} = 1.727 m^3$$

孔隙体积

$$V_v = V - V_s = 1.727 - 1 = 0.727 m^3$$

水的体积

$$V_w = \frac{W_w}{\gamma_w} = \frac{2.67}{9.81} = 0.272 m^3$$

求得三相物质分别的重力及体积，即可按定义计算孔隙比 e、饱和度 S_r 和干重度 γ_d：

$$e = \frac{V_v}{V_s} = \frac{0.727}{1} = 0.727$$

$$S_r = \frac{V_w}{V_v} = \frac{0.272}{0.727} = 37.4\%$$

$$\gamma_d = \frac{W_s}{V} = \frac{26.68}{1.727} = 15.4 kN/m^3$$

上述两种方法计算的结果在尾数上略有差异，主要是由于方法二计算误差积累的缘故，在工程中一般都采用第一种方法计算。

例 1.2　已知饱和黏土含水率为 36%，土粒比重 $G_s = 2.75$，求孔隙比 e 的值。

解： 此题指出该黏土为饱和黏土，说明饱和度 $S_r = 1$，由表 1-5 中公式可直接得：

$$e = \frac{\omega G_s}{S_r} = \frac{0.36 \times 2.75}{1} = 0.99$$

对于饱和土来说，孔隙比与含水率一般呈线性关系，大量实测数据的统计也证明了这一点。

例 1.3　某黏土土样，体积为 29cm³，湿土重为 0.5N，含水率 $\omega = 40\%$，土粒比重 $G_s = 2.75$。求该土样的饱和度 S_r。

解： 土的天然重度

$$\gamma = \frac{G}{V} = \frac{0.5 \times 10^{-3}}{29 \times 10^{-6}} = 17.24 kN/m^3$$

饱和度

$$S_r = \frac{\gamma G_s \omega}{G_s(1+\omega)\gamma_w - \gamma} = \frac{0.4 \times 2.75 \times 17.24}{2.75 \times 9.81 \times (1+0.4) - 17.24} = 0.924 = 92.4\%$$

例 1.4 已知某土样 $G_s=2.72$，$e=0.95$，$S_r=0.37$。若提高 S_r 至 0.90 时，每 $1m^3$ 的土应加多少水？

解： 由

$$S_r=\frac{\omega G_s}{e} 得 \omega=\frac{S_r e}{G_s}=\frac{0.37\times0.95}{2.72}=0.129=12.9\%$$

当

$$S_r=0.90 时 \omega=\frac{S_r e}{G_s}=\frac{0.90\times0.95}{2.72}=0.314=31.4\%$$

$1m^3$ 的土中固相质量

$$m_s=\frac{1}{1+e}G_s=\frac{1}{1+0.95}\times2.72=1.395t=1395kg$$

则需要增加水量

$$1395\times(31.4\%-12.9\%)=258kg$$

1.4 土的物理状态

1.4.1 无黏性土的物理状态

无黏性土一般是指碎石土和砂土，粉土属于砂土和黏性土的过渡类型，但是其物质组成、结构及物理力学性质主要接近砂土，特别是砂质粉土。无黏性土的物理状态主要由密实度来评价，无黏性土的密实度是判定其工程性质的重要指标，它综合地反映了无黏性土颗粒的矿物组成、颗粒级配、颗粒形状和排列等对其工程性质的影响，无黏性土的密实状态对其工程性质具有重要的影响。密实的无黏性土具有较高的强度，且结构稳定，压缩性小；而松散的无黏性土则强度较低，稳定性差，压缩性大。因此在进行岩土工程勘察与评价时，必须对无黏性土的密实程度做出判断。

1. 砂土的相对密度

土的孔隙比一般可以用来描述土的密实程度，但砂土的密实程度并不单独取决于孔隙比，在很大程度上还取决于土的颗粒级配情况。颗粒级配不同的砂土即使具有相同的孔隙比，但由于颗粒排列不同，所处的密实状态也会不同。为了同时考虑孔隙比和颗粒级配的影响，引入砂土相对密度的概念。

砂土相对密度是砂土处于最疏松状态的孔隙比与天然状态孔隙比之差和最疏松状态的孔隙比与最紧密状态的孔隙比之差的比值。

当砂土处于最密实状态时，其孔隙比称为最小孔隙比 e_{min}；而砂土处于最疏松状态时的孔隙比则称为最大孔隙比 e_{max}。按下式可计算砂土的相对密度 D_r：

$$D_r=\frac{e_{max}-e}{e_{max}-e_{min}} \tag{1-22}$$

从式（1-22）可以看出，当砂土的天然孔隙比接近于最小孔隙比时，相对密度 D_r 接近于1，也表明，砂土接近于最密实的状态；而当天然孔隙比，接近于最大孔隙比时，则表明砂土处于最松散的状态，其相对密度 D_r 接近于 0。根据砂土的相对密度可以按表 1-6 将砂土划分为密实、中密和松散三种密实度。

表 1-6 不同相对密度的砂土密实度

密实度	密实	中密	松散
相对密度	$1\sim0.67$	$0.67\sim0.33$	$0.33\sim0$

例 1.5 某砂土试样三相比例指标如下：$\rho=1.77\text{g/cm}^3$，$\omega=9.8\%$，$G_s=2.67$，烘干后测得 $e_{min}=0.461$，$e_{max}=0.943$，求该土样相对密度，并评定其密实程度。

解：

$$e=\frac{G_s(1+\omega)\gamma_w}{\gamma}-1=\frac{2.67\times(1+0.098)\times9.81}{1.77\times9.81}-1=0.656$$

$$D_r=\frac{e_{max}-e}{e_{max}-e_{min}}=\frac{0.943-0.656}{0.943-0.461}=\frac{0.287}{0.482}=0.595$$

土体处于中密状态。

2. 无黏性土密实度分类

从理论上讲，用相对密度划分砂土的密实度是比较合理的。但由于测定砂土最大孔隙比和最小孔隙比的试验方法存在缺陷，试验结果常有较大的出入；同时也由于很难在地下水以下的砂层中取得原状砂样，砂土的天然孔隙比很难准确地测定，这就使相对密度的应用受到限制。因此，在工程实践中通常采用标准贯入击数来划分砂土的密实度。

标准贯入试验是用规定的锤重(63.5kg)和落距(76cm)，把标准贯入器(带有刃口的对开管，外径51mm，内径35mm)打入土中，记录贯入一定深度(30cm)所需的锤击数 N 值的原位测试方法。标准贯入试验的锤击数反映了土层的松密和软硬程度，是一种简便的测试手段。《岩土工程勘察规范》(GB 50021—2009)规定砂土的密实度应根据标准贯入锤击数按表 1-7 的规定划分为密实、中密、稍密和松散四种状态。

表 1-7 砂土密实度按标准贯入锤击数 N 分类(GB 50021—2009)

标准贯入锤击数 N	密实度	标准贯入锤击数 N	密实度
$N\leqslant10$	松散	$15<N\leqslant30$	中密
$10<N\leqslant15$	稍密	$N>30$	密实

碎石土的密实度可根据圆锥动力触探锤击数按表 1-8 或表 1-9 确定，表中的 $N_{63.5}$ 和 N_{120} 应按触探杆长进行修正。

表 1-8 碎石土密实度按重型动力触探锤击数 $N_{63.5}$ 分类(GB 50021—2009)

重型动力触探锤击数 $N_{63.5}$	密实度	重型动力触探锤击数 $N_{63.5}$	密实度
$N_{63.5}\leqslant5$	松散	$10<N_{63.5}\leqslant20$	中密
$5<N_{63.5}\leqslant10$	稍密	$N_{63.5}>20$	密实

注：本表适用于平均粒径等于或小于 50mm，且最大粒径小于 100mm 的碎石土。对于平均粒径大于 50mm，或最大粒径大于 100mm 的碎石土，可用超重型动力触探或用野外观察鉴别。

表 1-9 碎石土密实度按超重型动力触探锤击数 N_{120} 分类(GB 50021—2009)

超重型动力触探锤击数 N_{120}	密实度	超重型动力触探锤击数 N_{120}	密实度
$N_{120} \leqslant 3$	松散	$11 < N_{120} \leqslant 14$	密实
$3 < N_{120} \leqslant 6$	稍密	$N_{120} > 14$	极密
$6 < N_{120} \leqslant 11$	中密		

粉土的密实度可根据孔隙比按表 1-10 划分为密实、中密和稍密。

表 1-10 粉土密实度按孔隙比分类(GB 50021—2009)

孔隙比	密实度	孔隙比	密实度
$e < 0.75$	密实	$e > 0.90$	稍密
$0.75 \leqslant e \leqslant 0.90$	中密		

1.4.2 黏性土的物理状态

黏性土由于颗粒中黏粒含量较多,故水对其性质影响较大。黏性土的工程性质与其含水率的大小有着密切的关系,因此需要定量加以研究。

1. 黏性土的状态和界限含水率

黏性土随着含水率的不同可分为固态、半固态、可塑态和流动状态四个状态。当黏性土的初始含水率较高时,黏性土像液体一样呈现出流动特性,称为流动状态;随着土体含水率逐渐减小,泥浆变稠,体积收缩,其流动能力减弱,土体逐渐进入可塑状态,所谓可塑状态,就是当黏性土可以塑成任意形状而不发生裂缝,并在外力解除以后能保持已有的形状而不恢复原状的性质,黏性土的可塑性是一个非常重要的性质,对土木工程有重要的意义;当含水率继续减小时,黏性土将失去可塑性,在外力作用下仅产生较小变形且容易破碎,土体处于半固体状态;若黏性土的含水率进一步减小,它的体积不再收缩而保持不变,空气进入土体使土的颜色变淡,土体进入固体状态,其整个过程如图 1.7 所示。

黏性土从一种状态转到另一种状态的分界含水率称为界限含水率,流动状态与可塑状态间的界限含水率称为液限 ω_L;可塑状态与半固体状态间的界限含水率称为塑限 ω_P;半固体状态与固体状态间的界限含水率称为缩限 ω_S。

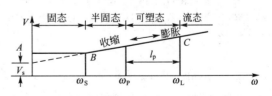

图 1.7 黏性土状态的转变过程

塑限 ω_P 和液限 ω_L 在国际上称为阿太堡界限(Atterberg),来源于农业土壤学,后来被应用于土木工程领域,成为表征黏性土物理性质的重要指标。

测定黏性土的塑限 ω_P 的试验方法主要是滚搓法。把可塑状态的土在毛玻璃板上用手滚搓，在缓慢地、单方向地搓动过程中，土膏内的水分渐渐蒸发，若搓到土条直径为 3mm 左右时产生裂缝并断裂为若干段，此时试样的含水率即为塑限 ω_P。

测定黏性土的液限 ω_L 的试验方法主要有圆锥仪法和碟式仪法，也可采用液塑限联合测定法测定。在欧美、日本等国家，大多采用碟式仪法测定液限，仪器为碟式液限仪，又称卡萨格兰德（Casagrande）液限仪，仪器构造(图 1.8)。试验时，将土膏分层填在圆碟内，表面刮平，使试样中心厚度为 10mm，然后用刻槽刮刀在土膏中刮出一条底宽 2mm 的 V 形槽，以每秒 2 次的速率转动摇柄，使圆碟上抬 10mm 并自由落下，当碟的下落次数为 25 次时，两半土膏在碟底的合拢长度恰好达到 13mm，此时试样的含水率即为液限 ω_L。

我国采用圆锥仪法测定液限 ω_L，仪器为平衡锥式液限仪，平衡锥质量为 76g，锥角为 30°，试验仪器(图 1.9)。试验时使平衡锥在自重作用下沉入土膏，当达到规定的深度时的含水率即为液限 ω_L。《土工试验方法标准》（GB/T 50123—1999）采用沉入深度为 17mm 的标准。同时，圆锥仪法与碟式仪法测定的液限值也是不相同的，应注意区别。

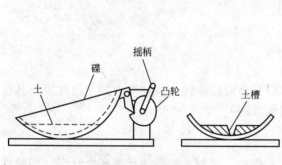

图 1.8　碟式液限仪

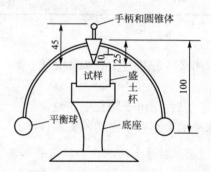

图 1.9　平衡锥式液限仪(单位：mm)

《公路土工试验规程》（JTG E40—2007）采用的液限塑限联合测定法，其锥的质量分别为 76g 或 100g，锥角 30°，其中 76g 锥的试验标准与土工试验方法标准（GB/T 50123—1999）相同；而 100g 锥则取沉入深度为 20mm 时的含水率为液限 ω_L。

液限测定标准的差别给不同系统之间数据的交流与利用带来了困难，基于这些指标的一系列技术标准也存在一定的差异，因此不能相互通用。

2. 塑性指数

可塑性是黏性土区别于砂土的重要特征。可塑性的大小可用黏性土处在可塑状态的含水率变化范围来衡量，从液限到塑限的变化范围越大，土的可塑性也越好，这个范围称为塑性指数 I_P。

$$I_P = (\omega_L - \omega_P) \times 100 \qquad (1-23)$$

液限和塑限是细粒土颗粒与土中水相互物理化学作用的结果。土中黏粒含量越多，土的可塑性就越大，塑性指数也相应增大，这是由于黏粒部分含有较多的黏土矿物颗粒和有机质的缘故。

塑性指数是黏性土的最基本、最重要的物理指标之一，它综合地反映了土的物质组成，因此广泛应用于土的分类和评价。但由于液限测定标准的差别，同一土类按不同标准可能得到不同的塑性指数，因此即使塑性指数相同的土，其土类也可能完全不同。

3. 液性指数

土的天然含水率是反映土中含有水量多少的指标，在一定程度上可以说明黏性土的软硬与干湿状况。但仅有含水率的绝对数值也不能确切地说明黏性土处在什么状态。如有几个含水率相同的土样，它们的液限和塑限不同，那么这些土样所处的状态可能不同。例如，土样的含水率为32%，则对于液限为30%的土是处于流动状态，而对液限为35%的土来说则是处于可塑状态。因此，需要提出一个能表示天然含水率与界限含水率相对关系的指标来描述黏性土的状态。

液性指数用 I_L 表示，是指黏性土的天然含水率和塑限的差值与液限和塑限差值之比，被用来表示黏性土所处的软硬状态，由下式定义：

$$I_L = \frac{\omega - \omega_P}{\omega_L - \omega_P} \tag{1-24}$$

可塑状态的土的液性指数在 0 到 1 之间，液性指数越大，表示土越软；液性指数大于1 的土处于流动状态；小于 0 的土则处于固体状态或半固体状态。

液性指数固然可以反映黏性土所处的状态，但必须指出，液限和塑限都是用重塑土测定的，没有完全反映出水对土的原状结构的影响。保持原状结构的土即使天然含水率大于液限，但仍有一定强度，并不呈现出流动的性质，称为潜流状态。也就是说，虽然天然含水率大于液限，原状土并不流动，但一旦天然结构被破坏时，强度立即丧失而出现流动的性质。

《岩土工程勘察规范》（GB 50021—2009）与《公路桥涵地基与基础设计规范》（JTG D63—2007）规定黏性土应根据液性指数 I_L 划分状态，其划分标准和状态定名都是相同的，见表 1-11 中的规定。

表 1-11 黏性土状态划分（GB 50021—2009、JTG D63—2007）

液性指数 I_L 值	状态	液性指数 I_L 值	状态
$I_L \leqslant 0$	坚硬	$0.75 < I_L \leqslant 1$	软塑
$0 < I_L \leqslant 0.25$	硬塑	$I_L > 1$	流塑
$0.25 < I_L \leqslant 0.75$	可塑		

例 1.6 已知黏性土的液限为41%，塑限为22%，土粒比重为2.75，饱和度为98%，孔隙比为 1.55。试计算塑性指数、液性指数，并确定黏性土的状态。

解：根据液限和塑限求得塑性指数为：

$$I_P = (\omega_L - \omega_P) \times 100 = (41\% - 22\%) \times 100 = 19$$

土的含水率为 $\omega = \dfrac{e S_r}{G_s} = \dfrac{1.55 \times 0.98}{2.75} = 55.2\%$

求得液性指数为 $I_L = \dfrac{\omega - \omega_P}{\omega_L - \omega_P} = \dfrac{0.552 - 0.22}{0.41 - 0.22} = 1.74 > 1$

查表 1-11 得黏性土的状态为流塑状态。

1.5 土的结构与构造

1.5.1 土的结构

土粒或土粒集合体的大小、形状、相互排列与联结等综合特征，称为土的结构。土的结构在某种程度上反映了土的成分和土的形成条件，因而它对土的性质有重要的影响。土的结构分为单粒结构、蜂窝结构和絮状结构三种。

1. 单粒结构

单粒结构是由粗大土粒在水或空气中自由下落堆积而成，是碎石土和砂土的结构特征[图 1.10(a)]。因土粒尺寸较大，粒间的分子引力远小于土粒自重，故土粒间几乎没有相互联结作用，是典型的散粒状物体，简称散体。只有在浸润条件下，粒间可能会有微弱的毛细压力联结。

单粒结构中，土粒的粒度和形状、土粒在空间的相对位置决定了其密实度，又可分为疏松的与紧密的。前者颗粒间的孔隙大，颗粒位置不稳定，不论在静载或动载下都很容易错位，产生很大下沉，特别在振动作用下尤甚。因此具有疏松的单粒结构的土层未经处理不宜作为天然地基。具有紧密的单粒结构的土层，由于其土粒排列紧密，在动、静荷载作用下都不会产生较大的沉降，强度较高，压缩性较小，一般是较理想的天然地基。

2. 蜂窝结构

蜂窝结构主要是由粉粒(0.075～0.005mm)组成的土的结构形式[图 1.10(b)]。研究表明粒径为 0.075～0.005mm 的土粒在水中下沉时，基本上是单个土粒下沉，当碰上已沉积的土粒时，由于它们之间的相互引力大于其重力，土粒就停留在最初的接触点上不再下沉，形成具有很大孔隙的蜂窝结构。蜂窝结构的孔隙一般远大于土粒本身的尺寸，如沉积后没有受过比较大的上覆压力则在建筑物的荷载作用下可产生较大下沉。

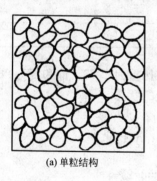 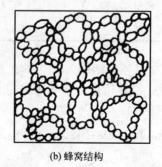 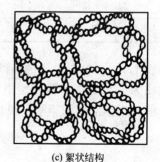

(a) 单粒结构　　　(b) 蜂窝结构　　　(c) 絮状结构

图 1.10　土粒结构的不同形态

3. 絮状结构

絮状结构是由黏粒集合体组成的结构形式[图 1.10(c)]。黏粒能够在水中长期悬浮，不因自重而下沉。当在水中加入某些电解质后，颗粒间的排斥力削弱，运动着的土粒凝聚成絮状物下沉，形成类似蜂窝而孔隙很大的絮状结构。这种结构对土的各向异性、抗剪强度和固结性质都有相当大的影响。

以上三种结构中，以密实的单粒结构工程性质最好，蜂窝结构与絮状结构如被扰动破坏了其天然结构，则强度低、压缩性高，不可用做天然地基。

1.5.2　土的构造

土的构造是指同一土层中土颗粒之间的相互关系特征，大体可分为以下几种。

1. 层状构造

层状构造也称为层理构造［图1.11(a)］，是土的构造的最主要特征。它是在土的生成过程中，由于不同阶段沉积的物质成分、颗粒大小或颜色不同，而沿竖向呈现的成层特征，常见的有水平层理和交错层理(是指具有夹层、尖灭或透镜体等产状)。

2. 分散构造

土层中各部分的土粒组成无明显差别，分布均匀，各部分的性质亦相近，称为分散构造［图1.11(b)］。各种经过分选的砂、砾石、卵石形成的有较大的埋藏厚度、无明显层次的沉积，都属于分散构造。

3. 裂隙状构造

土体为许多不连续的小裂隙所分割［图1.11(c)］，裂隙中往往充填有沉淀物，如黄土的柱状裂隙。裂隙的存在破坏了土的整体性，大大降低了土的强度和稳定性，增大了透水性，对工程极为不利。

4. 结核状构造

在细粒土中混有粗颗粒或各种结核的构造属结核状构造［图1.11(d)］，如含砾石的冰渍黏土等。

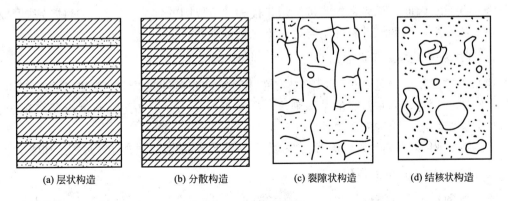

| (a) 层状构造 | (b) 分散构造 | (c) 裂隙状构造 | (d) 结核状构造 |

图1.11　土的构造

通常分散构造土的工程性质最好；结核状构造土工程性质的好坏取决于细粒土部分；裂隙状构造土中，因裂隙强度低、渗透性差，工程性质差。

1.6 土的工程分类

土的工程分类是岩土工程勘测与设计的前提，一个正确的设计必须建立在对土的正确评价的基础上，而土的工程分类正是岩土工程勘测评价的基本内容。因此土的工程分类一直是岩土工程界普遍关心的问题。

1.6.1 土的工程分类的原则和依据

1. 土的分类原则

分类是一切自然学科的基本内容之一，反映了该学科的发展现状和发展历史。土的分类体系就是根据土的工程性质差异将土划分成一定的类别，目的在于通过一种通用的鉴定标准，以便于在不同土类间作有价值的比较、评价、积累和学术交流。

土的分类一般遵循的原则如下。

1) 简明的原则

分类体系采用的指标，要既能综合反映土的主要工程性质，又能便于测定，且使用方便。

2) 工程特性差异的原则

分类体系采用的指标在一定程度上反映不同工程用土的不同特性。

根据工程用途的不同，不同的工程部门有自己的分类方法。本部分主要介绍建筑工程和公路工程两个行业的土的分类标准。

1.6.2 建筑工程中地基土的分类方法

国家标准《建筑地基基础设计规范》（GB 50007—2011）分类体系的主要特点是，考虑划分标准时，注重土的天然结构特性和强度，并始终与土的主要工程特性——变形和强度特征紧密联系。因此，首先考虑了按沉积年代和地质成因的划分，同时将某些特殊形成条件和特殊工程性质的区域性特殊土与普通土区别开来。

1. 按沉积年代和地质成因划分

地基土按沉积年代可划分为：①老沉积土，第四纪晚更新世 Q_3 及其以前沉积的土，一般呈超固结状态，具有较高的结构强度；②新近沉积土，第四纪全新世近期沉积的土，一般呈欠固结状态，结构强度很低。

根据地质成因土可以分为残积土、坡积土、洪积土、冲积土、海积土、风积土和冰积土。

2. 按颗粒级配和塑性指标划分

土体按颗粒级配和塑性指数可以分为碎石土、砂土、粉土、黏性土和人工填土。

1) 碎石土

粒径大于 2mm 的颗粒含量超过全重 50% 的土，按颗粒级配和颗粒形状可进一步划分为漂石、块石、卵石、碎石、圆砾和角砾，见表 1-12。

表 1－12　碎石土的分类

土的名称	颗粒形状	颗粒级配
漂石	圆形及亚圆形为主	粒径大于 200mm 的颗粒质量超过总质量的 50％
块石	棱角形为主	
卵石	圆形及亚圆形为主	粒径大于 20mm 的颗粒质量超过总质量的 50％
碎石	棱角形为主	
圆砾	圆形及亚圆形为主	粒径大于 2mm 的颗粒质量超过总质量的 50％
角砾	棱角形为主	

2）砂土分类

砂土是指粒径大于 2mm 的颗粒质量不超过总质量的 50％，粒径大于 0.075mm 的颗粒质量超过总质量的 50％的土。按颗粒级配，砂土可进一步划分为砾砂、粗砂、中砂、细砂和粉砂，见表 1－13。

表 1－13　砂土的分类

土的名称	颗粒级配
砾砂	粒径大于 2mm 的颗粒质量占总重的 25％～50％
粗砂	粒径大于 0.5mm 的颗粒质量占总重的 50％以上
中砂	粒径大于 0.25mm 的颗粒质量超过总重的 50％
细砂	粒径大于 0.075mm 的颗粒质量超过总重的 85％
粉砂	粒径大于 0.075mm 的颗粒质量超过总重的 50％

3）黏性土分类

黏性土为塑性指数 I_P 大于 10 的土，可按表 1－14 分为黏土和粉质黏土。

表 1－14　粘性土的分类

塑性指数	土的名称	塑性指数	土的名称
$I_P>17$	黏土	$10<I_P\leqslant17$	粉质黏土

注：塑性指数由相应于 76g 圆锥体沉入土样中深度为 10mm 时测定的液限所得。

4）粉土

粉土是介于砂土和黏性土之间的过渡土类，是指塑性指数小于等于 10 且粒径大于 0.075mm 的颗粒质量不超过总重的 50％的土。

5）人工填土

人工填土根据其组成和成因可分为素填土、压实填土、杂填土、冲填土。素填土为由碎石土、砂土、粉土、黏性土等组成的填土，经过压实或夯实的素填土为压实填土；杂填土为含有建筑垃圾、工业废料、生活垃圾等杂物的填土；冲填土为由水力冲填泥砂形成的填土。

1.6.3　公路桥涵地基土的分类方法

我国颁布的《公路桥涵地基与基础设计规范》（JTG D63—2007）中对于地基土分类的

规定为：公路桥涵地基土可分为碎石土、砂土、粉土、黏性土和特殊性岩土。其中碎石土、砂土、粉土、黏性土的分类标准与《建筑地基基础设计规范》（GB 50007—2011）中分类标准相同，但《公路桥涵地基与基础设计规范》（JTG D63—2007）对粉土的分类进行了详细划分，见表1-15和表1-16。

表1-15 粉土按密实度分类

孔隙比 e	密实度
e<0.75	密实
0.75≤e≤0.9	中密
e>0.9	稍密

表1-16 粉土按湿度分类

天然含水率 ω(%)	土的名称
ω<20	稍湿
20≤ω≤30	湿
ω>30	很湿

特殊土是一些具有特殊成分、结构和性质的区域性地基土，包括软土、膨胀土、湿陷性土、红黏土、冻土、盐渍土和填土等。

软土为滨海、湖沼、谷地、河滩等处天然含水率高、天然孔隙比大、抗剪强度低的细粒土，包括淤泥、淤泥质土、泥炭、泥炭质土等。

膨胀土为土中黏粒成分主要由亲水性矿物组成，同时具有显著的吸水膨胀和失水收缩特性，其自由膨胀率大于或等于40%的黏性土。

湿陷性土为浸水后产生附加沉降，其湿陷系数大于或等于0.015的土。

红黏土为碳酸盐岩系的岩石经红土化作用形成的高塑性黏土，其液限一般大于50%，红黏土经再搬运后仍保留其基本特征且其液限大于45%的土为次生红黏土。

盐渍土为土中易溶盐含量大于0.3%，并具有溶陷、盐胀、腐蚀等工程特性的土。

填土定义同上述人工填土相同。

1.6.4　公路路基土的分类方法

公路工程用土的分类主要以土的颗粒组成、土的液限、塑限和液性指数以及土中有机质存在情况等特征进行分类，《公路土工试验规程》（JTG E40—2007）中将公路工程用土分为巨粒土、粗粒土、细粒土和特殊土。土的分类体系（图1.12）。

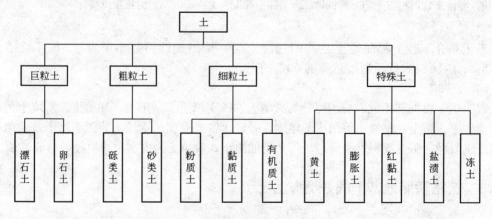

图1.12　土的分类体系

1. **巨粒土的分类**(图 1.13)

巨粒组质量多于总质量 75％的土称为漂(卵)石；巨粒组质量占总质量 50％～75％(含 75％)的土称为漂(卵)石夹土；巨粒组质量占总质量 15％～50％(含 50％)的土称为漂(卵)石质土；巨粒组质量少于或等于总质量 15％的土按粗粒土和细粒土的规定进行命名。

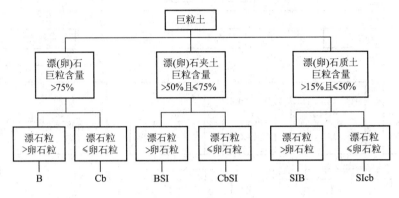

图 1.13 巨粒土分类

2. **粗粒土分类**

试样中巨粒组土粒质量少于或等于总质量的 15％，且巨粒组土粒和粗粒组土粒之和多于总质量 50％的土称为粗粒土。

粗粒土中砾粒组的质量多于砂粒组质量的土称为砾类土。砾类土应根据其中细粒含量和类别以及粗粒组的级配进行分类，见图 1.14。

粗粒土中砾粒组的质量少于或等于砂粒组质量的土称为砂类土，砂类土根据其中细粒含量和类别以及粗粒组的级配进行分类(图 1.15)。

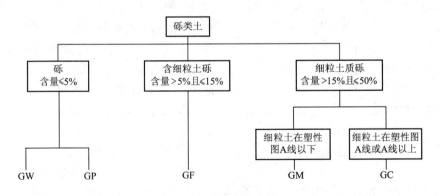

图 1.14 砾类土分类

3. **细粒土分类**

土样中细粒组土粒质量多于或等于总质量 50％的土称为细粒土。

其中细粒土中粗粒组质量少于或等于土样总质量 25％的土称为粉质土或黏质土；细粒土中粗粒组质量占土样总质量 25％～50％(含 50％)的土称为含粗粒的粉质土或含粗粒的黏质土。

试样中有机质含量多于或等于5%，且少于总质量10%的土称为有机质土，试样中有机质含量多于或等于10%的土称为有机土。

细粒土分类(图1.15)。

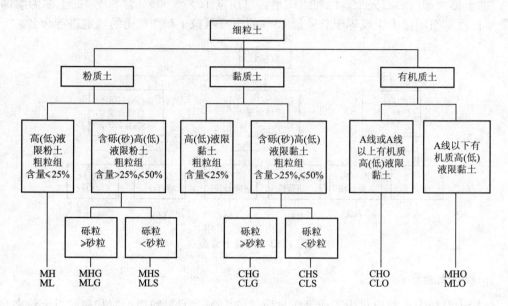

图1.15　细粒土分类

细粒土也可按塑性图进行分类：

塑性图分类最早由美国卡萨格兰特(Casagrande)于1942年提出，是美国试验与材料协会

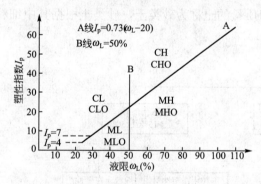

图1.16　塑性图

(ASTM)统一分类法体系中细粒土的分类方法，后来为欧美许多国家所采用。我国《公路土工试验规程》(JTG E40—2007)也将其列入其中，塑性图以塑性指数为纵坐标，液限为横坐标如图1.16所示。图中有两条经验界线，斜线为A线，方程为$I_P = 0.73(\omega_L - 20)$，它的作用是区分黏土和粉土，根据卡萨格兰特的建议，A线以上是黏土，A线以下是粉土；竖线称为B线，其方程为$\omega_L = 50\%$，用以区分高液限土和低液限土。

在ASTM的分类体系中，在A线以上的土分类为黏土，如果液限大于50%，则称为高液限黏土CH，液限小于50%的土称为低液限黏土CL；在A线以下的土分类为粉土，液限大于50%的土称为高液限粉土MH，液限小于50%的土称为低液限粉土ML。在低液限区，如果土样处于A线以上，而塑性指数范围在4~7之间，为低液限黏土~低液限粉土过渡区(CL~ML)，则土的分类应给以相应的搭界分类。

在应用ASTM塑性图分类时应注意其试验标准与我国的不同，在ASTM的分类体系中，其液限是用卡萨格兰特碟式仪测定的，碟式仪在欧美国家是通用的液限仪；而我国《土的工程分类标准》(GB/T 50145—2007)和《公路土工试验规程》(JTG E40—2007)列出了 76g 圆锥仪沉入深度 17mm 液限的塑性图分类。由于试验标准不同，测定的结果也不一样，因此用塑性图分类的结果也可能不同。

本 章 小 结

土的物理性质是土最基本的性质，土的组成不同、三相比例指标不同，土表现出的物理性质，如土的干湿、轻重、松密、软硬等也不同，而土的物理性质某种程度上又决定了土的工程性质。故本章着重介绍了土的组成，包括土的三相比例指标的定义、黏性土的界限含水率、砂土的密实度、土的工程分类等内容。这些内容是学习土力学所必需的基本知识，是评价土的工程性质、分析解决土的工程技术问题的基础。

习 题

一、填空题

1. 土是由构成土骨架的_____、土骨架孔隙中的_____以及气体组成的三相体系。

2. 土中水分为_____和_____两大类。

3. 砂土相对密度 $D_r = 0$，则表示砂土处于_____状态；若 $D_r = 1$，则表示砂土处于_____状态。

4. 黏性土由半固态过渡至可塑态的界限含水率称为_____，由可塑态过渡至流塑状态的界限含水率称为_____。

5. 土的结构主要是指土粒与土粒集合体的大小、形状、相互排列与联结等，一般分为_____结构、_____结构和_____结构。

6. 土的含水率表示为_____和_____之比。

7. 塑性指数表明黏性土处于可塑状态时_____的变化范围，它综合反映了_____、黏土矿物成分等因素。

二、选择题

1. 土中黏土颗粒含量越多，其塑性指数（　　　）。
   A. 越大　　　　　B. 越小　　　　　C. 不变　　　　　D. 不确定

2. 下列指标不能直接测定，只能换算求得的是（　　　）。
   A. 天然重度　　　B. 土粒相对密度　　C. 含水率　　　　D. 孔隙比

3. 当满足（　　　）时，粗粒土具有良好的级配。
   A. $C_u \geqslant 5$ 和 $C_c = 1 \sim 3$　　　　　　B. $C_c \geqslant 5$ 和 $C_u = 1 \sim 3$
   C. $C_c \leqslant 5$ 和 $C_u = 1 \sim 3$　　　　　　D. $C_u \leqslant 5$ 和 $C_c = 1 \sim 3$

4. 某土样为 1kg，放置一段时间后，含水率由 25% 下降至 20%，则土中的水减少了（　　　）kg。
   A. 0.06　　　　　B. 0.05　　　　　C. 0.04　　　　　D. 0.03

5. 土中所含不能传递静水压力，但水膜可缓慢转移从而使土具有一定的可塑性的水，称为( )。

    A. 毛细水   B. 重力水   C. 强结合水   D. 弱结合水

6. 测得某种砂土的最大、最小及天然孔隙比分别为 0.85、0.62、0.71，其相对密度大小为( )。

    A. 0.39   B. 0.41   C. 0.51   D. 0.61

7. 砂类土的重要特征是( )。

    A. 灵敏度和活动度   B. 塑性指数和液性指数

    C. 饱和度和含水率   D. 颗粒级配和密实度

三、证明题

1. $\gamma_d = \dfrac{G_s}{1+e}\gamma_w$

2. $S_r = \dfrac{\omega G_s(1-n)}{n}$

四、计算题

1. 某土样采用环刀取样试验，环刀体积为 60cm³，环刀加湿土的质量为 156.6g，环刀质量为 45.0g，烘干后土样质量为 82.3g，土粒比重为 2.73。试计算该土样的含水率 ω、孔隙比 e、孔隙率 n、饱和度 S_r 以及天然重度 γ、干重度 γ_d、饱和重度 γ_{sat} 和有效重度 γ'。

2. 土样的试验数据见表 1-17，求表内空白项的数值。

表 1-17 土样的试验数据

土样号	γ (kN/m³)	G_s	ω(%)	γ_d (kN/m³)	e	n	S_r	体积 (cm³)	土的重力(N) 湿	土的重力(N) 干
1		2.72	34			0.48				
2	17.3	2.74			0.73					
3	19.0	2.74		14.5					0.19	0.145

3. 4 个土样的液限和塑限数据见表 1-18 它们的天然含水量均为 35%，试按《公路桥涵地基与基础设计规范》(JTG D63—2007)将土的命名及其状态填入表中。

表 1-18 土样的液限和塑限的数据

土样号	ω_L(%)	ω_P(%)	I_P	I_L	土的名称	土的状态
1	31	17				
2	38	19				
3	39	20				
4	33	18				

4. 某砂土土样的密度为 1.75g/cm³，含水率为 10.5%，土粒比重为 2.68。试验测得最小孔隙比为 0.460，最大孔隙比为 0.941，试求该砂土的相对密度 D_r。

5. 用塑性图对表 1-19 给出的 4 种土样定名。

表 1 - 19　土样试验数据

土样号	ω_L (%)	ω_P (%)	土的定名
1	35	20	
2	12	5	
3	65	42	
4	75	30	

五、简答题

1. 试比较土中各类水的特征，并分析它们对土的工程性质的影响。

2. 比较分析土的颗粒级配分类法和塑性指数分类法的差别及其适用条件。

3. 比较孔隙比和相对密度这两个指标作为砂土密实度评价指标的优点和缺点。

4. 既然可用含水率表示土中含水量的多少？为什么还要引入液性指数来评价土的软硬程度？

5. 比较砂粒和黏粒粒组对土的工程性质的影响。

6. 进行土的三相指标计算至少必须已知几个指标？为什么？

7. 土体的结构分几种？每种结构土体的特点是什么？

第2章
黏性土的物理化学性质

【教学目标与要求】

● **概念及基本原理**

【掌握】 电渗、电泳原理；双电层的概念；影响扩散层厚度的因素；利用电渗、电泳原理改良黏土的工程性质。

【理解】 键力的基本概念、键力的类型及各自的特征；黏土矿物颗粒的结晶结构。

● **试验**

【理解】 列依斯电渗、电泳试验。

导入案例

案例：基坑电渗排水(图2.1)

图2.1 某建筑物基坑采用电排水

拟建某商住楼建筑面积 $1.46\times10^4\,m^2$（其中地下室建筑面积 $4100\,m^2$），11层。在基坑的土方开挖工程中，开挖土层为饱和黏性土，由于土的渗透系数很小（小于 $0.1\,m/d$），使用重力或真空作用的一般轻型井点降水，效果很差，此时宜采用电渗排水。它是利用黏性土中的电渗现象和电流泳特性，使黏性土空隙中的水流动加快，起到一定的疏干作用，从而使黏土地基排水效率得到提高。电渗排水降水施工工艺，顺利地完成了基坑土方开挖工程施工。从开挖效果来看，电渗降水效果好，土体抗剪强度提高，开挖过程中未出现工程质量问题。

在第1章里学习过黏性土的状态与界限含水量，而砂土却没有这种性质。黏性土这种特有的性质主要取决于黏粒粒组的含量与黏粒的矿物成分。这一章将进一步深入讨论黏性土特有的这种物理化学性质。

黏土矿物的粒径小于 $0.002\,mm$，因此它具有很大的比表面，所谓比表面就是指单位体积内颗粒表面积的总和。颗粒越细，比表面积越大，表面能越大。

黏土矿物可以分成蒙脱石、伊利石和高岭土三种类型。这些黏土矿物具有独特的结晶结构特征，这种结构特征主要取决于原子和分子的排列及原子分子间的联结力的形式，这种联结力统称为键力。黏性土的塑性、压缩性、膨胀性、强度等工程性质主要受上述各种因素与颗粒周围介质之间相互作用所制约，这也是黏土物理化学特性的本质。所以本章首先介绍关于键力的基本概念和黏土矿物结晶结构，然后再深入阐述黏土颗粒与介质的相互作用及其对黏性土工程性质的影响。掌握本章内容，除了有助于对某些工程现象进行定性的分析外，更重要的是可以指导我们根据不同情况，正确、合理地选择地基处理的方法以及根据这些基本原理发展更好的地基处理方法。

2.1 键力的基本概念

所谓键力是指原子与原子之间或分子与分子之间的一种联结力。键力主要有化学键、分子键及氢键三种。

2.1.1 化学键

原子与原子之间的连接称为化学键，也称为主键或高能键。根据联接的形式又可分为离子键、共价键和金属键三种。

离子键是一种化学联结。它是由不同元素的原子通过化学反应，一种元素的原子失去其最外电子层中的一个或多个电子成为阳离子，而另一种元素的原子获得一个或多个电子成为阴离子。阳离子与阴离子之间的静电引力所形成的键力即为离子键。例如钠原子(Na)失去外层一个电子成为带正电荷的钠离子(Na^+)；而氯原子(Cl)最外层获得一个电子成为带负电荷的氯离子(Cl)。Na^+ 与 Cl 之间通过离子键联结构成了新的化学物质氯化钠(NaCl)分子的晶格。离子键是无方向的。

共价键是同一种元素的两个原子以共有的外层电子联结而成同种元素的分子，例如两个氢原子或两个氯原子，联结构成一个氢分子或氯分子。例如：

$$H \cdot + \cdot H = H : H$$

$$: \ddot{C}l \cdot + \cdot \ddot{C}l : = : \ddot{C}l : \ddot{C}l :$$

共价键是有方向性的，方向角称为键角。

金属元素中的自由电子将金属原子或离子联结而成金属晶格，这种联结力即为金属键。

简单地说，不同元素的原子通过化学反应构成一种新的物质成分，异性原子之间的联结力称为离子键。两个同性原子形成同一元素分子的联结力称为共价键。通过自由电子将原子或离子联结成结晶格架的力称为金属键。

离子键、共价键和金属键都属于主键。主键的影响范围最小，约为 $0.1 \sim 0.2 \mu m$，而其联结能最大，相当于 $8.4 \sim 84 J/kmol$。

2.1.2 分子键

分子键又称范德华(Van der Waals)键或次键、低能键。所谓分子键就是指分子与分子之间的联结力。虽然中性分子正负电荷相等，但由于分子的正电荷与负电荷的分布不对称形成极性分子，水分子的形成如图 2.2 所示。在极性分子间相反电荷的偶极端相互接近时相互吸引，所以该键力的产生与分子的定向作用、诱导作用和分散作用有关。分子键的能量大小与温度有关，当温度升高时，其能量就减小。

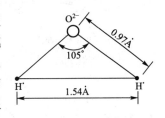

图 2.2 水的极性分子

一个非极性分子有可能受到邻近极性分子的激发，非极性分子的正负电荷在极性分子电场的诱导作用下发生位移产生诱导偶极，称为诱导范德华力。分子的电子层在不停地转动，在转动的每瞬间也会出现瞬间偶极，由瞬间偶极产生的相互吸引力，称为分散作用的范德华键力。

分子间键力的影响范围比离子键力大得多，约为 $0.3 \sim 10 \mu m$，但其键能则比离子键能小得多，约为 $2.1 \sim 21 J/kmol$。

2.1.3 氢键

氢键是介于主键与次键之间的一种键力。氢原子失去一个电子成为一个裸露的原子核，当它与其他带有负电荷的原子相互吸引时，即构成特殊的氢键。由于氢离子尺寸小，只允许与两个相邻原子靠拢，故氢键只能连接两个原子，如水分子（H_2O）。氢键是一个重要的键力组成部分。氢键的影响范围很小，约为 $0.2 \sim 0.3 \mu m$，键能达 $2.1 \sim 42 J/kmol$。

黏性土土粒本身，大多数是由硅酸盐矿物所组成。土粒本身的强度是由主键形成的，而土粒与土粒之间、土粒与水分子之间的吸引力则由次键及氢键形成，粒间的联结力远比土粒本身的强度小。土体的强度主要取决于粒间的联结。

2.2 黏土矿物颗粒的结晶结构

矿物可以按化学元素的组成分类，如碳酸盐、磷酸盐、氧化物、硅酸盐等，也可以按原子的排列分类。由于黏土矿物大都是属于硅酸盐，晶体的原子排列与矿物颗粒的物理性质、光学性质和化学性质有非常密切的关系，所以必须对其结晶结构的特点作详细的介绍，从而可以更好地掌握黏土的工程性质。

黏土矿物的结晶结构主要是由两个基本结构单元组成，即：硅氧四面体和氢氧化铝八面体（也称三水铝石八面体）。

硅氧四面体：由一个居中的硅离子和四个氧离子所构成［图 2.3(a)］。六个硅氧四面体组成一个硅片，硅片底面的氧离子被相邻两个硅离子所共有［图 2.3(b)］。硅氧四面体晶片的符号如图 2.3(c)所示。

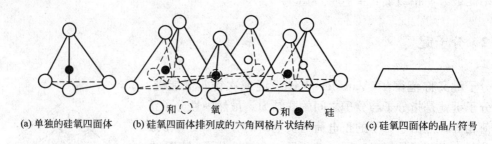

(a) 单独的硅氧四面体　　(b) 硅氧四面体排列成的六角网格片状结构　　(c) 硅氧四面体的晶片符号

〇 和 ⟨⟩ 氧　　　　〇 和 ● 硅

图 2.3　硅氧四面体结构示意图

氢氧化铝八面体：由一个铝离子和六个氢氧离子所构成［图 2.4(a)］。四个氢氧化铝八面体组成一个铝片，每个氢氧离子都被相邻两个铝离子所共有［图 2.4(b)］。氢氧化铝八面体的晶片符号如图 2.4(c)所示。

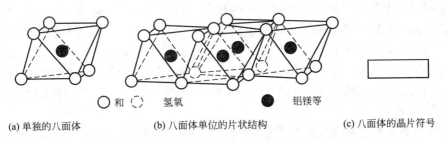

○ 和 ◌ 氢氧　　　● 铝镁等

(a) 单独的八面体　　　(b) 八面体单位的片状结构　　　(c) 八面体的晶片符号

图 2.4　氢氧化铝八面体结构示意图

黏土矿物大多具有云母片状的结晶格架，这种层状结晶格架由硅氧四面体与氢氧化铝八面体两个基本单位所组成。根据不同结晶格架，可形成很多种类的黏土矿物，硅氧四面体和氢氧化铝八面体这两种基本单元以不同的比例组合，就形成了不同类型的黏土矿物。土中常见的黏土矿物有高岭石、伊利石、蒙脱石 3 大类。

(1) 高岭石。由一个硅片和一个铝片上下组叠而成，如图 2.5(a)所示。这种晶体结构称为 1:1 的两层结构。两层结构的最大特点是晶层之间通过 O^{2-} 与 OH^+ 相互联结，称为氢键联结。氢键的联结力较强，致使晶格不能自由活动，水难以渗入其间，是一种遇水较为稳定的黏土矿物。与其他黏土矿物相比，高岭石的主要特征是颗粒较粗，不容易吸水膨胀及失水收缩，或者说亲水能力差。

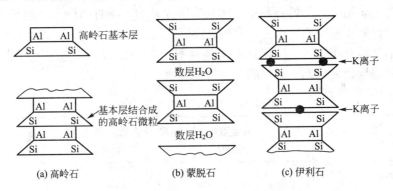

(a) 高岭石　　　(b) 蒙脱石　　　(c) 伊利石

图 2.5　黏土矿物的晶格构造

高岭石的晶体也是由互相平行的晶层构成，每个晶层由一个硅氧四面体和一个氢氧化铝八面体层构成 [图 2.5(a)]，其化学分子式为 $Al_2O_3 \cdot 2SiO_2 \cdot 2H_2O$。晶层顶底不对称，相邻两晶层以氧离子与氢氧离子相对，为氢键联结，其联结力很强，致使晶格不能自由活动，水分子不易进入晶层之间，是遇水较为稳定的矿物，故其颗粒较大，一般不小于0.002mm，主要呈粗黏粒，少数可为粉粒，所以其亲水性较弱，胀缩性均较小。

(2) 蒙脱石。由玄武岩、凝灰岩或火山岩在海水或地下水排水不良的环境中风化而成，温带气候、碱性(pH＝7.0～8.5)环境有利于蒙脱石的形成。

由两个硅片中间夹一个铝片所构成，如图 2.5(b)所示。这种晶体结构称为 2:1 的三层结构。晶层之间是 O^{2-} 对 O^{2-} 的联结，联结力很弱，水很容易进入晶层之间。蒙脱石的主要特征是颗粒细小，具有显著的吸水膨胀、失水收缩的特性，或者说亲水能力很强。

蒙脱石的晶体是由很多互相平行的晶胞构成，每个晶胞都是由顶、底的硅氧四面体和中间的氢氧化铝八面体层构成 [图 2.5(b)]，其化学分子式为 $Al_2O_3 \cdot 4SiO_2 \cdot nH_2O$。相邻两晶胞间以负电荷的氧原子层相对，同性相斥，联结力极弱，有较强的活动性，遇水很不稳定。晶胞间的距离随吸入水分子的量而发生变化，吸入的水量越大，则晶胞之间的距离越大，这就是蒙脱石吸水膨胀的性能。当晶胞间距离增大至失去联结力时，蒙脱石颗粒可分离成更细小的土粒，最小者近于 0.001mm，因此含有蒙脱石矿物的黏粒具有较强的亲水性，较大的膨胀与收缩性。当黏性土中的蒙脱石的含量高就具有很强的亲水性，称为斑脱土或膨润土。

（3）伊利石。是多种含铅硅酸盐矿物岩石风化的产物，在各种环境条件下都能生成，以碱性介质环境最为适宜，溶液中必须含钾。伊利石是含钾量高的原生矿物经化学风化的初期产物，其晶格构造与蒙脱石相似，也是两片硅氧四面体夹氢氧化铝八面体构成，不同的是四面体中 Si^{4+} 被 Al^{3+} 所替代，由 K^+ 离子补偿晶层正电荷的不足，如图 2.5(c) 所示。伊利石的化学分子式为 $K_2O \cdot 3Al_2O_3 \cdot 6SiO_2 \cdot 4H_2O$，其本质就是水化的白云母。

伊利石的晶体与蒙脱石相似，每个晶层也是由顶、底硅氧四面体和中间氢氧化铝八面体层构成 [图 2.5(c)]，相邻晶胞间也能吸收不定量的水分子。但是硅氧四面体中的 Si^{+4} 可以被 Fe^{+3}、Al^{+3} 取代，从而产生过多的负电荷，为了补偿晶胞中正电荷的不足，在晶胞之间常出现一价正离子(主要是 K^+)，由于一价正离子在晶胞间起一定的联结作用，而且平衡钾一般是不可交换的。伊利石相邻晶胞之间的联结、正离子交换能力、吸水性、吸水膨胀能力、水稳定性、可塑性、活动性及许多工程特性都处于高岭石和蒙脱石之间。

三大类黏土矿物中，高岭石晶层之间联结牢固，水不能自由渗入，故其亲水性差，可塑性低，胀缩性弱；蒙脱石则反之，晶胞之间联结微弱，活动自由，亲水性强，胀缩性也强；伊利石的性质介于二者之间，这说明各种不同类型的黏土矿物由于其结晶构造不同，其工程性质的差异较大，黏土矿物的主要特性见表 2-1。

表 2-1　黏土矿物的主要特性

黏土矿物 名称	颗粒 形状	当量直径 (nm)	厚度 (nm)	单位质量表 面积（m²/g）	液限	塑限
高岭石 $Al_2O_3 \cdot 2SiO_2 \cdot 2H_2O$	片状	500～1000	50	10～20	30%～110%	25%～40%
蒙脱石 $Al_2O_3 \cdot 4SiO_2 \cdot nH_2O$	片状	50	0.1	800～1000	100%～900%	40%～100%
伊利石 $K_2O \cdot 3Al_2O_3 \cdot 6SiO_2 \cdot 4H_2O$	片状	500	10	60～100	60%～120%	35%～60%

2.3　黏土颗粒的胶体化学性质

黏土颗粒粒径非常微小，小于 0.005mm，在介质中具有明显的胶体化学特性，这起源于黏土颗粒表面带电性。认识这一基本属性，在工程上具有非常重要的意义。

2.3.1 黏土颗粒表面带电的成因

黏土颗粒表面带电的成因，主要有以下几个方面。

1）边缘破键电荷的不平衡

理想晶体的内部，正负电荷是平衡的，黏土颗粒粒径非常微小，是一个高分散体系，在颗粒外部边缘处结晶格架的连续性受到破坏，从而造成了电荷的不平衡，这些被破坏的键（简称破键）常使黏土颗粒带有静负电荷。颗粒越细，破键越多，所以比表面积越大，表面能也就越大。

2）同晶替代

硅氧四面体中的 Si^{4+} 被 Al^{3+} 替代，或者氢氧化铝八面体中的 Al^{3+} 被 Fe^{2+}、Mg^{2+} 替代，这就产生了过剩的负电荷，使黏土颗粒表面带负电。

3）水化解离作用

若黏粒表面与水作用，会形成一层偏硅酸 H_2SiO_3，偏硅酸在水中解离为 H^+ 及 SiO_3^{2-} 离子。H^+ 向水溶液扩散，而硅酸离子 SiO_3^{2-} 离子与二氧化硅晶格不分离，因而表面带负电。

4）选择性吸附

黏粒吸附溶液中的离子具有规律性，它总是选择性地吸附与它自身结晶格架中相同或相似的离子。例如碳酸钙在碳酸钠（Na_2CO_3）溶液中只吸附 CO_3^{2-}，如把碳酸钙置于 $CaCl_2$ 溶液中，则吸附离子为方解石吸附，使其表面带负电。若将方解石置于蒸馏水中，因其具有一定的可溶性，遇水就会产生 Ca^{2+} 离子。所以在水化解离作用中，SiO_3^{2-} 被晶格吸附而不剥离，就是这个道理。

2.3.2 双电层与扩散层的概念

黏粒具有较大的比表面积，与孔隙溶液相互作用时，在其表面形成双电层，黏粒双电层是黏粒表面所带电荷与其吸附的反离子所构成。双电层厚度及其性质的变化将导致黏性土工程性质的变化。

Helmhotz 早在 1879 年提出了胶体中带电表面附近离子的分解理论，Gouy（1990）和 Chapman（1913）修正了 Helmhotz 的概念，他们认为在固相粒子周围的正负离子并不是分布在一个平面上，而是随距离增加浓度逐渐减小，其电位随着距离的增加或呈指数关系下降。Stern（1924）考虑了被吸附离子的大小对双电层的影响，提出了较完善的双电层的概念，他认为当胶体颗粒受外力而运动时，与固相粒子紧密结合的一层液相层随固体颗粒一起移动，称为液体固定层。后来，Grahame（1947）又发展了 Stern 的概念，他认为内层离子还可以分成两层，即固定层和扩散层。

至今，扩散双电层理论已较为完善。由于黏粒表面带电，在其静电引力的作用下，吸附溶液中与它电荷符号相反的离子聚集在其周围形成反离子层。在反离子层中的离子实际上是水化离子。自然界中不存在纯水，都是含有离子成分的水溶液，故黏粒周围的水化膜包含着起主导作用的离子和作为主体的水分子。从起主导作用的离子着眼，称这层为反离子层；如果从作为主体的水分子着眼，则称该层为结合水层。

土粒周围水溶液中的阳离子同时受着两种力的作用：一种是黏粒表面的吸引力，使它紧靠土粒表面；另一种是离子本身热运动引起的扩散作用力，使离子有扩散到自由溶液中去的趋势。这两种力作用的结果，使黏粒周围的反号离子浓度随着与黏粒表面距离的增加而减小。其中只有一部分紧靠黏粒的反离子被牢固地吸附着排列在黏粒的表面上，电泳时和它一起移动称为固定层；在双电层结构系统中，土体表面离子浓度开始很高，分子的热运动企图使离子均匀地分布在溶液中，因而产生一种扩散趋势。然而，土颗粒表面负电荷对阳离子起约束作用，使土颗粒周围的阳离子由密到稀地分布，直到阳离子浓度和阴离子浓度相同，这个范围称为扩散层。黏粒本身所带的电荷层称为决定电位离子层，向外首先是固定层，其次为扩散层，固定层与扩散层统称为反离子层。决定电位离子层与反离子层电性相反，共同构成双电层，如图 2.6 所示。

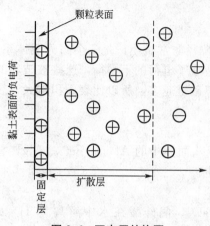

图 2.6 双电层结构图

由此可见，黏土矿物可同时存在正负双电层，从而使得黏土矿物的表面性质比其他胶体复杂得多。在天然状态下，黏性土的负电荷多于正电荷，除了少数强酸条件下可能出现正电荷多于负电荷的现象。双电层中扩散层水膜的厚度对黏土的过程性质有重要影响。扩散层厚度大，土的塑性高，颗粒之间的距离相对也大；因此土体的膨胀和收缩性大，而强度相对较低。

实际上，土粒表面的双电层情况比上述情况还要复杂些。黏土颗粒一般呈薄片状，在边缘处的结晶结构与晶片面上的完全不同。在边缘面上暴露的三水铝八面体是两性体，在一定的 pH 值下，可能带有正电荷；在边缘面上暴露的硅氧四面体，如四面体中的硅为铝置换，或出现破键，也可能带有正电荷。而晶片面上往往总是带负电荷的。这样，在某种条件下，土粒表面可同时出现正双电层和负双电层。

扩散层中的阳离子(当土粒表面带负电荷时)能与水溶液中的其他阳离子发生离子交换。离子交换的总电荷量是等量的，它并不影响土粒本身的内部结构。阳离子的交换能力主要取决于离子价、离子大小及浓度。一般高价离子的交换能力大于低价离子；同价离子中离子半径小的交换能力小于离子半径大的。

土粒不是单个存在的，假设两个土粒的表面为平行的平板，则土粒间双电层情况就更为复杂。为简单起见，可近似地用两个单个双电层叠加来分析。

2.3.3 影响扩散层厚度的因素

黏粒与水相互作用后，双电层中的固定层紧靠土粒表面，排列紧密，联结牢固，厚度较小且较固定，性质类似于土粒本身，其对土的性质影响较小。而反离子层中的扩散层因远离颗粒表面，联结力减弱，在不大的外力作用下就能发生变形或移动，是活动的部分，因此可引起土的一系列工程性质的变化，如黏性土的可塑性与胀缩性等。这种变化主要是由于扩散层厚度的变化所引起。扩散层厚度的变化受颗粒本身的矿物成分、颗粒形状和大小的影响，还受介质的化学成分、浓度及 pH 值的影响。颗粒的分散程度越高，比表面积越大，对一定量的土来说，扩散层的总体积也越大。因此，一定量的蒙脱石的扩散层总体积最大，伊利石次之，高岭石最小。

1) 土粒的矿物成分与分散程度

土粒越细小，分散程度越高，则比表面积就越大，对一定量的土来说扩散层的总体积越大，颗粒大小、形状与矿物成分有关，因此矿物成分是决定因素。矿物成分决定着黏粒表面带电荷数量，其带电荷数量越多，则扩散层厚度就越大，其亲水性也就越强。黏土矿物中，蒙脱石颗粒细小，一般呈薄片状，比表面积较大，故亲水性较强，高岭石最小，伊利石介于两者之间，因此，一定量的蒙脱石的扩散层总体积最大，伊利石次之，高岭石最小。土粒的矿物成分决定着表面电荷的形成方式与电荷数量，对于扩散层厚度具有重要的意义。

2) 溶液的化学成分，浓度及 pH 值

当热力电位为一定值时，溶液中任何一种离子，无论是反号离子还是同号离子(与颗粒表面电荷符号相同的离子)，对电动电位都有影响，特别是反号离子尤甚。在其他条件不变的情况下，反号离子由原来的一价变为二价时，带电黏粒对单个离子的吸引力增大了一倍，反号离子更接近黏粒表面，使电动电位降低较快，扩散层厚度变小，所以扩散层中电价高的离子较电价低的离子的扩散层厚度要薄。另外，相同电价的离子，随着离子半径的增大，扩散层厚度变薄，这种规律是由于同价离子半径小者水化程度高，在其周围吸附较厚的水分子层，总的半径较大，使扩散层变厚，水化程度低的离子(半径较大)则形成较薄的扩散层。

当溶液中反号离子的浓度增加，对扩散层中的反号离子起着排斥作用，结果使扩散层中的离子被迫进入固定层中，使扩散层变薄。这是因为固定层中的反号离子的增多，有效地补偿了黏粒表面电荷，使热力电位在固定层中迅速下降，电动电位也降低，故扩散层厚度变薄。

溶液的 pH 值决定着黏粒矿物表面分子的离解方式，从而决定黏粒表面所带电荷的符号、数量和热力电位的大小，也就影响到扩散层的厚度。对次生 SiO_2，溶液的 pH 值越大，其离解程度越高，则扩散层厚度就越大，反之亦然。对倍半氧化物与黏土矿物，溶液的 pH 值不仅决定着双电层的厚度，还决定着黏粒表面带电性质。一般情况下，溶液的 pH 值与黏粒矿物的 $pH_{等电}$ 值之间的差值越大，离解程度越高，则扩散层厚度就越大，反之亦然。

3) 离子交换

溶液中阳离子的交换能力与离子的价数及水化离子半径有关。在其他条件相同时，溶液中阳离子交换能力的次序见表 2-2。高价离子与带电的黏粒间的吸引能力大，易被土粒吸附，所以高价离子的交换能力大于低价离子；同价离子中随其水化离子半径的增大而减小。离子的电场强度与其所带负电荷数量成正比，与半径的平方成反比。因此，小离子吸引了大量水分子在它的周围形成较厚的水化膜，有较大的有效半径，与黏粒表面距离较远，不易被吸引。但离子价效应的影响超过水化膜厚度的影响。尽管 Mg^{2+} 离子的水化离子半径大于 K^+、Na^+ 离子，而其交换能力仍然大于它们。离子的解离能力，即进入自由溶液中之能力，恰恰与交换能力相反，交换能力大者解离能力小；但是 H^+ 离子例外，它的交换能力不仅大于一价阳离子，而且也大于二价阳离子。

交换能力	$Fe^{3+}>Al^{3+}>H^+>Ba^{2+}>Ca^{2+}>Mg^{2+}>K^+>Na^+>Li^+$								
解离能力	$Fe^{3+}<Al^{3+}<H^+<Ba^{2+}<Ca^{2+}<Mg^{2+}<K^+<Na^+<Li^+$								
离子半径/0.1nm	0.67	0.57	—	1.43	1.06	0.78	1.33	0.93	0.78
水化离子半径/0.1nm	—	—	—	10.0	13.3	5.32	7.90	10.03	—

根据前述溶液中交换阳离子成分对扩散层厚度的影响及其交换能力次序，可以得出这样的结论：交换能力大的离子形成较薄的扩散层，ζ 电位较低，反之形成较厚的扩散层，ζ 电位较高。此时溶液中的阴离子对扩散层厚度的影响恰恰与之相反，高价阴离子可使扩散层增厚。

2.4 黏性土工程性质的利用和改良

黏土矿物具有特殊的结晶构造和带电的特性，因此黏土矿物的成分和含量对黏性土的工程性质具有非常重要的影响。在工程实践中，可以利用其特性为工程服务；也可根据其特性，正确有效地选择处理的措施，达到改良和加固的目的。此外，掌握这些特性，可以帮助工程技术人员，定性地认识许多工程现象，从而增强预见性，避免盲目性。

2.4.1 电渗排水和电化学加固

列依斯(Reuss)于 1807 年进行了一个有名的实验，其装置如图 2.7 所示。把两根带有正负电极的玻璃管插入一块潮湿的黏土块中，在玻璃管底部铺一层洗净的砂，并加水至相同的高度。接通直流电后发现：

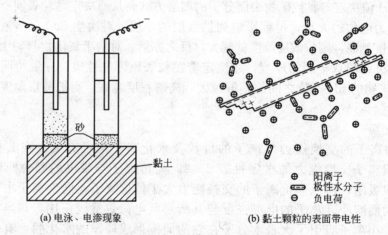

(a) 电泳、电渗现象　　　　(b) 黏土颗粒的表面带电性

图 2.7　黏土颗粒表面带电现象

（1）在阳极管中，水自下而上地混浊起来，与此同时，水位逐渐下降。

（2）在阴极管中，水仍是极其清澈，但水位逐渐上升。

如将两根电极，直接插入黏土块中，通电后发现阳极周围土逐渐变干，而阴极周围土体变得更湿。

在电场作用下，带有负电荷的黏土颗粒向阳极移动，这种电动现象称为电泳；而水分子及水化阳离子向阴极移动，这种电动现象称为电渗。

1) 电渗排水

在渗透系数小于 10^{-6} cm/s 的饱和软黏土地层中开挖基坑或其他地下工程活动中，可以采用电渗排水的方法降低地下水位。

上海宝钢炼铁车间铁水包基坑，深 15.35m，分二级开挖，第一级开挖深度 4.5m，采用轻型井点降水，降水面积 6000m²，降水深度 5.5m；第二级采用钢板桩支撑围护，在钢板桩外用电渗-喷射井点降水，降水面积 44m×52 m，降深 11m。用喷射井点管作阴极，用直径 25mm、长 12m 的钢筋作阳极，三台 AX-500 型、功率 20kW 直流电焊机作电源。

从 1980 年 1 月下旬开始挖土施工至当年 5 月 16 日停止抽水，施工期内未发生任何渗水、流砂、涌土等现象，开挖后坑底干燥，保证了深基坑工程顺利施工。

2) 电化学加固

利用电渗、电泳原理来改良软黏土的工程性质，方法很多。现举一种双液灌浆的例子加以说明。

在需要加固的土中打入两根带有花眼的金属管，在阳极管内灌注氯化钙($CaCl_2$)溶液，阴极管内灌入水玻璃 $Na_2O \cdot n(SiO_2)$ 溶液。通直流电后，两个电极管中的正负水化离子就在孔隙水中相向移动，当它们相互接触时，就发生化学反应，生成一种不可溶的二氧化硅凝胶：

$$Na_2O \cdot n(SiO_2) + CaCl_2 + xH_2O \longrightarrow 2NaCl + CaSiO_2 \cdot xH_2O + (n-1)SiO_2$$
$$\text{二氧化硅凝胶}$$

这种二氧化硅凝胶既填充了土中的孔隙，又可提高了颗粒之间的胶结力，从而使土体的强度提高。

2.4.2 利用离子交换改良黏土的工程性质

当黏土中黏土颗粒主要由强亲水性的蒙脱石和伊利石所组成时，这类土具有吸水膨胀和失水收缩的特性，称为膨胀土。

膨胀土在我国分布很广泛，主要是在广西、云南、贵州、湖北、河北、河南、四川、安徽、陕西等地，呈区域性岛状分布。国外主要在美国的中西部、非洲和南亚地区。

膨胀土病害对工程的危害十分严重。吸水后土的体积膨胀，使其上的建筑物隆起，造成墙体开裂、管线破裂、道路路面产生幅度很大的横向波浪形变形。雨季时路面渗水，导致路基软化，在行车荷载下形成泥浆，并沿路面裂缝、伸缩缝处溅浆冒泥。

表 2-3 给出了蒙脱石、伊利石和高岭石三种主要黏土矿物以及吸附不同阳离子时所反映出来可塑性变化的情况。从表中可以看出，吸附交换阳离子相同，例如 Na^- 蒙脱石的液限比 Na^- 伊利石大 5.9 倍，比 Na^- 高岭石大 13.4 倍。对于蒙脱石来说，吸附一价钠离子比吸附三价铁离子液限大 5 倍。低价离子使土颗粒周围的水膜变厚，其可塑性明显地显现出来，这些都可以用双电层中扩散层变化理论来解释。因此，在工程实践中，可以利用高价阳离子置换低价阳离子的办法来改善土的工程性质。例如云南小龙潭电厂的埋管工程中，在管沟中填充富含钙离子的石灰砂来减弱膨胀土对管道的危害。合肥市在膨胀土地区的城市道路建设中，采用粉煤灰，再加上消石灰，按重量比 8：2，经搅拌和碾压形成的二

灰垫层作为路基，都取得了良好的效果。

表 2-3 主要黏土矿物的塑性特征(Cornell 1951)

黏土矿物	交换阳离子	液限(%)	塑限(%)	塑性指数	缩限(%)
蒙脱石	Na^+	710	54	656	9.9
	K^+	660	98	562	9.3
	Ca^{2+}	510	81	429	10.5
	Mg^{2+}	410	60	350	14.7
	Fe^{3+}	290	75	215	10.3
	$(Fe)^{3+}$	140	73	67	—
伊利石	Na^+	120	53	67	15.4
	K^+	120	60	60	17.4
	Ca^{2+}	100	45	55	16.8
	Mg^{2+}	95	46	49	14.7
	Fe^{3+}	110	49	61	15.3
	$(Fe)^{3+}$	79	46	33	—
高岭石	Na^+	53	32	21	26.8
	K^+	49	29	20	—
	Ca^{2+}	38	27	11	24.5
	Mg^{2+}	54	31	23	28.7
	Fe^{3+}	59	37	22	29.2
	$(Fe)^{3+}$	56	35	21	—

本 章 小 结

通过本章的学习了解土的矿物成分和化学成分，进而了解黏土矿物颗粒的结晶结构；通过结晶结构的学习，了解不同黏土矿物遇水以后工程性质表现差异的原因。理解黏土颗粒表面带电的成因，重点掌握双电层与扩散层的概念、影响扩散层厚度的因素、黏性土工程性质的利用和改良及利用离子交换改良黏土的工程性质。

习 题

一、填空题

1. 黏土矿物主要包括_____、_____和_____三种。

2. 黏土矿物的结晶结构主要是由_____和_____两个基本结构单元组成。

二、选择题

1. 黏土中含有下列（ ）矿物较多时，土的胀缩性会较强。

    A. 蒙脱石   B. 高岭土   C. 伊利石   D. 无法确定

2. 在黏土中加入下列（ ）离子，最能有效地减小扩散层的厚度。

    A. Fe^{3+} B. Ba^{2+} C. Ca^{2+} D. Na^+

三、简答题

1. 试从结晶构造的差异性，说明由高岭土、伊利石、蒙脱石等黏土矿物组成的土在工程性质上的差异性。

2. 试述黏土颗粒表面带电的原因极其影响因素。

3. 试述双电层的概念，并从双电层的理论说明土的塑性、膨胀性和收缩的现象。

4. 试叙述影响扩散层的厚度。

5. 什么是电渗与电泳？如何利用电渗电泳原理改良黏土的工程性质？

第 **3** 章
土中水的运动规律

【教学目标与要求】

● **概念及基本原理**

【掌握】毛细水的概念、毛细水上升高度的影响因素；层流的渗透定律；影响土渗透性的主要因素；流砂、管涌和临界水力梯度的概念；土的冻胀机理及影响因素。

【理解】毛细水带的划分及毛细水压力；成层土的渗透系数；二维渗流、网流及工程应用；土冻结深度的确定方法。

● **计算理论及计算方法**

【掌握】渗透系数的计算；动水力、临界水力梯度、流砂的判别。

【理解】二维网流孔隙水压力的计算和单宽流量的计算。

● **试验**

【掌握】常水头试验；现场抽水试验。

【理解】变水头试验。

导入案例

案例一：上海地铁工程实例(图 3.1 和图 3.2)

2003 年 7 月 1 日凌晨，建设中的上海轨道交通 4 号线突发险情，造成若干地面建筑物遭到破坏。上海市新闻办发布的消息称，1 日凌晨 4 时，正在施工中的上海轨道交通 4 号线(浦东南路至南浦大桥)区间隧道浦西通道发生渗水，随后出现大量流砂涌入，引起地面大幅沉降。上午 9 时左右，地面建筑物中山南路 847 号八层楼房发生倾斜，其主楼裙房部分倒塌。由于发现报警及时，楼内所有人员均已提前撤出，因而没有造成人员伤亡。

图 3.1 上海轨道交通 4 号线流
砂引起裙房倒塌图

图 3.2 上海轨道交通 4 号线流
砂—泵房倾倒

案例二：海南陵水万州岭水库库坝管涌实例（图3.3）

万州岭水库处于陵水县与保亭县交界处，设计库容 $105 \times 10^4 m^3$。由于降雨，当天水库库容高达 $170 \times 10^4 m^3$，大大超出设计库容。

万州岭属于小型水库，地处山区，地势高，而且是正在加固施工中的病险水库。强降雨袭击前，堤坝维修工作尚未结束。外堤坝的泥土刚刚堆好，堤坝就像馒头泡水了一样，比较松软，出现冲沟、堤坝滑坡和管涌等险情，非常危险。高20多米的堤坝已经多处出现小面积滑坡险情，水库坝体下方出现一处直径约50cm的管涌，管涌处的水在不断地往外涌。险情发生后的第一时间，县领导立即紧急协调，指挥大坝抢险和群众转移工作同时进行。省领导、省水务局相关领导也带着水利专家连夜赶到现场，提出科学抢险方案。

在水利专家的指导下，万州岭水库各路抢险队伍分工明确，军队和武警官兵封堵涌管、加固堤坝，群众协助运送沙袋，民兵协助转移群众，爆破队伍负责拓宽拓深泄洪道。所有抢险工作紧张有序，保证了大坝的安全，度过了险情。

3.3 海南陵水万州岭水库库坝

3.1 概　　述

土中水并非处于静止不变的状态，而是处于运动状态。土中水的运动原因和形式很多，例如，在重力作用下，地下水的流动（土的渗透性问题）；在土中附加应力作用下孔隙水的挤出（土的固结问题）；由于表面张力作用产生的水分移动（土的毛细现象）；在土颗粒分子引力作用下结合水的移动（如冻结时土中水分的移动）；由于孔隙水溶液中离子浓度的差别产生的渗附现象等。土中水的运动将对土的性质产生影响，在许多工程实践中碰到的问题，如流沙、冻胀、渗透固结、渗流时的边坡稳定等，都与土中水的运动有关。故本章着重研究土中水的运动规律。

3.2 土的毛细性

土的毛细性是指土能够产生毛细现象的性质。土的毛细现象是指土中水在表面张力作用下，沿着细微孔隙向上及向其他方向移动的现象。这种细微孔隙中的水被称为毛细水。

土的毛细现象在以下几个方面对工程有影响。

(1) 毛细水的上升是引起路基冻害的因素之一。

(2) 对于房屋建筑，毛细水的上升会引起地下室过分潮湿。

(3) 毛细水的上升可能引起土的沼泽化和盐渍化，对建筑工程及农业经济都有很大影响。

为了认识土的毛细现象，下面分别讨论土层中毛细水带、毛细水上升高度和上升速度以及毛细压力。

3.2.1 土层中的毛细水带

土层中由于毛细现象所润湿的范围称为毛细水带。根据毛细水带的形成条件和分布状况，可分为三种，即正常毛细水带、毛细网状水带和毛细悬挂水带，如图 3.4 所示。

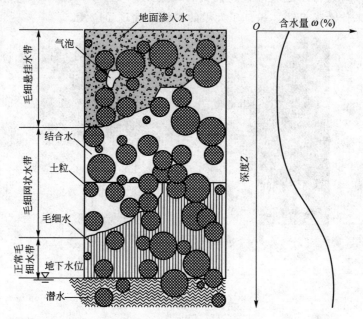

图 3.4 土层中的毛细水带

1) 正常毛细水带（又称毛细饱和带）

位于毛细水带的下部，与地下水带连通。这一部分毛细水主要是潜水面直接上升形成的，毛细水几乎充满了全部孔隙。正常毛细水带随着地下水位的升降而做相应的移动。

2) 毛细网状水带

位于毛细水带的中部。当地下水急剧下降时，毛细水也随之急剧下降，这时在较细的毛细孔隙中有一部分毛细水来不及移动，仍残留在孔隙中，而较粗的孔隙因毛细水下降，孔隙中留下空气泡，这样使毛细水呈网状分布。毛细网状水带中的水，可以在表面张力和重力作用下移动。

3) 毛细悬挂水带

位于毛细水带的上部，这一部分毛细水是由地下水渗入形成的，水悬挂在土颗粒之间，它不与中部或下部的毛细水相连。当地表有大量降水补给时，毛细悬挂水在重力作用下向下移动。

上述 3 个毛细水带不一定同时存在，这取决于当地的水文地质条件。如地下水位很高时，可能就只有正常毛细水带，而没有毛细网状水带和毛细悬挂水带；反之，当地下水位较低时，则可能同时出现 3 个毛细水带。

在毛细水带内，土的含水量是随深度而变化的，自地下水位向上含水量逐渐减少，但到毛细悬挂水带后含水量可能有所上升(图 3.4)。

3.2.2 毛细水上升高度和上升速度

为了了解土中毛细水上升高度，可以借助于水在毛细管中上升的现象来说明。一根毛细管插入水中，可以看到水会沿毛细管上升。毛细水为什么会上升呢？我们知道水与空气的分界面上存在着表面张力，而液体总是力图缩小自己的表面积，以使表面自由能减到最小，这也就是一滴水珠总是成球状的原因；另一方面，毛细管管壁的分子和水分子之间有引力作用，这个引力使与管壁接触部分的水面呈向上的弯曲状，这种现象一般称为湿润现象。当毛细管的直径较细时，毛细管内水面的弯曲面互相连接，形成内凹的弯液面状，如图 3.5 所示。这种内凹的弯液面表明管壁和液体是互相吸引的(即可湿润的)；如果管壁和液体之间不相互吸引，为不可湿润的，那么毛细管内液体弯液面的形状是外凸的，如毛细管内的水银柱面就是这样。

在毛细管内的水柱，湿润现象使弯液面呈内凹状时，水柱的表面积就增加了，这时管壁与水分子之间的引力很大，促使管内的水柱升高，从而改变弯液面形状，缩小表面积，降低表面自由能。但当水柱升高改变了弯液面的形状时，管壁与水之间的湿润现象又会使水柱面恢复为内凹的弯液面状。这样周而复始，使毛细管内的水柱上升，直到升高的水柱重力和管壁与水分子间的引力所产生的上举力平衡为止。

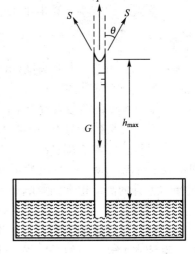

图 3.5 土中的毛细升高

若毛细管内水柱上升到最大高度 h_{max}，如图 3.5 所示，根据平衡条件知道管壁与弯液面水分子间引力的合力 S 等于水面张力 σ，若 S 与管壁间的夹角为 θ(也称湿润角)，则作用在毛细水柱上的上举力 P 为：

$$P = S \cdot 2\pi r\cos\theta \qquad (3-1)$$

式中：σ——水的表面张力(N/m)，在表 3-1 中给出了不同温度时，水与空气间的表面张力值；

r——毛细管的半径(m)；

θ——湿润角，它的大小取决于管壁材料及液体性质，对于毛细管内的水柱，可以认为是完全湿润的。

表 3-1 水与空气的表面张力 σ 值

温度(℃)	−5	0	5	10	15	20	30	40
表面张力 σ (N/m)	76.4×10⁻³	75.6×10⁻³	74.9×10⁻³	74.2×10⁻³	73.5×10⁻³	72.8×10⁻³	71.2×10⁻³	69.6×10⁻³

毛细管内上升水柱的重力 G 为：

$$G = \gamma_w \pi r^2 h_{max} \qquad (3-2)$$

式中：γ_w——水的重度，kN/m^3。

当毛细水上升到最大高度时，毛细水柱受到的上举力和水柱重力平衡，由此得

$$P = G$$

即

$$2\pi r \sigma \cos\theta = \gamma_w \pi r^2 h_{max}$$

若令 $\theta = 0°$，可求得毛细水上升的最大高度的计算公式为

$$h_{max} = \frac{2\sigma}{r\gamma_w} = \frac{4\sigma}{d\gamma_w} \qquad (3-3)$$

式中：d——毛细管的直径，取 $d = 2r$。

从式（3-3）可以看出，毛细水上升高度是和毛细管直径成反比的，毛细管直径越细时，毛细水上升高度越大。

在天然土层中毛细水的上升高度是不能简单地引用式（3-3）计算，这是因为土中的孔隙是不规则的，与圆柱状的毛细管根本不同，特别是土颗粒与水之间积极的物理化学作用，使得天然土层中的毛细现象比毛细管的情况要复杂得多。例如，假定黏土颗粒为直径等于 $0.0005mm$ 的圆球，那么这种假想土粒堆置起来的空隙直径 $d \approx 0.00001cm$，代入式（3-3）中将得到毛细水上升高度 $h_{max} = 300m$，这在实际土层中是根本不可能观测到的。在天然土层中毛细水上升的实际高度很少超过数米。

在实践中也有些估算毛细水上升高度的经验方式，如海森（A. Hazen）的经验公式：

$$h_c = \frac{C}{e d_{10}} \qquad (3-4)$$

式中：h_c——毛细水上升高度（m）；

　　　e——土的孔隙比；

　　　d_{10}——土的有效粒径（m）；

　　　C——系数，与土粒形状及表面洁净情况有关。

在黏性土颗粒周围吸附着一层结合水膜，这一层水膜将影响毛细水弯液面的形成。此外，结合水膜将减小土中孔隙的有效直径，使得毛细水在上升时受到很大阻力，上升速度很慢，上升的高度也受到影响。当土粒间的孔隙被结合水完全充满时，毛细水的上升就停止了。

通过在试验室测定的人工制备的石英砂中毛细水上升情况，可以得出，在较粗颗粒土中，毛细水上升一开始进行得很快，以后逐渐缓慢，细颗粒土毛细水上升高度较大，但上升速度较慢。

3.2.3　毛细压力

干燥的砂土是松散的，颗粒间没有黏结力，水下的饱和砂土也是这样。但当有一定含水量时的湿砂，却表现出颗粒间有一些黏结力，如湿砂可捏成砂团。在湿砂中有时可挖成

直立的坑壁，短期内不会坍塌。这些都说明湿砂的土粒间有一些黏结力，这个黏结力是由于土粒间接触面上一些水的毛细压力所形成。

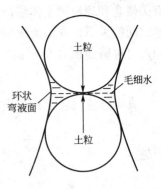

图中两个土粒(假想是球体)的接触面间有一些毛细水，由于土粒表面的湿润作用，使毛细水形成弯液面。在水和空气的分界面上产生的表面张力是沿着弯液面切线方向作用的，它促使两个土粒互相靠拢，在土粒的接触面上就产生一个压力，称为毛细压力。由毛细压力所产生的土粒间的黏结力称为假内聚力。当砂土完全干燥时，或砂土浸没在水中，孔隙中完全充满水时，颗粒间没有孔隙水或者孔隙水不存在弯液面，这时毛细压力也就消失了。

图 3.6　毛细压力示意图

3.3　土的渗透性

本节是研究土中孔隙水(主要是指重力水)的运动规律。土孔隙中的自由水在重力的作用下发生运动的现象，称为土的渗透性。在土木工程中常需要了解土的渗透性。例如桥梁墩台基坑开挖排水时，需要了解土的渗透性，以配置排水设备；在河滩上修筑水路堤时，需要考虑路堤填料的渗透性；在饱和黏性土地基上计算建筑物的沉降和时间的关系时，需要掌握土的渗透性。

下面讨论四个问题：①渗流模型；②土中水渗透的基本规律(层流渗透定律)；③影响土渗透性的一些因素；④动水力及流砂现象。

3.3.1　渗流模型

水在土中的渗流是在土颗粒间的孔隙中发生的。由于土体孔隙的形状、大小及分布极为复杂，导致渗流水质点的运动轨迹很不规则，如图3.7(a)所示。如果只着眼于这种真实渗流情况的研究，不仅会使理论分析复杂化，同时也会使试验观察变得异常困难。考虑到实际工程中并不需要了解具体孔隙中的渗流情况，因而可以对渗流作出如下的简化：一是不考虑渗流路径的迂回曲折，只分析它的主要流向；二是不考虑土体中颗粒的影响，认为孔隙和土粒所占的空间之总和均为渗流所充满。作了这种简化后的渗流其实只是一种假想的土体渗流，称之为渗流模型，如图 3.7(b)所示。为了使渗流模型在渗流特性上与真实的渗流相一致，它还应该符合以下要求。

(1) 在同一过水断面，渗流模型的流量等于真实渗流的流量。

(2) 在任一界面上，渗流模型的压力与真实渗流的压力相等。

(3) 在相同体积内，渗流模型所受的阻力与真实渗流所受的阻力相等。

有了渗流模型，就可以采用液体运动的

(a) 水在土孔隙中的运动轨迹

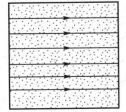
(b) 理想化的渗透模型

图 3.7　渗流模型

有关概念和理论对土体渗流问题进行分析计算。再分析一下渗流模型 v 与真实渗流 v_0 的流速之间的关系。在渗流模型中，设过水断面面积为 $A(\mathrm{m}^2)$，通过的渗流流量为 q（单位时间内流过截面积 A 的水量，m^3/s）则渗流模型的平均流速 v 为：

$$v = \frac{q}{A} \tag{3-5}$$

真实渗流仅发生在相应于断面 A 中所包含的孔隙面积 ΔA 内，因此真实流速 v_0 为：

$$v_0 = \frac{q}{\Delta A} \tag{3-6}$$

于是

$$v/v_0 = \frac{\Delta A}{A} = n \tag{3-7}$$

式中：n——土体的空隙率。

因为空隙率 $n < 1.0$，所以，$v < v_0$，即模型的平均流速要小于真实流速。由于真实流速很难测定，因此工程上还是采用模型的平均流速 v 较为方便，在本章内容中，如果没有特别说明，所说流速均指模型的平均流速。

3.3.2　土的层流渗透定律

若土中孔隙水在压力梯度下发生渗流，如图 3.8 所示。对于土中 a、b 两点，已测得 a 点的水头为 H_1，b 点的水头为 H_2，水自水头高的 a 点流向水头低的 b 点，水流流径长度为 l。由于土的孔隙较小，在大多数情况下水在孔隙中的流速较小，可以认为是属于层流（即水流流线是相互平行地流动）。那么土中的渗流规律可以认为是符合层流渗透定律，这个定律是法国学者达西（H·Dary）根据砂土的试验结果而得到的，也称达西定律。它是指水在土中的渗透速度与水头梯度成正比，即

$$v = kI \tag{3-8}$$

或

$$q = kIF \tag{3-9}$$

式中：v——渗透速度（m/s）；

I——水头梯度，即沿着水流方向单位长度上的水头差 [如图 3.8 中 a、b 两点的水头梯度 $\left(I = \dfrac{\Delta H}{\Delta l} = \dfrac{H_1 - H_2}{l}\right)$]；

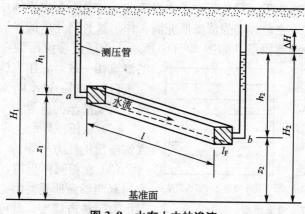

图 3.8　水在土中的渗流

k——渗透系数(m/s)，各种土的渗透系数参考值见表 3-2；

q——渗透流量(m^3/s)，即单位时间内流过土截面积 F 的流量。

表 3-2 土的渗透系数参考值

土的类别	渗透系数(m/s)	土的类别	渗透系数(m/s)
黏土	$<5\times10^{-8}$	细砂	$1\times10^{-5}\sim5\times10^{-5}$
粉质黏土	$5\times10^{-8}\sim1\times10^{-6}$	中砂	$5\times10^{-6}\sim2\times10^{-4}$
粉土	$1\times10^{-6}\sim5\times10^{-6}$	粗砂	$2\times10^{-4}\sim5\times10^{-4}$
黄土	$2.5\times10^{-6}\sim5\times10^{-6}$	圆砾	$5\times10^{-4}\sim5\times10^{-3}$
粉砂	$5\times10^{-6}\sim1\times10^{-5}$	卵石	$1\times10^{-3}\sim5\times10^{-3}$

由于达西定律只适用于层流的情况，故一般只适用于中砂、细砂、粉砂等。对粗砂、砾石、卵石等粗颗粒土就不适合，因为这时水的渗流速度较大，已不再是层流而是紊流了。黏土中的渗流规律不完全符合达西定律，因此需进行修正。

在黏土中，土颗粒周围存在着结合水，结合水因受到分子引力作用呈现黏滞性。因此，黏土中自由水的渗流受到结合水的黏滞作用会产生很大的阻力，只有克服结合水的抗剪强度后才能开始渗流。我们把克服此抗剪强度所需要的水头梯度，称为黏土的起始水头梯度 I_0。这样，在黏土中，应按下述修正后的达西定律计算渗流速度：

$$v=k(I-I_0) \tag{3-10}$$

在(图 3.9)中绘出了砂土与黏土的渗透规律。直线 a 表示砂土的 v-I 关系，它是通过原点的一条直线。黏土的 v-I 关系始曲线 b(图中虚线所示)，d 点是黏土的起始水头梯度，当土中水头梯度超过此值后水才开始渗流。一般常用折线 c(图中线 Oef)代替曲线 b，即认为 e 点是黏土的起始水头梯度 I_0，其渗流规律用式(3-10)表示。

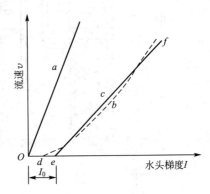

图 3.9 砂土和黏土的渗透规律

3.3.3 土的渗透系数

渗透系数 k 是综合反映土体渗透能力的一个指标，其数值的正确确定对渗透计算有着非常重要的意义。表 3-2 中给出了一些土的渗透系数参考值。渗透系数也可以在实验室或现场试验测定。

1. 室内试验测定法

实验室测定渗透系数 k 值的方法称为室内渗透试验，根据所用试验装置的差异又可分为常水头试验和变水头试验。

1) 常水头渗透试验

常水头渗透试验装置如图 3.10 所示。在圆柱形试验筒内装置土样，土的截面积为 F（即试验筒截面积），在整个试验过程中土样的压力水头维持不变。在土样中选择两点 a、

b，两点的距离为 l，分别在两点设置测压管。试验开始时，水自上而下流经土样，待渗流稳定后，测得在时间 t 内流过土样的流量为 Q，同时读得 a、b 两点测压管的水头差为 ΔH。则从式(3-9)可得：

$$Q=qt=kIFt=k\frac{\Delta H}{l}Ft$$

由此求得土样的渗透系数 k 为：

$$k=\frac{Ql}{\Delta HFt}\tag{3-11}$$

2）变水头渗透试验

变水头渗透试验装置如图 3.11 所示。在试验筒内装置土样，土样的截面积为 F，高度为 l。试验筒上设置储水管，储水管截面积为 a，在试验过程中储水管的水头不断减少。若试验开始时，储水管水头为 h_1，经过时间 t 后降为 h_2。令在时间 $\mathrm{d}t$ 内水头降低 $-\mathrm{d}h$，则在 $\mathrm{d}t$ 时间内通过土样的流量为：

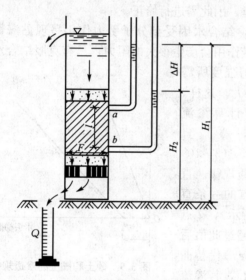

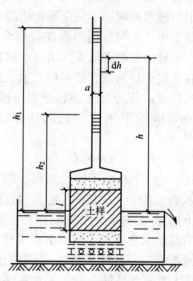

图 3.10　常水头渗透试验　　　　图 3.11　变水头渗透试验

$$\mathrm{d}q=-a\mathrm{d}h$$

又从式(3-9)知：

$$\mathrm{d}q=q\mathrm{d}t=kIF\mathrm{d}t=k\frac{h}{l}F\mathrm{d}t$$

故得

$$-a\mathrm{d}h=k\frac{h}{l}F\mathrm{d}t$$

积分后得

$$-\int_{h_1}^{h_2}\frac{\mathrm{d}h}{h}=\frac{kF}{al}\int_0^t\mathrm{d}t$$

$$\ln\frac{h_1}{h_2}=\frac{kF}{al}t$$

由此求得渗透系数：

$$k=\frac{al}{Ft}\ln\frac{h_1}{h_2}\tag{3-12}$$

2. 现场抽水试验

渗透系数也可以在现场进行抽水试验测定。对于粗颗粒土或成层的土，室内试验时不易取得原状土样，或者土样不能反映天然土层的层次或颗粒排列情况。这时，从现场试验得到的渗透系数将比室内试验准确。现场测定渗透系数的方法较多，常用的有野外注水试验和野外抽水试验等，这种方法一般是在现场钻井孔或挖试坑，在往地基中注水或抽水时，量测地基中的水头高度和渗流量，再根据相应的理论公式求出渗透系数 k 值。下面主要介绍现场抽水试验。

如图 3.12 所示，抽水试验开始前，在试验现场钻一中心抽水井，根据井底土层情况可分为两种类型，井底钻至不透水层时称为完整井，井底未钻至不透水层时称为非完整井。在距抽水井中心半径为 r_1 和 r_2 处布置观测孔，以观测周围地下水位的变化。试验抽水后，地基中将形成降水漏斗。当地下水进入抽水井流量与抽水量相等且维持稳定时，测读此时的单位时间抽水量 q，同时在观测孔处测量出其水头分别为 h_1 和 h_2。对非完整井，还需要量测抽水井中的水深 h_0 和确定降水影响半径 R_0。在假定土中任一半径处的水头梯度为常数的条件下，渗透系数 k 可由下列各式确定。

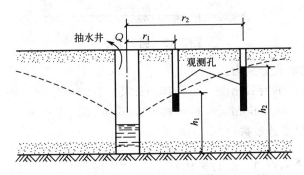

图 3.12 现场抽水试验

1) 无压完整井

$$k = \frac{q}{\pi} \cdot \frac{\ln(r_2/r_1)}{(h_2^2 - h_1^2)} \qquad (3-13)$$

由式(3-13)求得的 k 值为 $r_1 \leqslant r \leqslant r_2$ 范围内的平均值。若在试验中不设观测井，则需测定抽水井的水深 h_0，并确定其降水影响半径 R，此时降水半径范围内的平均渗透系数为：

$$k = \frac{q\ln\left(\dfrac{R}{r_0}\right)}{\pi(H^2 - h_0^2)} \qquad (3-14)$$

2) 无压非完整井

$$k = \frac{q\ln\left(\dfrac{R}{r_0}\right)}{\pi\left[(H-h')^2 - h_0^2\right]\left\{1 + \left(0.3 + \dfrac{10r_0}{H}\right)\sin\left(\dfrac{1.8h'}{H}\right)\right\}} \qquad (3-15)$$

式中：H——不受降水影响的地下水面至不透水层层面的距离(m)；

h_0——抽水井的水深(m)；

h'——井底至不透水层层面的距离(m)；

r_0——抽水井的半径(m)。

式(3-15)中 R 的取值对 k 的影响不大,在无实测资料时可采用经验值计算。通常强透水土层(如乱石、砾石层等)的影响半径值很大,在 $200\sim500\mathrm{m}$ 以上,而中等透水土层(如中、细砂等)的影响半径较小,在 $100\sim200\mathrm{m}$ 左右。

例3.1 如图3.13所示,在现场进行抽水试验测得砂土层的渗透系数。抽水井穿过10m厚砂土层进入不透水层,在距井管中心15m及60m处设置观测孔。已知抽水前静止地下水位在地面下2.35m处,抽水后待渗流稳定时,从抽水井测得流量 $q=5.47\times10^{-3}$ $\mathrm{m^3/s}$,同时从两个观测孔测得水位分别下降了1.93m及0.52m,求砂土层的渗透系数。

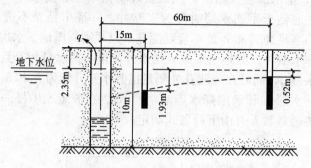

图3.13 例3.1图

解: 两个观测的水头分别为:

$$r_1=15\mathrm{m}\ 处\quad h_1=10-2.35-1.93=5.72\mathrm{m}$$
$$r_2=60\mathrm{m}\ 处\quad h_2=10-2.35-0.52=7.13\mathrm{m}$$

由式(3-13)求得渗透系数:

$$k=\frac{q}{\pi}\cdot\frac{\ln(r_2/r_1)}{(h_2^2-h_1^2)}=\frac{5.47\times10^{-3}}{\pi}\times\frac{\ln\left(\dfrac{60}{15}\right)}{(7.13^2-5.72^2)}=1.33\times10^{-4}\mathrm{m/s}$$

3. 成层土的渗透系数

如果已知每层土的渗透系数,则成层土的渗透系数可按下述方法计算。如图3.14所示土层由两层组成,各层土的渗透系数为 k_1、k_2,厚度为 h_1、h_2。

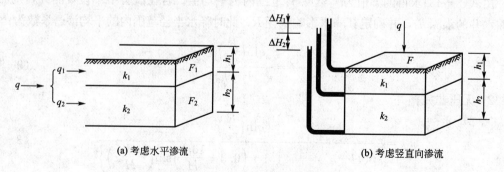

(a) 考虑水平渗流　　　　　　　　　(b) 考虑竖直向渗流

图3.14 成层土的渗透系数

(1) 考虑水平渗流时(水流方向与土层平行),如图3.14(a)所示。因为各土层的水头梯度相同,总的流量等于各土层流量之和,总的截面积等于各土层截面积之和,即

$$I = I_1 = I_2$$
$$q = q_1 + q_2$$
$$F = F_1 + F_2$$

因此，土层水平向的平均渗透系数 k_h 为：

$$k_h = \frac{q}{FI} = \frac{q_1 + q_2}{FI} = \frac{k_1 F_1 I_1 + k_2 F_2 I_2}{FI} = \frac{k_1 h_1 + k_2 h_2}{h_1 + h_2} = \frac{\sum k_i h_i}{\sum h_i} \qquad (3-16)$$

（2）考虑竖直向渗流时（水流方向与土层垂直），如图 3.14(b)所示。则知总的流量等于每一土层的流量，总的截面积与每层土的截面积相同，总的水头损失等于每一层的水头损失之和，即

$$q = q_1 = q_2$$
$$F = F_1 = F_2$$
$$\Delta H = \Delta H_1 + \Delta H_2$$

由此，得土层竖向的平均渗透系数 k_v 为：

$$k_v = \frac{q}{FI} = \frac{q}{F} \cdot \frac{(h_1 + h_2)}{\Delta H} = \frac{q}{F} \frac{(h_1 + h_2)}{(\Delta H_1 + \Delta H_2)} = \frac{q}{F} \frac{(h_1 + h_2)}{\frac{q_1 h_1}{k_1 F_1} + \left(\frac{q_2 h_2}{F_2 k_2}\right)} = \frac{h_1 + h_2}{\frac{h_1}{k_1} + \frac{h_2}{k_2}} = \frac{\sum h_i}{\sum \frac{h_i}{k_i}}$$

$$(3-17)$$

例 3.2 如图 3.15 所示为达西试验装置，在圆形截面容器内装有两种土样，下面为砂，上面为粉土，土样长度分别为 L_1、L_2，在砂土层顶面引出一测压管，管内水面与水源容器内水面高度差为 h_1，若试验装置总水头差为 h。则砂土的渗透系数 k_1 与粉土的渗透系数 k_2 之比 $\frac{k_1}{k_2}$ 为多少？

解： 根据流过两种土的流速相等可得

$$k_1 \frac{\Delta h_1}{L_1} = k_2 \frac{\Delta h_2}{L_2}$$

故

$$\frac{k_1}{k_2} = \frac{\dfrac{\Delta h_2}{L_2}}{\dfrac{\Delta h_1}{L_1}}$$

从（图 3.15）可知

$$\Delta h_1 = h_1$$
$$\Delta h_2 = h - h_1$$

故

$$\frac{k_1}{k_2} = \frac{\dfrac{h - h_1}{L_2}}{\dfrac{h_1}{L_1}} = \frac{(h - h_1) L_1}{h_1 h_2}$$

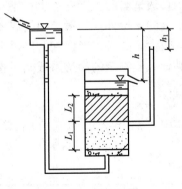

图 3.15 例 3.2 图

3.3.4 影响土的渗透性的因素

影响土的渗透性的因素主要有以下几种。

1. 土的粒度成分及矿物成分

土的颗粒大小、形状及级配，影响土中孔隙大小及形状，因而影响土的渗透性。土颗粒越粗、越浑圆、越均匀时，渗透性就越大。砂土中含有较多粉土及黏土颗粒时，其渗透性就大大降低。

土的矿物成分对于卵石、砂土和粉土的渗透性影响不大，但对于黏土的渗透性影响较大。黏性土中含有亲水性较大的黏土矿物（如蒙脱石）或有机质时，由于它们具有很大的膨胀性，就大大降低了土的渗透性。含有大量有机质的淤泥几乎是不透水的。

2. 结合水膜的厚度

黏性土中若土粒的结合水膜厚度较厚时，会阻塞土的孔隙，降低土的渗透性。如钠黏土，由于钠离子的存在，使黏土颗粒的扩散层厚度增加，所以透水性很低。又如在黏土中加入高价离子的电解质（如 Al、Fe 等），会使土粒扩散层厚度减薄，黏土颗粒会凝聚成团粒，土的孔隙因而增大，这也将使土的渗透性增大。

3. 土的结构构造

天然土层通常不是各向同性的，在渗透性方面往往也是如此。如黄土具有竖直方向的大孔隙，所以竖直方向的渗透系数要比水平方向大得多。层状黏土常夹有薄的粉砂层，它的水平方向的渗透系数要比竖直方向大得多。

4. 水的黏滞度

水在土中的渗流速度与水的密度以及黏滞度有关，而这两个数值又与温度有关。一般水的密度随温度变化很小，可略去不计，但水的动力黏滞系数 η 随温度变化而变化。故室内渗透试验时，同一种土在不同温度下会得到不同的渗透系数。在天然土层中，除了靠近地表的土层外，一般土中的温度变化很小，故可忽略温度的影响；但是室内试验的温度变化较大，故应该考虑它对渗透系数的影响。目前常以水温为 10℃时的 k_{10} 作为标准值，在其他温度测定的渗透系数 k_t 可按式（3-18）进行修正：

$$k_{10}=k_t\frac{\eta_t}{\eta_{10}} \tag{3-18}$$

式中：η_t，η_{10}——分别是 t℃时及 10℃时水的动力黏滞系数（N·s/m²），η_t/η_{10} 的比值与温度的关系见表 3-3。

表 3-3　η_t/η_{10} 与温度的关系

温度(℃)	η_t/η_{10}	温度(℃)	η_t/η_{10}	温度(℃)	η_t/η_{10}
−10	1.988	10	1.000	22	0.735
−5	1.636	12	0.945	24	0.707
0	1.369	14	0.895	26	0.671
5	1.161	16	0.850	28	0.645
6	1.121	18	0.810	30	0.612
8	1.060	20	0.773	40	0.502

5. 土中气体

当土孔隙中存在密闭气泡时，会阻塞水的渗流，从而降低土的渗透性。这种密闭气泡有时是由溶解于水中的气体分离出来而形成的，故室内渗透试验有时规定要用不含溶解空气的蒸馏水。

3.3.5 动水力及渗流破坏

水在土中渗流时，受到土颗粒的阻力 T 的作用，这个力的作用方向是与水流方向相反的。根据作用力与反作用力相等的原理，水流也必然有个相等的力作用在土颗粒上，我们把水流作用在单位体积土体中土颗粒上的力称为动水力 $G_D(kN/m^3)$，也称为渗流力。动水力的作用方向与水流方向一致。G_D 和 T 的大小相等，方向相反，它们都是用体积力表示的。

动水力的计算在工程实践中具有重要意义，例如研究土体在水渗流时的稳定性问题，就要考虑动水力的影响。

1. 动水力的计算公式

在土中沿水流的渗透方向，切取一个土柱体 ab（图 3.16），土柱体的长度为 l，横截面积为 F。已知 a、b 两点距基准面的高度分别为 z_1 和 z_2，两点的测压管水柱高分别为 h_1 和 h_2，则两点的水头分别为 $H_1 = h_1 + z_1$ 和 $H_2 = h_2 + z_2$。

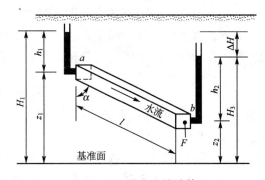

图 3.16 动水力的计算

将土柱体 ab 内的水作为脱离体，考虑作用在水上的力系。因为水流的速度变化很小，其惯性力可以略去不计，这样，可以求得这些力在 ab 轴线方向的分别为：

$\gamma_w h_1 F$——作用在土柱体的截面 a 处的水压力，其方向与水流方向一致；

$\gamma_w h_2 F$——作用在土柱体的截面 b 处的水压力，其方向与水流方向相反；

$\gamma_w n l F \cos\alpha$——土柱体内水的重力在 ab 方向的分力，其方向与水流方向一致；

$\gamma_w (1-n) l F \cos\alpha$——土柱体内土颗粒作用于水的力在 ab 方向的分力（土颗粒作用于水的力，也就是水对土颗粒作用的浮力的反作用力），其方向与水流方向一致；

lFT——水渗流时，土柱中的土颗粒对水的阻力，其方向与水流方向相反；

γ_w——水的容重；

n——土的空隙率；其他符号意义（图 3.16）。

根据作用在土柱体 ab 内水上的各力的平衡条件可得：

$$\gamma_w h_1 F - \gamma_w h_2 F + \gamma_w n l F \cos\alpha + \gamma_w (1-n) l F \cos\alpha - lFT = 0$$

$$\gamma_w h_1 - \gamma_w h_2 + \gamma_w l \cos\alpha - lT = 0$$

以 $\cos\alpha = (z_1 - z_2)/l$ 代入上式，可得：

$$T = \gamma_w \frac{(h_1 + z_1) - (h_2 + z_2)}{l} = \gamma_w \frac{H_1 - H_2}{l} = \gamma_w I \qquad (3-19)$$

故得动水力的计算公式:

$$G_D = T = \gamma_w I (\text{kN/m}^3) \tag{3-20}$$

2. 流砂现象、管涌和临界水头梯度

由于动水力的方向与水流方向相一致,因此当水的渗流自上向下时如图 3.17(a)所示中容器内的土样,或(图 3.18)中河滩路堤基底土层中的 d 点,动水力方向与土体重力方向一致,这样将增加土颗粒间的压力;若水的渗流方向自下而上时如图 3.17(b)所示容器内的土样,或(图 3.18)中的 e 点,动水力的方向与土体重力方向相反,这样将减小土颗粒间的压力。

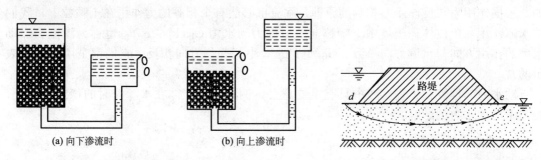

(a) 向下渗流时	(b) 向上渗流时	

图 3.17　不同渗流方向对土的影响　　　　**图 3.18　河滩路堤下的渗流**

若水的渗流方向自下而上,在土体表面,如图 3.17(b)所示或(图 3.18)路堤下的 e 点,取一单位体积的土体进行分析。已知土有效重度为 γ',当向上的动水力 G_D 与土的有效重度相等时,即

$$G_D = \gamma_w I = \gamma' = \gamma_{sat} - \gamma_w \tag{3-21}$$

式中:γ_{sat}——土的饱和重度;

　　　　γ_w——水的重度。

这时土颗粒间的压力就等于零,土颗粒将处于悬浮状态而失去稳定,这种现象就称为流砂现象。这时的水头梯度称为临界水头梯度 I_{cr},可由式(3-21)得到:

$$I_{cr} = \frac{\gamma'}{\gamma_w} = \frac{\gamma_{sat}}{\gamma_w} - 1 \tag{3-22}$$

工程中将临界水头梯度 I_{cr} 除以安全系数 K 作为容许水头梯度 $[I]$,设计时渗流逸出处的水头梯度应满足如下要求:

$$I \leqslant [I] = \frac{I_{cr}}{K} \tag{3-23}$$

对流砂的安全性进行评价时,K 一般可取 $2.0 \sim 2.5$。

水在砂性土中渗流时,土中的一些细小颗粒在动水力的作用下,可能通过粗颗粒的孔隙被水流带走,这种现象称为管涌。管涌可以发生于局部范围,但也可能逐步扩大,最后导致土体失稳破坏。发生管涌的临界水头梯度与土颗粒大小及其级配情况有关。如图 3.19 所示给出了临界水头梯度 I_{cr} 与土的不均均匀系数 C_u 间的关系曲线,从图中可以看出土的不均系数越大,管涌现象越容易发生。

流砂现象是发生在土体表面渗流逸出处,不发生于土体内部,而管涌现象则可以发生于土体内部。流砂现象主要发生在细砂、粉砂及粉土等土层中。对饱和的低塑性黏性土,当受到搅动,也会发生流砂;而在粗颗粒及黏性土中则不易产生。

例 3.3　某基坑在细砂层中开挖，经施工抽水，待水位稳定后，实测水位情况如图 3.20 所示。据场地勘察报告提供：细砂层饱和重度 $\gamma_{sat} = 18.7\text{kN/m}^3$，$k = 4.5 \times 10^{-2}\text{mm/s}$。试求渗透水流的平均速度 v 和动水力 G_D，并判别是否会产生流砂现象。

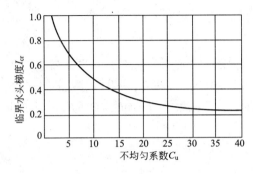

图 3.19　临界水头梯度与土颗粒组成关系

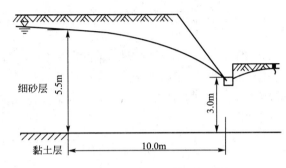

图 3.20　基坑开挖示意图

解：$i = \dfrac{5.5 - 3.0}{10.0} = 0.25$

$$v = ki = 4.5 \times 10^{-2} \times 0.25 = 1.125 \times 10^{-2}\text{mm/s}$$
$$G_D = \gamma_w i = 10 \times 0.25 = 2.5\text{kN/m}^3$$

细砂层的有效重度：

$$\gamma' = \gamma_{sat} - \gamma_w = 18.7 - 10 = 8.7\text{kN/m}^3$$

因为

$$G_D < \gamma'$$

所以不会因基坑抽水而产生流砂现象。

3.3.6　工程实例

基坑开挖排水时，若采用表面直接排水，坑底土将受到向上的动水力作用，可能发生流砂现象。这时坑底表面土会随水涌出，无法清除。由于坑底土随水涌入基坑，使坑底土的结构破坏，强度降低，重则造成坑底失稳，轻则造成建筑物的附加沉降。在基坑周围由于土颗粒流失，地面会发生凹陷，危及邻近的建筑物和地下管线，严重时会导致工程事故。水下深基坑或沉井排水挖土时，若发生流砂现象将危及施工安全，应引起特别注意。通常，施工前应做好周密的勘测工作，当基坑底面的土层是容易引起流砂现象的土质时，应避免采用表面直接排水，而可采用人工降低地下水位的方法进行施工。

河滩路堤两侧有水位差时，在路堤内或基底内发生渗流，当水头梯度较大时，可能产生管涌现象，导致路堤坍塌破坏。为了防止管涌现象发生，一般可在路基下游边坡的水下部分设置反滤层，这样可防止路堤中细小颗粒被管涌带走。

3.4　二维渗流、流网及其工程应用

工程上遇到的渗流问题，如板桩墙下的渗流，混凝土坝或土坝下的渗流等，边界条件往往复杂，水流通常呈现二向或三向形态。这时，描述渗流特性的连续性方程和达西定律需以微分形式来表达，然后根据边界条件进行求解，以所得到的解评价整个渗流场中的测管水头、渗流坡降和渗流速度。

3.4.1 二维稳定渗流场中的拉普拉斯方程

如图 3.21(a)所示的板桩墙沿垂直纸面的方向非常长，如此板桩墙下的渗流就是二维渗流问题，并且当板桩墙墙前和墙后的水位差 Δh 保持恒定时，板桩墙下的渗流即为二维稳定渗流。这时，渗流场中的测管水头 h 以及流速 v 等渗流要素仅是位置的函数而与时间无关，即

$$h = f_h(x, z), \quad v = f_v(x, z)$$

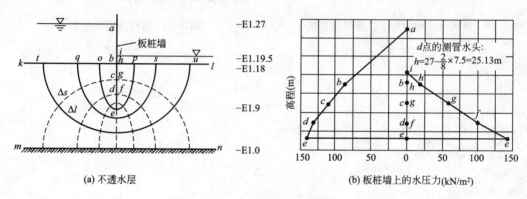

图 3.21 板桩墙下的渗流

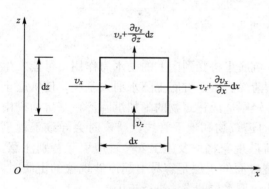

图 3.22 二维渗流的连续条件

现从稳定渗流场中任意点 A 处取一微元土体，面积为 $\mathrm{d}x\mathrm{d}z$，厚度为 $\mathrm{d}y = 1$ 如图 3.22 所示。进入单元体的渗流速度分量为 v_x、v_z，沿 x、z 方向的渗流速度的变化就率为 $\partial v_x / \partial x$、$\partial v_z / \partial z$，则单位时间内流入这个微元体的水量为

$$\mathrm{d}q_e = v_x \mathrm{d}z \times 1 + v_z \mathrm{d}x \times 1$$

单位时间内流出这个微元体的水量应为

$$\mathrm{d}q_0 = \left(v_x + \frac{\partial v_x}{\partial x}\mathrm{d}x\right)\mathrm{d}z \times 1 + \left(v_z + \frac{\partial v_z}{\partial z}\mathrm{d}z\right)\mathrm{d}x \times 1$$

假定单元体体积无变化且水体不可压缩，根据水流连续性原理，单位时间内流入和流出微元体的水量应相等，即

$$\mathrm{d}q_e = \mathrm{d}q_0$$

从而可得

$$\frac{\partial v_x}{\partial x} + \frac{\partial v_z}{\partial z} = 0 \tag{3-24}$$

式(3-24)为二维渗流连续方程。根据达西定律，沿 x、z 方向的渗流速度可分别表

示为

$$v_x = k_x i_x = k_x \frac{\partial h}{\partial x}, \quad v_z = k_z i_z = k_z \frac{\partial h}{\partial z} \tag{3-25}$$

式中：k_x，k_z——x 和 z 方向的渗流系数；

h——测管水头。

将式(3-25)代入式(3-24)可得

$$k_x \frac{\partial^2 h}{\partial x^2} + k_z \frac{\partial^2 h}{\partial z^2} = 0 \tag{3-26}$$

对于各向同性的均质土，$k_x = k_z$，则式(3-26)可表达为

$$\frac{\partial^2 h}{\partial x^2} + \frac{\partial^2 h}{\partial z^2} = 0 \tag{3-27}$$

式(3-27)即为著名的拉普拉斯(Laplace)方程，是平面稳定渗流的基本方程式。

方程(3-27)描述了渗流场中测管水头 h 与平面坐标 x、z 之间的函数关系。通过求解该方程，可获得渗流场中任一点的测管水头，继而可获得该点的水坡降、渗透流速等其他渗流特性。满足式(3-27)的解由构成所谓流网的两族正交曲线(流线和等势线)来表示。依据水力学模型，该方程可能的求解方法有复合变量法、有限差分法、有限元法和电比拟法。然而，最广泛使用的求解方法是：通过考虑具体的边界条件，利用图解法来绘出流网的基本形式。

3.4.2 流网的特征及绘制

1. 流网的特征

构成流网的两族曲线：一族为流线，用流函数 $\psi(x, z)$ 表示，在稳定渗流场中，其表示水质点的运动路线；另一族为等势线，用 $\phi(x, z)$ 表示，其为渗流场中势能或测管水头的等值线，即在同一等势线上不同点处的测管水头值相等。对于各向同性的均质土，应满足下列基本条件。

(1) 流线与等势线彼此正交。

(2) 流线与等势线构成的各个网格的长宽比应为常数，即 $\Delta l / \Delta s = c$。通常取流线与等势线构成的网格呈正方形，即 $\Delta l = \Delta s$。

(3) 相邻等势线间的势函数差 $\Delta \phi$ 相等(即测管水头差相等)。

(4) 相邻流线间的流函数差 $\Delta \psi$ 相等。

2. 流网的绘制

现以图 3.21(a)所示的板桩墙下的流网为例，说明以图解法绘制流网的步骤。

(1) 首先根据渗流场的边界条件，确定边界流线和边界等势线，该例中：kb 为上游边界等势线，hl 为下游边界等势线；beh 为板桩墙处的流线，mn 为不透水层面处的边界流线。

(2) 根据流网的前两个特征，初步绘制流网。绘制时，先绘制流线 op，该线须与 kb 成直角且从板桩墙底光滑绕过，然后在 beh 和 op 之间绘制等势线，并且每根等势线要与流线正交，构成曲线正方形。继之，绘制流线 qs 和延长已绘制的等势线，流线 qs 和这些

等势线之间须正交构成曲线正方形。依次绘制流线 tu 和延长已绘制的等势线，直至边界流线和边界等势线之间的所有流线和等势线绘完为止。

（3）一般初绘的流网总是不能完全符合要求，必须反复修改，直至大部分网格满足曲线正方形为止。

以上即为图解法绘制流网的基本过程。

3.4.3　流网的应用

根据流网，可求得渗流场中各点的测管水头、孔隙水压力、水力坡降、渗流速度和渗流量。现仍以图 3.21(a)所示的流网为例说明流网的应用。

1. 测管水头

根据流网应满足的相邻等势线之间的势函数差 $\Delta\phi$ 相等，即测管水头损失 Δh 相等的条件，可得相邻等势线之间的测管水头损失如下：

$$\Delta h = \frac{\Delta H}{N_d} \qquad (3-28)$$

式中：ΔH——上下游水位差，即水由上游渗到下游的总水头损失；

N_d——等势线间隔数，数值上等于完整的方格等势线间隔数加上非完整的方格等势线间隔短边与长边之比。

在本例中，$N_d=9-1=8$，$\Delta H=27-19.5=7.5$，则相邻等势线之间的水头损失 $\Delta h=7.5/8$。求得 Δh，就可求出任一点的测管水头。例如，以 mn 为基准面，d 点的测管水头：$h_d=27-2\times\Delta h=27-2\times7.5/8=25.125m$，测管水头面到 d 点的距离即为 d 点的压力水头，可自图中按比例量出。

2. 孔隙水压力

如前说述，渗流场中各点的孔隙水压力为：

$$u_i = h_{ui}r_w \qquad (3-29)$$

以 c 点为例，则其孔隙水压力

$$u_c = h_{uc}r_w = \left(27-1\times\frac{7.5}{8}-14.97\right)\times9.8=108.71kN/m^2$$

而 g 点孔隙水压力

$$u_g = h_{ug}r_w = \left(27-7\times\frac{7.5}{8}-14.97\right)\times9.8=53.58kN/m^2$$

板桩墙上各点的孔隙水压力见图 3.21(b)。

3. 水力坡降

流网中任意网格的平均水力坡降 $\bar{i}=\Delta h/\Delta l$，其中，$\Delta l$ 为该网格处两条等势线所夹的两条流线的平均长度，可自图中量出。因为相邻等势线之间的水头损失均为 Δh，因而对于曲线正方形的流网，网格平均水力坡降 i 的大小仅决定于 Δl 的大小。Δl 越小，即网格越密处，网格平均水力坡降 $\bar{i}$ 越大。

需要说明的是，网格平均水力坡降 $\bar{i}=\Delta h/\Delta l$ 表明某两个等势线之间的水力坡降，在网格越密处，其值越大，但并不说明整个流网上，凡是网格越密处的点，其水力坡降值越大。如图 3.21(a) 所示流网，流线 $b-c-e-f-g-h$ 上起点 b 和终点 h 所在网格的大小几乎相同，网格的平均水力坡降也近似相等，但 b 点的水力坡降要比 h 点的水力坡降要小得多。因此，流网中某点的水力坡降的大小，不仅与该点所在网格的疏密程度有关，而且还与该点所在网格的水头损失大小有关。

在流网中，任一等势线 ξ 上的水头损失为 $(\xi-1)\Delta h$，则该等势线上与流线相交的某一点 $m_{\xi\eta}$ 的水力坡降为

$$i_{\xi\eta} = \frac{(\xi-1)\Delta h}{\sum\limits_{\xi=2}^{\xi}\Delta l_{(\xi-1)\eta}} \tag{3-30}$$

式中：ξ——从上游边界等势线算起的等势线序号；

η——从上游边界流线算起的流线序号；

$\Delta l_{(\xi-1)\eta}$——第 η 条流线上 $(\xi-1)$ 个等势线间隔上的流线长度，可从图中量出。

对于图 3.21(a) 所示板桩墙下的流网，h 点处的水力坡降为

$$i_h = i_{91} = \frac{(9-1)\Delta h}{\sum\limits_{\xi=2}^{9}\Delta l_{(\xi-1)1}} = \frac{8\Delta h}{l_{beh}}$$

因为水头损失 $8\Delta h$ 为该流网中最大的水头损失，且 beh 为以 $\xi=9$ 的等势线为终点的所有流线中长度最短的一条流线，故 h 点的水力坡降最大。h 点是板桩墙下地基最有可能发生渗透破坏的点，该点的水力坡降常是板桩墙下地基渗透稳定的控制坡降。

4. 渗透流速

各点的水力坡降求出后，渗透流速的大小可根据达西定律求出，即 $v=ki$，其方向为流线的切线方向。

5. 渗透流量

通过对渗流场中流函数 $\psi(x,z)$ 和势函数 $\phi(x,z)$ 特征的研究，可得

$$\begin{aligned} \Delta\psi &= \Delta q \\ \Delta\phi &= k\Delta h \end{aligned} \tag{3-31}$$

式中：Δq——每单位时间相邻流线之间垂直纸面方向取单位宽度时的流量。

依流网应满足的相邻流线之间的流函数差 $\Delta\psi$ 相等的条件，由式(3-31)可知，每单位时间相邻流线之间单宽流量 Δq 相等，且经研究可知，$\Delta\psi$ 与 $\Delta\phi$ 满足以下关系：

$$\frac{\Delta\psi}{\Delta s} = \frac{\Delta\phi}{\Delta l} \tag{3-32}$$

依据流网应满足的曲线正方形的条件，即 $\Delta s=\Delta l$，可得

$$\Delta\psi = \Delta\phi \tag{3-33}$$

将式(3-31)代入，则有

$$\Delta q = k\Delta h \tag{3-34}$$

因此，对于图 3.21(a) 所示的板桩墙下的渗流区，每单位时间的总单宽流量为

$$q = \sum\Delta q = N_f\Delta q = N_fk\Delta h \tag{3-35}$$

式中：N_f——流网中相邻流线所构成的流槽数，数值上等于完整的方格流槽数加上非完整的流槽短边与长边之比，本例中 $N_f=4$。

例 3.4　如图 3.23 所示为一水坝流网图。坝前后水深及坝底部与土层表面相对位置如图中所示。已知坝基土的渗透系数 $k = 2.5 \times 10^{-5}$ m/s，试求：（1）图中所示 1、2、3、4、5、6、7、7.5 各点的孔隙水压力；（2）坝基的单宽渗流量。

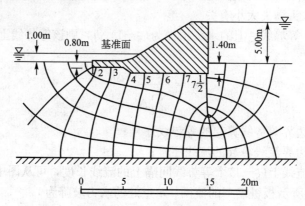

图 3.23　水坝流网图

解：（1）根据（图 3.23）的流网可知，每一等势线间隔的水头降落 $\Delta h = \Delta H / N_d = (5-1)/15 = 0.27$，计算 1、2、3、4、5、6、7、7.5 各点的孔隙水压力见表 3-4。

表 3-4　各点的孔隙水压力

位置	测水管头(m)	位置水头(m)	压力水头(m)	孔隙水压力(kN/m²)
1	0.27	-1.8	2.07	20.3
2	0.54	-1.8	2.34	22.9
3	0.81	-1.8	2.61	25.6
4	1.08	-2.4	3.48	34.1
5	1.35	-2.4	3.75	36.8
6	1.62	-2.4	4.02	39.4
7	1.89	-2.4	4.29	42.0
7.5	2.03	-2.4	4.43	43.4

（2）坝基的单宽渗流量。

根据式（3-35），即

$q = \sum \Delta q = N_f \Delta q = N_f k \Delta h$，由 $N_f = 4.7$，$\Delta h = 0.27$，$k = 2.5 \times 10^{-5}$ m/s，代入得

$$q = 4.7 \times 2.5 \times 10^{-5} \times 0.27 = 3.17 \times 10^{-5} \ \text{m}^2/\text{s}$$

3.5　土的冻胀性

3.5.1　冻土现象及其对工程的危害

在冰冻季节因大气负温影响，使土中水分冻结成为冻土。冻土根据其冻结情况分为：

季节性冻土，隔年冻土和多年冻土。季节性冻土是指冬季冻结，夏季全部融化的冻土；若冬季冻结，仅在继后的夏季不融化的岩土为隔年冻土；凡冻结状态持续两年或两年以上的土层称为多年冻土。多年冻土地区的表土层，有时夏季融化，冬季冻结，所以也是属于季节性冻土。

我国的多年冻土分布，基本上集中于纬度较高和海拔较高的严寒地区，如东北的大兴安岭北部和小兴安岭北部、青藏高原以及西部天山、阿尔泰山等地区，总面积约占我国领土的20%左右，而季节性冻土则分布范围更广。

在冻土地区，随着土中水的冻结和融化，会发生一些特殊的现象，称为冻土现象。冻土现象严重地威胁着建筑物的稳定和安全。

冻土现象是由冻结及融化两种作用所引起的。黏性土层在冻结时，往往会发生土层体积膨胀，使地面隆起成丘，即所谓冻胀现象。土层发生冻胀的原因，不仅是由于水分冻结成冰时其体积要增大9%的缘故，而主要是由于土层冻结时，周围未冻结区土中的水分会向已冻结土层迁移集聚，使冻结土层中水分增加，冻结后的冰晶体不断增大，土体积也随之发生膨胀隆起。土的冻胀会使路基隆起，使柔性路面鼓包、开裂，使刚性路面错缝或折断；冻胀还会使修建在其上的建筑物抬起，引起建筑物开裂、倾斜甚至倒塌。

对工程危害更大的是在季节性冻土地区，一到春暖土层解冻融化后，由于土层上部积聚的冰晶体融化，使土中含水量大大增加，加之地基细粒土排水能力差，土层处于饱和状态，土层软化，强度大大降低。路基土冻融后，在车辆反复碾压下，轻者路面变得松软、限制行车速度，重者路面开裂、冒泥，即出现翻浆现象，使路面完全破坏。冻结也危害房屋、桥梁、涵管，可能发生大量下沉或不均匀下沉，引起建（构）筑物开裂破坏。因此，土的冻胀及冻融都会给工程带来危害，必须引起注意，采取必要的防治措施。

3.5.2 冻胀的机理与影响因素

1. 冻胀的原因

使土发生冻胀的原因是冻结使土中水分向冻结区迁移和积聚。土中水分的迁移是怎样发生的呢？解释水分迁移的学说很多，其中以"结合水迁移学说"较为普遍。

我们知道土中水可分为结合水和自由水两大类。结合水又根据其受分子引力的大小分为强结合水和弱结合水；自由水也分为重力水和毛细水。重力水在0℃时冻结，毛细水因受表面张力的作用其冰点稍低于0℃；结合水的冰点则随着其受到的引力增加而降低，弱结合水的外层在−0.5℃时冻结，越靠近土粒表面其冰点越低，弱结合水要在−30～−20℃时才全部冻结，而强结合水在−78℃时仍不冻结。

当大气温度降至负温时，土层中温度也随之降低，土孔隙中的自由水首先在0℃时冻结成冰晶体。随着气温的继续下降，弱结合水的最外层也开始冻结，使冰晶体逐渐扩大。这样使冰晶体周围土粒的结合水膜减薄，土粒就产生剩余的分子引力。另外，结合水膜的减薄，使得水膜中的离子浓度增加（结合水中的水分子结成冰晶体，使离子浓度相应增加），这样，就产生渗附压力（即当两种水溶液的浓度不同时，会在它们之间产生一种压力差，使浓度较小溶液中的水向浓度较大的溶液渗流）。在这两种引力作用下，附近未冻结区水膜较厚处的结合水被吸引到冻结区的水膜较薄处。一旦水分被吸引到冻结区后，因为负温作用,水即冻结,使冰晶体增大,而不平衡引力继续存在。若未冻结区存在着水源(如地下水距冻结区很近)及适当的水源补给通道(即毛细通道),能够源源不断地补充被吸引的结合水,则未冻结区的水分就会不断地向冻结区迁移集聚,使冰晶体扩大,在土层中形成冰夹层,土体积发生隆胀,即冻胀现象。这种冰晶体的不断增大,一直要到水源的补给断绝后才停止。

2. 影响冻胀的因素

从上述土冻胀的机理分析中可以看到,土的冻胀现象是在一定条件下形成的。影响冻胀的因素有下列三个方面。

1) 土的因素

冻胀现象通常发生在细粒土,特别是粉土、粉质亚黏土和粉质亚砂土等中,这是因为这类土具有较显著的毛细现象,毛细水上升高度大,上升速度快,具有较通畅的水源补给通道。同时,这类土的颗粒较细、表面能大、土粒矿物成分亲水性强,能持有较多结合水,从而能使大量结合水迁移和集聚。相反,黏土虽有较厚的结合水膜,但毛细孔隙很小,对水分迁移的阻力很大,没有通畅的水源补给通道,所以其冻胀性较粉质亚黏土和粉质亚砂土小。

砂砾等粗粒土,没有或具有很少量的结合水,孔隙中自由水冻结后,不会发生水分的迁移集聚,同时由于砂砾的毛细现象不显著,因而不会发生冻胀。所以工程实践中常在地基或路基中换填砂土,以防治冻胀。

2) 水的因素

前面已经指出,土层发生冻胀的原因是水分的迁移和集聚。因此,当冻结区附近地下水位较高,毛细水上升高度能够达到或接近冻结线,使冻结区能够得到外部水源的补给时,将发生比较强烈的冻胀现象。这样,可以区分两种类型的冻胀:一种是冻结过程中有外来水源补给的,叫做开敞型冻胀;另一种是冻结过程没有外来水分补给的,叫做封闭型冻胀。开敞型冻胀往往在土层中形成很厚的冰夹层,产生强烈冻胀,而封闭性冻胀,土中冰夹层较薄,冻胀量也小。

3) 温度的因素

如气温骤降且冷却强度很大时,土的冻结面迅速向下推移,即冻结速度很快。这时,土中弱结合水及毛细水来不及向冻结区迁移就在原地冻结成冰,毛细通道也被冰晶体所堵塞。这样,水分的迁移和集聚不会发生,在土层中看不到冰夹层,只有散布于土孔隙中的冰晶体,这时形成的冻土一般无明显的冻胀。

如气温缓慢下降,冷却强度小,但负温持续的时间较长,则能促使未冻结区水分不断向冻结区迁移和集聚,在土层中形成冰夹层,出现明显的冻胀现象。

上述三个方面的因素是土层发生冻胀的三个必要条件。因此,在持续负温作用下,地下水位较高处的粉砂、粉土、亚黏土、轻亚黏土等土层常具有较大的冻胀危害。但是,我们也可以根据影响冻胀的三个因素,采取相应的防治冻胀的工程措施。

3.5.3 冻结深度

由于土的冻胀和冻融将危害建筑物的正常和安全使用,因此在一般设计中,均要求将基础底面置于当地冻结深度以下，以防止冻害的影响。土的冻结深度不仅和当地气候有关，而且也和土的类别、湿度以及地面覆盖情况(如植被、积雪、覆盖土层等)有关，在工程实践中，把地表无积雪和草皮等覆盖条件下，多年实测最大冻结深度的平均值称为标准冻结深度 z_0。当无实测资料时，可参照标准冻结线图，并结合实地调查确定。也可根据当地气象观测资料按式(3-36)估算：

$$z_0 = 0.28\sqrt{\sum T_m + 7} - 0.5 \qquad (3-36)$$

式中：z_0——标准冻结深度(m)；

$\sum T_m$——低于 0℃的月平均气温的累积值(取连续 10 年以上的平均值)，以正号代入。

在季节性冻土区的路基工程中，由于路基土层起保温作用，路基下天然地基中的冻结深度要相应减小，其减小程度与路基土的保温性能有关。

本 章 小 结

(1) 土中水并非处于静止不变的状态，而是处于运动状态。土中水的运动原因和形式很多，例如，在重力作用下，地下水的流动(土的渗透性问题)；在土中附加应力作用下孔隙水的挤出(土的固结问题)；由于表面张力作用产生的水分移动(土的毛细现象)；在土颗粒分子引力作用下结合水的移动(如冻结时土中水分的移动)；由于孔隙水溶液中离子浓度的差别产生的渗附现象等。土中水的运动将对土的性质产生影响，在许多工程实践中碰到的问题，如流沙、冻胀、渗透固结、渗流时的边坡稳定等，都与土中水的运动有关。

(2) 毛细水是引起路基冻害的因素之一，毛细水的上升会引起地下室过分潮湿，也可能会引起土的沼泽化和盐碱化。毛细水的上升高度与土颗粒的大小有关，在较粗颗粒中，毛细水开始进行得很快，以后逐渐减慢，细颗粒毛细水上升高度较大，但上升速度较慢。

(3) 达西定律属于土的层流渗透定律，它是指水在土中的渗透速度与水头梯度成正比，即 $v=kI$，渗透系数 k 是综合反映土体渗透能力的一个指标。其数值的正确确定对渗透计算有着非常重要的意义，相应的规范中给出了一些土的渗透系数参考值，也可以在实验室或现场试验测定。

(4) 二维稳定渗流场中的拉普拉斯方程，描述了渗流场中测管水头 h 与平面坐标 x、z 之间的函数关系。通过求解该方程，可获得渗流场中任一点的测管水头，继而可获得该点的水坡降、渗透流速等其他渗流特性。依据水力学模型，该方程可能的求解方法有复合变量法、有限差分法、有限元法和电比拟法。然而，最广泛使用的求解方法是：通过考虑具体的边界条件，利用图解法来绘出流网的基本形式。通过流网可以分析渗流的各项要素，用于分析工程问题。

(5) 水流作用在单位体积土体中土颗粒上的力称为动水力 G_D(kN/m³)，也称为渗流力。动水力的作用方向与水流方向一致。土工建筑物及地基由于渗流的动水力作用而出现的变形或破坏称为渗透变形或渗透破坏，由于各种土类颗粒成分、级配及结构的差异及其在地基中分布部位的不同，土的渗透变形表现的形式有多种，如流砂、管涌、接触流土和接触冲刷等。

(6) 土发生冻胀的原因是冻结使土中水分向冻结区迁移和积聚。影响冻胀的因素主要包括：土的因素、水的因素、温度的因素。土的冻结深度不仅和当地气候有关，而且也和土的类别、湿度以及地面覆盖情况（如植被、积雪、覆盖土层等）有关，在工程实践中，把地表无积雪和草皮等覆盖条件下，多年实测最大冻结深度的平均值称为标准冻结深度 z_0。

习　题

一、填空题

1. 根据毛细水带的形成条件和分布状况，可分_____、_____和_____三种毛细水带。

2. 湿砂可捏成砂团，可挖成直立的坑壁，这主要是由于_____所形成。

3. 达西定律的适用条件是当地下水为_____运动。

4. 实验室测定渗透系数 k 值的方法称为室内渗透试验。根据所用试验装置的差异又可分为_____和_____试验。

二、选择题

1. 下列(　　)类型的土毛细水最发育。
   A. 砂土　　　　　　　　B. 黏土　　　　　　　　C. 粉土

2. 土的渗透性与下列(　　)因素有关。
   A. 土的粒度成分及矿物成分　　　　　B. 结合水膜的厚度
   C. 土的结构构造　　　　　　　　　　D. 水的黏滞度
   E. 水中气体

3. 对于砂性土，当动水力 G_D 大于(　　)便会产生流砂现象。
   A. 土的饱和重度 γ_{sat}　　　　　　　　B. 土的有效重度 γ'
   C. 土的重度 γ　　　　　　　　　　　　D. 土的干重度 γ_d

4. 土的冻胀性受下面(　　)因素影响。
   A. 土的因素　　　　B. 水的因素　　　　C. 温度的因素

5. 在常水头试验测定渗透系数 k 中，饱和土样截面积为 A，长度为 l；流经土样水头差 Δh，量测经过时间 t 内流经试样水的体积为 V，则土样的渗透系数 k 为(　　)。
   A. $A\Delta h/(Vlt)$　　　B. $\Delta hV/(lAt)$　　　C. $Vl/(\Delta hAt)$

三、简答题

1. 土层中的毛细水带是怎样形成的？各自有什么特点？

2. 毛细水上升的原因是什么？在哪种土中毛细现象最显著？

3. 试述层流渗透定律的意义，它对各种土的适用性如何？

4. 渗透系数的测定方法主要有哪些？它们的适用条件是什么？

5. 影响土的渗透能力的主要因素有哪些？

6. 什么是动水力、临界水头梯度？

7. 试叙述流砂和管涌现象的异同。

8. 土发生冻胀的原因是什么？影响土发生冻胀的主要因素有哪些？

9. 流网的绘制方法主要有哪几种？近似作图法有哪些步骤？

四、计算题

1. 将某土样置于渗透仪中进行变水头渗透试验。已知试样高度 $l=0.04\text{m}$，试样的横断面面积为 $32\times10^{-4}\text{m}^2$，变水头测压管面积为 $1.2\times10^{-4}\text{m}^2$。当试验经过 1h，测压管的水头高度从 3.60m 降至 2.85m，测得的水温 $T=20\text{℃}$。试确定：(1)该土样在 10℃时的渗透系数 k_{10}；(2)大致判断该土样属于哪一种土。

2. 如图 3.24 所示容器中的土样，受到水的渗流作用。已知土样高度 $l=0.4\text{m}$，土样横截面面积为 $25\times10^{-4}\text{m}^2$，土样的土粒密度 $\rho_s=2.6\text{g/cm}^3$，孔隙比 $e=0.800$。试确定：(1)计算作用在土样的动水力大小及其方向；(2)若土样发生流沙现象，其水头差 h 应是多少？

3. 如图 3.25 所示，试校核从集水池中抽水时，能否产生流沙现象？

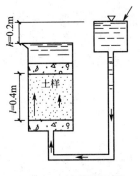

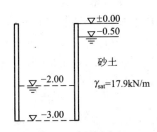

图 3.24　计算题 2 图　　　　图 3.25　计算题 3 图

4. 如图 3.26 所示给出了常水头渗透试验装置，内放两层不同土样Ⅰ、Ⅱ。试问：(1)若Ⅰ、Ⅱ两土层渗透系数之比 $k_1/k_2=3$，则 a、b 两点的测管水位应分别高于 a、b 点多少厘米。(2)若土层Ⅰ的饱和重度 $\gamma_{sat}=20\text{kN/m}^2$，试判断其渗透稳定性。(3)若 $k_1/k_2=1/3$，问发生流土时的水头 h 值将比 $k_1/k_2=3$ 时是大还是减少，还是不变？

5. 某基坑施工中采用地下连续墙围护结构，其渗流流网如图 3.27 所示。已知土层的孔隙比 $e=0.92$，土粒密度 $\rho_s=2.65\text{g/cm}^3$，坑外地下水位距离地表 1.2m，基坑的开挖深度为 8.0m，a、b 点所在的流网网格长度 $l=1.8\text{m}$，试判断基坑中 $a\sim b$ 区段的渗流稳定性。

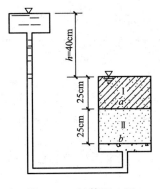

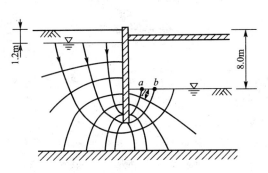

图 3.26　计算题 4 图　　　　　　图 3.27　计算题 5 图

第**4**章
土中应力计算

【教学目标与要求】

● **概念及基本原理**

【掌握】 自重应力；附加应力；基底压力；地基附加应力；影响土中附加应力分布的因素。

【理解】 附加应力计算基本假定；基底压力的分布规律；地基附加应力分布规律。

● **计算理论及计算方法**

【掌握】 土的自重应力的计算；刚性基础基底压力简化算法的基本假定及计算；竖向集中力作用下的土中应力计算；竖向分布荷载作用下的土中应力计算。

【理解】 建筑物基础下地基应力计算；桥台后填土引起的基底附加应力的计算。

导入案例

案例：某码头软黏土边坡的破坏(图 4.1)

图 4.1 某码头滑坡

某软黏土地基上修建码头时，在岸坡开挖的过程中发生了大规模的边坡滑动破坏。边坡的滑动开始于上午 10：00，整个滑坡过程历时 40min 才趋于稳定，滑动体长约 210m，宽约 190m，上千吨的土体滑入水体。

该处地基土表层 1m 分布着强度相对较高的硬壳层，以下为深厚的软粘土层，具有很高的含水量，强度低，压缩性和灵敏度却很高。

发生事故的原因主要是滑坡的当天分别经历了高潮位和低潮位，由于水位的变化使岸坡土中应力发生了较大变化。另外，岸坡区域的打桩施工从 9 月 5～15 日，而岸坡的滑坡发生于 17 日。此打桩施工荷载和交通荷载的作用对边坡的稳定性也会产生不利影响，打桩施工不可避免地会导致地基中孔隙水压力的增高，致使黏土层中抗剪强度降低，边坡的抗滑能力降低。而且地基土具有较高的灵敏度，打桩对土体的扰动同样会降低地基土的强度。施工中的交通荷载作用于岸坡坡顶不仅增加了坡体中的附加应力，而且同样导致地基土体孔隙水压力升高，边坡稳定的安全系数减小，多种原因导致了边坡的破坏。

问题：

1. 土中的应力是怎样产生的？

2. 建筑物的稳定为什么需要地基满足强度的要求？

3. 地基事故属于隐蔽工程，与地上结构比较哪种更容易被发现？进行处理时，哪一个更容易？

4.1 概　　述

土体在本身的重量、建筑荷载、交通荷载或其他因素的作用下，均可产生土中应力。和材料力学中所研究的受力体（梁、板、柱）一样，土体受力后也要产生应力和变形。土中应力将引起地基发生沉降、倾斜变形甚至破坏等，如果地基变形过大，将会危及建筑物的安全和正常使用，如图 4.2 所示两个筒仓是农场用来储存饲料的，建于加拿大红河谷的 Lake Agassiz 黏土层上，由于两筒仓之间的距离过近，在地基中产生的应力发生叠加使得两筒之间地基土层的应力水平较高，从而导致内侧沉降大于外侧沉降，筒仓向内倾斜。因此，需对地基变形问题和强度问题进行计算分析。土力学的任务就是要研究土体受力后的应力变形规律和强度破坏条件，为此常常需要先算出土中应力分布。

图 4.2　加拿大红河谷某料仓地基应力叠加

土中应力是指土体在本身重力作用下产生的自重应力、建筑物荷载或其他外荷载引起的附加应力、土中渗透水流引起的渗流应力等。在工程实际中，土中应力主要包括自重应力和附加应力两种。自重应力是由土体自身重量所产生的应力，也称为长驻应力。附加应力是由外荷载在土中产生的应力增量。两者的产生原因不同，计算方法也完全不同。土力学中有各种不同的求解土中应力的方法。本章将介绍目前通常使用的弹性力学解法。

古典弹性力学主要研究理想弹性体的线性问题。因此，我们需要假定土体是均匀的、连续的、各向同性的、半无限的线弹性体。实际上，土是不符合理想弹性体的上述含义的，但是在一定条件下弹性理论计算土中应力尚能满足工程需要。引用弹性理论计算土中应力会遇到一些专用名词，现简介如下。

1. 无限大平面与半无限空间体

两向无限延伸的平面称为无限大平面，无限大平面以下的整个空间称为半无限空间体。在地基应力计算中，当地基相对于建筑物基础尺寸（即地基的受荷面积）来说大很多时，就可把地基看做半无限空间体。

2. 平面问题与空间问题

当受力体中任一点的应力和应变都是三个坐标的函数，即 $\sigma = f(x, y, z)$ 时，为空间问题，或称为三维问题。若仅仅是两个坐标的函数，即 $\sigma = f(x, z)$ 时，为平面（二维）问题。如只与一个坐标有关，即 $\sigma = f(z)$，则为一维问题。

应该注意的是，土是分散体，一般不能承受拉应力。在土力学中，以压应力为正，拉应力为负，这与一般固体力学中的符号有所不同。

4.2 土的自重应力计算

由于土体本身重力引起的应力称为自重应力。自重应力是在外部荷载作用前存在于地基中的初始应力，一般自土体形成之日起就产生于土中。

在工程应用上，计算自重应力时，假定地表面是无限大的水平面，则也就是假定地基土是半无限空间体。若土体是均匀的半无限体，土体在自身重力作用下任一竖直切面都是对称面，切面上不存在着剪应力，即 $\tau = 0$。因此，在深度 z 处平面上，土体因自身重力产生的竖向应力 σ_{cz}（以后简称为自重应力）等于单位面积上土柱体的重力 W。

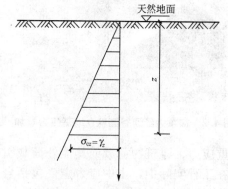

图 4.3　均匀土的自重应力分布

4.2.1　均匀土体时

当地基是均匀土时，在深度 z 处土的自重应力为：

$$\sigma_{cz} = \frac{W}{F} = \frac{\gamma z F}{F} = \gamma z \qquad (4-1)$$

式中：γ——土的容重（kN/m^3）；

F——土柱体的截面积。

从式（4-1）可以看出，自重应力随深度 z 线性增加，呈三角形分布图形，并且在任何一个水平面上，其自重应力大小相等，如图 4.3 所示。

4.2.2　成层土体时

地基土一般情况下是成层土，假设各土层的厚度为 h_i，容重为 γ_i，在深度 z 处土的自重应力也等于单位面积上土柱体的重力（$W_1 + W_2$），如图 4.4 所示其计算公式为：

$$\sigma_{cz} = \frac{W_1 + W_2}{F} = \frac{(\gamma_1 h_1 + \gamma_2 h_2) F}{F} = \sum_{i=1}^{i=n} \gamma_i h_i \qquad (4-2)$$

成层土的自重应力分布(图 4.4)。

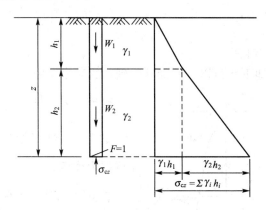

图 4.4 成层土的自重应力分布

4.2.3 土层中有地下水时

当土层中有地下水时,计算地下水位以下土的自重应力时,应根据土的性质确定是否需要考虑水的浮力作用。砂性土是松散土,所以对于水下的砂性土一般是考虑浮力作用的,需要用有效重度进行计算。但是对于黏性土,则需要进行判别。一般认为,如果水下的黏性土其液性指数 $I_L \geqslant 1$,则土颗粒之间存在着大量自由水,土处于流动状态,可以认为土体受到水的浮力作用;如果 $I_L \leqslant 0$,则土处于固体状态,所以认为土体不受水的浮力作用;若 $0 < I_L < 1$,土处于塑性状态,土颗粒是否受到水的浮力作用,一般在实践中均按不利状态来考虑。

若地下水位以下的土受到水的浮力作用,则水下部分土的容重应按浮容重 γ' 计算($\gamma' = \gamma_{sat} - \gamma_w$),其计算方法如同成层土的情况,如图 4.5 所示。

从图 4.4 和图 4.5 中可以看出:①对于土性有变化的土层(成层土或者有地下水的土层),土的自重应力分布是折线形的;②在不透水层面处分布线有突变。

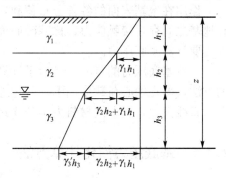

图 4.5 水下土的自重应力分布

4.2.4 水平向自重应力计算

地基土中不但有作用在水平面上的竖向自重应力,还有作用在垂直面上的水平向自重应力。土的水平向自重应力 σ_{cx}、σ_{cy} 可按式(4-3)计算:

$$\sigma_{cx} = \sigma_{cy} = K_0 \sigma_{cz} \tag{4-3}$$

式中:K_0——土的侧压力系数,或称静止土压力系数。K_0 可以在试验室测定,也可以根据经验查表获得。

例 4.1 某成层土层,其物理性质指标如图 4.6 所示,计算土中自重应力并绘制分布图。已知：砂土，$\gamma_1 = 19.0\text{kN/m}^3$，$\gamma_s = 25.9\text{kN/m}^3$，$w = 18\%$；黏土，$\gamma_2 = 16.8\text{kN/m}$，$\gamma_s = 26.8\text{kN/m}^3$，$w = 50\%$，$w_L = 48\%$，$w_P = 25\%$；$h_1 = 2\text{m}$，$h_2 = 3\text{m}$，$h_3 = 4\text{m}$。

解：a 点：$\sigma_{cz} = 0$

b 点：$\sigma_{cz} = 19 \times 2 = 38\text{kPa}$

第一层土为细砂，地下水位以下的细砂受到水的浮力作用，其浮容重 γ' 为：

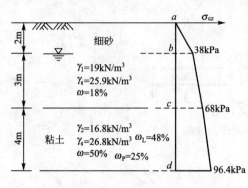

图 4.6　例 4.1 图

砂土：$\gamma'_1 = \dfrac{\gamma_1(\gamma_s - \gamma_w)}{\gamma_s(1 + w)} = 10\text{kN/m}^3$

黏土：液性指数 $I_L = \dfrac{\omega - \omega_P}{\omega_L - \omega_P} > 1$，所以黏土受浮力作用。

黏土的浮容重：$\gamma'_2 = \dfrac{\gamma_2(\gamma_s - \gamma_w)}{\gamma_s(1 + \omega)} = 7.1\text{kN/m}^3$

c 点：$\sigma_{cz} = 19 \times 2 + 10 \times 3 = 68\text{kPa}$

d 点：$\sigma_{cz} = 19 \times 2 + 10 \times 3 + 7.1 \times 4 = 96.4\text{kPa}$

土层中的自重应力 σ_{cz} 分布（图 4.6）。

4.3　基础底面的压力分布与计算

作用在地基表面的各种分布荷载，都是通过建筑物的基础传到地基中的，在基础底面和地基之间存在接触应力，称基础底面传递给地基表面的压力为基底压力，计算地基应力首先要计算基底压力。

计算基底压力的目的，是为了计算地基中的附加压力。在地基计算中，一般采用简化的方法，即在中心荷载作用下，假定地基压力为均布分布；偏心荷载作用下，假定压力分布为直线变化，也即按材料力学公式计算。

4.3.1　基底压力简化计算方法

1. 中心荷载作用时

作用在基底上的荷载合力通过基底形心，基底压力假定为均匀分布（图 4.7），平均压力设计值 p(kPa)可按下式计算：

$$p = \frac{F + G}{A} \qquad (4-4)$$

式中：F——基础顶面的竖向力值(kN)；

　　　G——基础自重及其上回填土重之和(kN)，$G = \gamma_G A d$，其中 γ_G 为基础及回填土之平均重度，一般取 20kN/m^3，地下水位以下部分应扣除 10kN/m^3 的浮力；

　　　d——基础埋深(m)，一般从室外设计地面或室内外

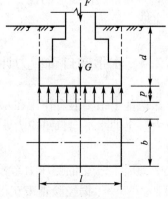

图 4.7　中心荷载下基底压力分布

平均设计地面算起；

A——基底面积，m^2，矩形基础 $A=l\times b$，l 和 b 分别为矩形基底的长度和宽度（m），对于条形基础可沿长度方向取 1m 计算，则式（4-4）中 F、G 代表每延米内的相应值，kN/m。

2. 偏心荷载作用时

常见的偏心荷载作用于矩形基底的一个主轴上（称单向偏心），可将基底长边方向取与偏心方向一致，此时两短边边缘最大压力 p_{max} 与最小压力 p_{min} 设计值（kPa）可按材料力学短柱偏心受压公式计算：

$$P_{\substack{max\\min}}=\frac{F+G}{A}\pm\frac{M}{W}=\frac{F+G}{A}\left(1\pm\frac{6e}{l}\right) \qquad (4-5)$$

式中：M——作用在基底形心上的力矩值（$kN\cdot m$），$M=(F+G)e$；

e——荷载偏心距；

W——基础底面的抵抗矩，m^3，对矩形基础 $W=\dfrac{L^2 b}{6}$。

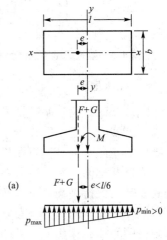

对式（4-5）进行分析，可以看出，基底压力最大值为正值，但是基底最小值却和荷载偏心距 e 的大小有关，根据偏心距 e 的大小，基底压力的分布可能出现下述 3 种情况。

（1）当 $e<l/6$ 时，$p_{min}>0$，基底压力呈梯形分布，如图 4.8（a）所示。

（2）当 $e=l/6$ 时，$p_{min}=0$，基底压力呈三角形分布，如图 4.8（b）所示。

（3）当 $e>l/6$ 时，$p_{min}<0$，理论上说，基底产生拉应力，如图 4.8（c）所示。但基底与土之间是不能承受拉应力的，这时产生拉应力部分的基底将与土脱开，而不能传递荷载，基底压力将重新分布［见图 4.8（c）］。重新分布后的基底最大压应力 p'_{max}，根据偏心荷载和基底反力相等平衡，荷载合力 N 通过三角形反力分布图的形心，则可求得：

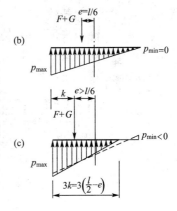

$$p'_{max}=\frac{2(F+G)}{3b(l/2-e)} \qquad (4-6)$$

图 4.8 偏心荷载时基底压力分布的几种情况

4.3.2 基底压力分布的分析

基础底面的压力分布规律的影响因素很多，试验和理论研究证明，基底压力分布和基础上作用荷载的大小、性质（中心或者偏心）有关，但是主要取决于地基和基础相对刚度、基础的尺寸、形状、埋深、荷载大小和土的性状等因素。在理论分析中要综合考虑这么多的因素是比较困难的，目前在弹性理论中主要是研究不同刚度的基础与弹性半空间体表面的接触压力分布问题。工程中通常根据基础抗弯刚度 EI

的大小，将其分为柔性基础、刚性基础和有限刚度基础。

1. 柔性基础

柔性基础是假定基础没有任何抗弯刚度，实际工程中是不存在的。但是可以将一些抗弯刚度较小的基础近似看作是柔性基础，例如路堤、土坝等。即若一个基础作用均布荷载，假设基础是由许多小块组成，各小块之间光滑而无摩擦力，则这种基础相当于绝对柔性基础，基础上荷载通过小块直接传递到土上，基础底面的压力分布图形将与基础上作用的荷载分布图形相同。这时，基础底面的沉降则各处不同，中央大而边缘小。因此，柔性基础的底面压力分布与作用的荷载分布形状相同，如图 4.9 所示。

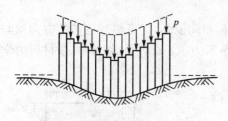

图 4.9　柔性基础下的压力分析

2. 刚性基础

刚性基础是假定基础抗弯刚度为无穷大，在外荷载作用下，基础本身不变形，称为刚性基础。实际工程中的箱形基础、高炉基础、挡土墙、桥梁墩台基础等采用大块混凝土实体结构的基础，因其抗弯刚度非常大，可视为刚性基础。

刚性基础的基底压力分布图形和作用的荷载大小有关。刚性基础在外荷载作用下，基础底面基本保持平面，不会发生挠曲变形。在中心荷载作用下，基底各点的沉降是相同的，但基础底面的压力分布则不同于上部荷载的分布。理论分析与实测结果均表明，刚性基础在中心荷载作用下，开始的基底压力呈马鞍形分布，中央小而边缘大，如图 4.10(a) 所示。当作用的荷载较大时，基础边缘由于应力很大，将会使土产生塑性变形，边缘应力不再增加，而使中央部分继续增大，使基底压力重新分布而呈抛物线分布，如图 4.10(b) 所示。若作用荷载继续增大，则基底压力会继续发展呈钟形分布，如图 4.10(c) 所示。另外根据试验知道，基底压力分布图形还同基础埋置深度及土的性质有关。

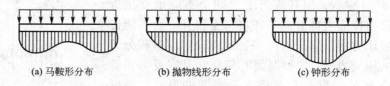

(a) 马鞍形分布　　　　　　(b) 抛物线形分布　　　　　　(c) 钟形分布

图 4.10　刚性基础下的压力分布

3. 有限刚度基础

有限刚度基础底面的压力分布，可按基础的实际刚度及土的性质，用弹性地基上梁和板的方法计算，在本课程中不作介绍。

从上述讨论可见，基底压力的分布是比较复杂的，按直线简化法计算基底压力和实际基底压力的分布是有区别的。但是一般情况下，工程中的建筑物是介于绝对刚性基础和绝对柔性基础之间的，作用在基础上的荷载，为了不超过地基的承载力，一般不会太大，基础还有一定的埋深，所以基底压力分布大多数情况下是马鞍形分布，比较接近上面所给的基底压力，可假定为直线分布，并按材料力学的计算公式来进行计算。根据弹性理论中的圣维南原理以及从土中应力实际量测结果得知：当作用在基础上的荷载总值一定时，基底压力分布的形状对土中应力分布的影响，只在一定深度范围内，一般距基底的深度超过基础宽度的1.5～2倍时，它的影响已不很显著。因此，对于土中应力的计算，基底压力可以采用简化的直线假设。

4.4 地基附加应力的计算

地基中的附加应力是由建筑物荷载在土中引起的应力增量，通过土粒之间的传递，向水平与深度方向扩散，如图4.11所示集中应力作用于地面处，图左半部分表示各深度处水平面上各点垂直应力大小，图右半部分为各深度处的垂直应力大小，可以看出，随着水平距离与深度的增加附加应力逐渐减小。附加应力的存在，会引起地基产生变形，导致沉降。

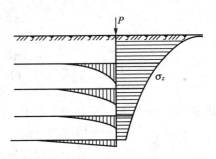

图4.11 地基中附加应力扩散

土中附加应力的计算方法一般有两种：一种是弹性理论方法；另一种是应力扩散角法。本节介绍弹性理论方法，假定地基为半空间均质弹性体，用弹性力学的公式求解土中附加应力。

4.4.1 竖向集中力作用下的土中应力计算

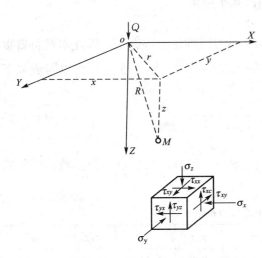

图4.12 布西奈斯克课题

首先介绍在竖向集中力作用时土中的应力计算。在实际中是没有集中力的，它只是理论存在的，但它在土的应力计算中是一个基本公式，应用集中力的解答，通过叠加原理或者积分的方法可以得到各种分布荷载作用时的土中应力计算公式。

假定土体是均匀的、连续的、各向同性的半无限弹性体。在其表面作用有一个竖向集中力Q，如图4.12所示，计算半无限体内任意点M的应力（不考虑弹性体的体积力）。法国数学家布西奈斯克（J. Boussinesq）1885年给出了弹性力学的解答，其应力及位移的表达式分别为：

法向应力：

$$\sigma_z = \frac{3Qz^3}{2\pi R^5} \tag{4-7}$$

$$\sigma_x = \frac{3Q}{2\pi}\left\{\frac{zx^2}{R^5} + \frac{1-2\mu}{3}\left[\frac{R^2-Rz-z^2}{R^3(R+z)} - \frac{x^2(2R+z)}{R^3(R+z)^2}\right]\right\} \tag{4-8}$$

$$\sigma_y = \frac{3Q}{2\pi}\left\{\frac{zy^2}{R^5} + \frac{1-2\mu}{3}\left[\frac{R^2-Rz-z^2}{R^3(R+z)} - \frac{y^2(2R+z)}{R^3(R+z)^2}\right]\right\} \tag{4-9}$$

剪应力：

$$\tau_{xy} = \tau_{yx} = \frac{3Q}{2\pi}\left[\frac{xyz}{R^5} \cdot \frac{1-2\mu}{3} \cdot \frac{xy(2R+z)}{R^3(R+z)^2}\right] \tag{4-10}$$

$$\tau_{yz} = \tau_{zy} = -\frac{3Q}{2\pi}\frac{yz^2}{R^5} \tag{4-11}$$

$$\tau_{zx} = \tau_{xz} = -\frac{3Q}{2\pi}\frac{xz^2}{R^5} \tag{4-12}$$

X、Y、Z 轴方向的位移分别为：

$$u = \frac{Q(1+\mu)}{2\pi E}\left[\frac{xz}{R^3} - (1-2\mu)\frac{x}{R(R+z)}\right] \tag{4-13}$$

$$v = \frac{Q(1+\mu)}{2\pi E}\left[\frac{yz}{R^3} - (1-2\mu)\frac{y}{R(R+z)}\right] \tag{4-14}$$

$$\omega = \frac{Q(1+\mu)}{2\pi E}\left[\frac{z^2}{R^3} + 2(1-\mu)\frac{1}{R}\right] \tag{4-15}$$

式中：σ_x、σ_y、σ_z——分别平行于 x、y、z 轴的正应力；

τ_{xy}、τ_{yz}、τ_{xz}——剪应力，前一个角标表示与它作用的微面的法线方向平行的坐标轴，后一个角标表示与它作用方向平行的坐标轴；

u、v、w——M 点分别沿坐标轴 x、y、z 方向的位移；

x、y、z——M 点的坐标，$R = \sqrt{x^2+y^2+z^2}$；

R——M 点至坐标原点的距离；

θ——R 线与 z 坐标轴的夹角；

r——M 点与集中力作用点之间的水平距离；

E、μ——弹性模量及泊松比。

上述的应力及位移分量计算公式，应用得最多的是竖向法向应力 σ_z，因此本章将着重讨论 σ_z 的计算。为了应用方便，将 $R = \sqrt{r^2+z^2}$ 带入式（4-7），则 σ_z 表达式可以写成如下形式：

$$\sigma_z = \frac{3Qz^3}{2\pi R^5} = \frac{3Q}{2\pi z^2}\frac{1}{\left[1+\left(\frac{r}{z}\right)^2\right]^{\frac{5}{2}}} = \alpha\frac{Q}{z^2} \tag{4-16}$$

式中：α——竖向集中力荷载作用下的地基竖向附加应力系数，α 是 (r/z) 的函数，可制成表格查用，见表 4-1。

表 4-1　集中力作用下的应力系数 α 值

r/z	α	r/z	α	r/z	α	r/z	α	r/z	α
0.00	0.4775	0.30	0.3849	0.60	0.2214	0.90	0.1083	1.20	0.0513
0.05	0.4745	0.35	0.3577	0.65	0.1978	0.95	0.0956	1.25	0.0454
0.10	0.4657	0.40	0.3294	0.70	0.1762	1.00	0.0844	1.30	0.0402
0.15	0.4516	0.45	0.3011	0.75	0.1565	1.05	0.0744	1.35	0.0357
0.20	0.4329	0.50	0.2733	0.80	0.1386	1.10	0.0658	1.40	0.0317
0.25	0.4103	0.55	0.2466	0.85	0.1226	1.15	0.0581	1.45	0.0282

（续）

r/z	α	r/z	α	r/z	α	r/z	α	r/z	α
1.50	0.0251	1.70	0.0160	1.90	0.0105	2.40	0.0040	3.50	0.0007
1.55	0.0224	1.75	0.0144	1.95	0.0095	2.60	0.0029	4.00	0.0004
1.60	0.0200	1.80	0.0129	2.00	0.0085	2.80	0.0021	4.50	0.0002
1.65	0.0179	1.85	0.0116	2.20	0.0058	3.00	0.0015	5.00	0.0001

例 4.2 在地面上作用一集中荷载 $Q=200\text{kN}$，试确定：

（1）在地基中 $z=2\text{m}$ 的水平面上，水平距离 $r=0\text{m}$、1m、2m、3m 和 4m 各点的竖向附加应力 σ_z 值，并绘出分布图。

（2）在地基中 $r=0$ 的竖直线上距地面 $z=0\text{m}$、1m、2m、3m 和 4m 处各点的 σ_z 值，并绘出分布图。

（3）取 $\sigma_z=20\text{kPa}$、10kPa、4kPa、2kPa，反算在地基中 $z=2\text{m}$ 的水平面上的 r 值和在 $r=0\text{m}$ 的竖直线上的 z 值，并绘出相应于该 4 个应力值的 σ_z 等值线图。

解：（1）在地基中 $z=2\text{m}$ 的水平面上，指定点的附加应力 σ_z 的计算数据见表 4-2。

表 4-2 σ_z 的计算结果

$z(\text{m})$	$r(\text{m})$	r/z	α	$\sigma_z=\alpha\dfrac{Q}{z^2}(\text{kPa})$
2	0	0	0.4775	23.9
2	1	0.5	0.2733	13.7
2	2	1.0	0.0844	4.2
2	3	1.5	0.0251	1.3
2	4	2.0	0.0085	0.4

σ_z 的分布如图 4.13 所示。

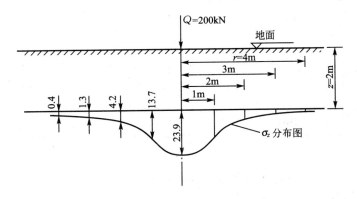

图 4.13 附加应力 σ_z 的分布图

（2）在地基中 $r=0$ 的竖直线上，指定点的附加应力 σ_z 的计算数据见表 4-3。

表 4-3 σ_z 的计算结果

$z(\text{m})$	$r(\text{m})$	r/z	α	$\sigma_z = \alpha \dfrac{Q}{z^2}$ (kPa)
0	0	0	0.4775	∞
1	0	0	0.4775	95.5
2	0	0	0.4775	23.9
3	0	0	0.4775	10.6
4	0	0	0.4775	6.0

σ_z 的分布如图 4.14 所示。

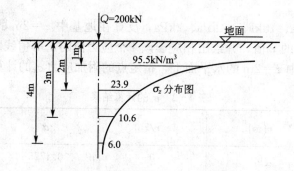

图 4.14 附加应力 σ_z 的分布曲线图

(3) 当指定附加应力 σ_z 时,反算 $z=2\text{m}$ 的水平面上的 r 值和在 $r=0$ 的竖直线上的 z 值得计算数据见表 4-4。

表 4-4 反算结果

σ_z (kPa)	$z(\text{m})$	α	r/z	$r(\text{m})$
20	2	0.400	0.27	0.54
10	2	0.200	0.65	1.30
4	2	0.080	1.02	2.04
2	2	0.040	1.30	2.60

σ_z (kPa)	$r(\text{m})$	r/z	α	$z(\text{m})$
20	0	0	0.4775	2.19
10	0	0	0.4775	3.09
4	0	0	0.4775	4.89
2	0	0	0.4775	6.91

附加应力 σ_z 的等值线图如图 4.15 所示。

由本例计算结果,可以归纳出集中荷载作用下附加应力的分布规律。

① 集中力作用线上 σ_z 的分布。σ_z 值随深度的增加而急剧减小,但是在集中力作用点处是不适用的,因为当 $R \rightarrow 0$ 时,应力及位移均趋于无穷大,这时土已发生塑性变形,按弹性理论解得的公式已不适用。

② 同一水平线上 σ_z 的分布。σ_z 距力的作用线越远,σ_z 值越小,在集中力作用线上,σ_z 值最大。随着深度的增加,集中力作用线上的 σ_z 值减少,而水平面上应力的分布趋于均匀。

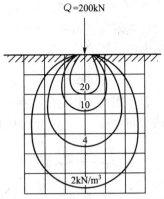

图 4.15 附加应力 σ_z 的等值线图

③ 在不通过力作用线的竖线上 σ_z 的分布。σ_z 值随深度增加而变化的情况是:先从零开始增加,到某一深度达到最大值,然后又减小。

4.4.2 竖向分布荷载作用下土中应力计算

建筑物作用于地基的荷载,总是分布在一定的面积之上,很少是以集中力的形式作用在土上的,因此在实际工程中根本不存在理论上的集中力。但是可以根据布西奈斯克解答对作用在一定面积上的竖向分布荷载作用下的土中附加应力进行解答。如果基础底面的形状或基底下的荷载分布不规则时,则可以把分布荷载分割为许多集中力,然后叠加计算土中应力。若基础底面的形状及分布荷载有规律时,则可以应用积分方法解得相应的土中应力。

若在半无限土体表面作用一分布荷载 $p(x, y)$,如图 4.16 所示。为了计算土中某点 $M(x, y, z)$ 的竖应力 σ_z 值,可以在基底范围内取元素面积 $dA = d\xi d\eta$,作用在元素面积上的分布荷载可以用集中力 dQ 表示,$dQ = p(x, y)d\xi d\eta$。这时土中 M 点的竖应力 σ_z 值可以用式(4-16)在基底面积范围内进行积分求得,即

$$\sigma_z = \iint_A d\sigma_z = \frac{3z^3}{2\pi} \iint_A \frac{dQ}{R^5} = \frac{3z^3}{2\pi} \iint_A \frac{p(x, y)d\xi d\eta}{\left[\sqrt{(x-\xi)^2 + (y-\eta)^2 + z^2}\right]^5} \tag{4-17}$$

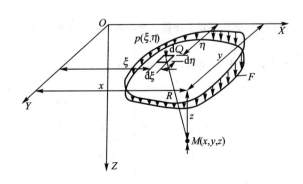

图 4.16 分布荷载作用下土中应力计算

　　任何建筑物都要通过一定尺寸和形状的基础将荷载传递给地基，基础形状和尺寸的大小会影响附加应力的大小。下面主要介绍几种常见的基础底面形状及分布荷载作用时，土中应力的计算公式。

　　1. 空间问题

　　若作用的荷载是分布在有限面积范围内，那么从式(4-17)知道，土中应力是与计算点的空间坐标 (x, y, z) 有关，这类解均属空间问题，如前面所介绍的集中力作用时的布西奈斯克课题，以及下面所讨论的圆形面积和矩形面积分布荷载下的解均为空间问题。

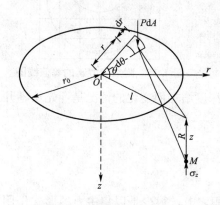

　　1) 圆形面积上作用均布荷载时，土中竖向应力 σ_z 的计算

　　圆形基础在工程中也比较常见，例如水塔的基础一般就是圆形的。

　　圆形面积上作用均布荷载 P，计算土中任一点 M 的竖向应力(图 4.17)。

　　设圆形荷载面积的半径为 r_0，以圆形荷载的中心点为坐标原点 O，并在荷载面积上取元素面积 $dA = r dr d\theta$，以集中力 $dQ = PdA = Pr dr d\theta$ 代替微面积上的分布荷载，那么可以由式(4-17)在圆面积范围内积分求得 σ_z 值。

图 4.17 圆形面积均布荷载作用下 σ_z 的计算

　　由于 $d\sigma_z = \dfrac{3P}{2\pi} \cdot \dfrac{z^3 r}{(r^2 + l^2 - 2rl\cos Q + z^2)^{5/2}} dr d\theta$，对其进行积分可得：

$$\sigma_z = \iint_A d\sigma_z = \frac{3Pz^3}{2\pi} \int_0^{2\pi} \int_0^{r_0} \frac{r dr d\theta}{(r^2 + l^2 - 2rl\cos Q + z^2)^{5/2}} = \alpha_c P_0 \qquad (4-18)$$

式中：σ_z——土中深度 z 处的竖向应力；

　　　α_c——均布的圆形截面任意点下的附加应力系数，它是 $(z/r_0, l/r_0)$ 的函数，可由表 4-5 查得；

　　　r_0——圆面积的半径；

　　　l——应力计算点 M 到 z 轴的水平距离。

表 4-5　圆形面积上作用均布荷载时的竖应力系数 α_c

z/r_0 ＼ l/r_0	0	0.2	0.4	0.6	0.8	1.0	1.2	1.4	1.6	1.8	2.0
0.0	1.000	1.000	1.000	1.000	1.000	0.500	0.000	0.000	0.000	0.000	0.000
0.2	0.998	0.991	0.987	0.970	0.890	0.468	0.077	0.015	0.005	0.002	0.001
0.4	0.940	0.943	0.920	0.860	0.712	0.435	0.181	0.065	0.026	0.012	0.006
0.6	0.864	0.252	0.813	0.733	0.591	0.400	0.224	0.113	0.056	0.029	0.016
0.8	0.756	0.742	0.699	0.601	0.504	0.366	0.237	0.142	0.083	0.048	0.029

（续）

z/r_0 \ l/r_0	0	0.2	0.4	0.6	0.8	1.0	1.2	1.4	1.6	1.8	2.0
1.0	0.646	0.633	0.593	0.525	0.434	0.332	0.235	0.157	0.102	0.065	0.042
1.2	0.547	0.535	0.502	0.447	0.377	0.300	0.226	0.162	0.113	0.073	0.053
1.4	0.461	0.452	0.425	0.383	0.329	0.270	0.212	0.161	0.118	0.086	0.062
1.6	0.390	0.383	0.362	0.330	0.288	0.243	0.197	0.156	0.120	0.090	0.068
1.8	0.332	0.372	0.331	0.258	0.254	0.218	0.182	0.142	0.118	0.092	0.072
2.0	0.285	0.280	0.268	0.248	0.224	0.196	0.167	0.140	0.114	0.092	0.074
2.2	0.246	0.242	0.233	0.218	0.198	0.175	0.153	0.131	0.109	0.090	0.074
2.4	0.214	0.211	0.203	0.192	0.175	0.150	0.140	0.122	0.104	0.087	0.073
2.6	0.137	0.185	0.179	0.170	0.158	0.144	0.129	0.113	0.098	0.684	0.071
2.8	0.165	0.163	0.159	0.151	0.141	0.130	0.118	0.105	0.092	0.082	0.069
3.0	0.146	0.145	0.141	0.135	0.127	0.118	0.108	0.097	0.087	0.077	0.067
3.4	0.117	0.116	0.114	0.110	0.105	0.098	0.091	0.084	0.076	0.068	0.061
3.8	0.096	0.095	0.093	0.091	0.087	0.083	0.078	0.073	0.067	0.061	0.055
4.2	0.079	0.079	0.078	0.076	0.073	0.070	0.067	0.063	0.059	0.054	0.050
4.6	0.067	0.067	0.066	0.064	0.063	0.060	0.058	0.055	0.052	0.048	0.045
5.0	0.057	0.057	0.056	0.056	0.050	0.052	0.050	0.048	0.046	0.043	0.041
5.5	0.048	0.048	0.047	0.046	0.045	0.044	0.043	0.041	0.039	0.038	0.036
6.0	0.040	0.040	0.040	0.039	0.039	0.038	0.037	0.036	0.034	0.033	0.031

同理，可以计算圆形面积中点下任何深度处的附加应力

$$\sigma_z = \iint_A d\sigma_z = \frac{3Pz^3}{2\pi}\int_0^{2\pi}\int_0^{r_0}\frac{rdrd\theta}{(r^2+z^2)^{5/2}} = \alpha_r P \tag{4-19}$$

式中：α_r——均布的圆形截面中点下的附加应力系数，它是 z/r_0 的函数。

例 4.3 有一圆形基础，半径 $r_0=1\text{m}$，其上作用中心荷载 $Q=100\text{kN}$，求基础边缘点下的竖向应力 σ_z 分布。

解：在基础底面的压力为：$p=\dfrac{Q}{F}=\dfrac{100}{\pi\times 1^2}=31.85\text{kPa}$

圆形基础边缘点下的竖向应力 σ_z 按式（4-18）计算，即：$\sigma_z=\alpha_c p$

将计算结果列于表 4-6 中。

表4-6 圆形面积边缘点下竖向应力 σ_z 计算

$z(m)$	α_c	$\sigma_z = \alpha_c p(kPa)$
0	0.500	15.9
0.5	0.418	13.3
1.0	0.332	10.6
1.5	0.257	8.2
2.0	0.196	6.2
3.0	0.118	3.8
4.0	0.077	2.5
5.0	0.052	1.7
6.0	0.038	1.2

2）矩形面积上作用均布荷载时土中竖向应力 σ_z 计算

（1）矩形面积中点 O 下土中竖向应力 σ_z 计算。

在矩形面积表面作用均布荷载 P，假设矩形截面的长边为 l，短边为 b，如图4.18所示，求矩形面积中点 O 下土中深度 z 处 M 竖向应力 σ_z 值。

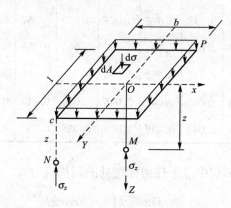

图4.18 矩形面积均布荷载作用下中点及角点下土中竖向应力 σ_z 计算

将坐标原点取在矩形面积的中点处，确定 x、y、z 轴的方向，由式（4-17）解得：

$$\sigma_z = \iint_A d\sigma_z = \frac{3z^3}{2\pi}\iint_A \frac{dQ}{R^5} = \frac{3z^3}{2\pi}\iint_A \frac{p(x,y)d\xi d\eta}{\left(\sqrt{(x-\xi)^2 + (y-\eta)^2 + z^2}\right)^5} = \frac{3z^3 p}{2\pi}\int_{-\frac{l}{2}}^{\frac{l}{2}} \int_{-\frac{b}{2}}^{\frac{b}{2}} \frac{d\xi d\eta}{\left(\sqrt{\xi^2 + \eta^2 + z^2}\right)^5}$$

$$= \frac{2p}{\pi}\left[\frac{2mn(1+n^2+8m^2)}{\sqrt{1+n^2+4m^2}(1+4m^2)(n^2+4m^2)} + \arctan\frac{n}{2m\sqrt{1+n^2+4m^2}}\right] = \alpha_0 p \quad (4-20)$$

式中：α_0——应力系数，是 $n = l/b$ 和 $m = z/b$ 的函数，可由表4-7查得。

表4-7　矩形面积上均布荷载作用下，中点下竖向应力系数 α_0 值

深宽比 $m=z/b$	矩形面积长宽比 $n=l/b$									
	1.0	**1.2**	**1.4**	**1.6**	**1.8**	**2.0**	**3.0**	**4.0**	**5.0**	**10**
0	1.000	1.000	1.000	1.000	1.000	1.000	1.000	1.000	1.000	1.000
0.2	0.960	0.968	0.972	0.974	0.975	0.976	0.977	0.977	0.977	0.977
0.4	0.800	0.830	0.848	0.859	0.866	0.870	0.879	0.880	0.881	0.881
0.6	0.606	0.651	0.682	0.703	0.717	0.727	0.748	0.753	0.754	0.755
0.8	0.449	0.496	0.532	0.558	0.579	0.593	0.627	0.636	0.639	0.642
1.0	0.334	0.378	0.414	0.441	0.463	0.481	0.524	0.540	0.545	0.550
1.2	0.257	0.294	0.325	0.352	0.374	0.392	0.442	0.462	0.470	0.477
1.4	0.201	0.232	0.260	0.284	0.304	0.321	0.376	0.400	0.410	0.420
1.6	0.160	0.187	0.210	0.232	0.251	0.276	0.322	0.348	0.360	0.374
1.8	0.130	0.153	0.173	0.192	0.209	0.224	0.278	0.305	0.320	0.337
2.0	0.108	0.127	0.145	0.161	0.176	0.189	0.237	0.270	0.285	0.304
2.5	0.072	0.085	0.097	0.109	0.210	0.131	0.174	0.202	0.219	0.240
3.0	0.051	0.060	0.070	0.078	0.087	0.095	0.130	0.153	0.172	0.208
3.5	0.033	0.045	0.052	0.059	0.066	0.072	0.100	0.123	0.130	0.180
4.0	0.029	0.035	0.040	0.046	0.051	0.056	0.080	0.095	0.113	0.158
5.0	0.019	0.022	0.026	0.030	0.033	0.037	0.053	0.067	0.079	0.128

（2）矩形面积角点 c 下土中竖向应力 σ_z 计算。

角点下的应力是指矩形面积四个角下任意深度的应力，在同一深度 z 处，四个角下的应力数值应该相等。现在要求求出如图4.18所示均布荷载 p 作用下，矩形面积角点 c 下深度 z 处 N 点的竖向应力。利用式（4-17）解得：

$$\sigma_z = \iint_A \mathrm{d}\sigma_z = \frac{3z^3 p}{2\pi} \int_{-\frac{l}{2}}^{\frac{l}{2}} \int_{-\frac{b}{2}}^{\frac{b}{2}} \frac{\mathrm{d}\xi\mathrm{d}\eta}{\left[\left(-\frac{b}{2}-\zeta\right)^2 + \left(\frac{l}{2}-\eta\right)^2 + z^2\right]^{5/2}}$$

$$= \frac{2p}{\pi}\left[\frac{mn(1+n^2+2m^2)}{\sqrt{1+m^2+n^2}(n^2+m^2)(1+m^2)} + \arctan\frac{n}{m\sqrt{1+n^2+m^2}}\right] = \alpha_c p \qquad (4-21)$$

式中：α_c——应力系数，是 $m=z/b$ 和 $n=l/b$ 的函数，可由表4-8查得。

表4-8　矩形面积在均布荷载作用下角点下竖向应力系数 α_c 值

深宽比 $m=z/b$	矩形面积长宽比 $n=l/b$									
	1.0	**1.2**	**1.4**	**1.6**	**1.8**	**2.0**	**3.0**	**4.0**	**5.0**	**10**
0.0	0.2500	0.2500	0.2500	0.2500	0.2500	0.2500	0.2500	0.2500	0.2500	0.2500
0.2	0.2486	0.2489	0.2490	0.2491	0.2491	0.2491	0.2492	0.2492	0.2492	0.2492

（续）

深宽比	矩形面积长宽比 $n=l/b$									
$m=z/b$	1.0	1.2	1.4	1.6	1.8	2.0	3.0	4.0	5.0	10
0.4	0.2401	0.2420	0.2429	0.2434	0.2437	0.2439	0.2442	0.2443	0.2443	0.2443
0.6	0.2229	0.2275	0.2300	0.2315	0.2324	0.2329	0.2339	0.2341	0.2342	0.2342
0.8	0.1999	0.2075	0.2120	0.2147	0.2165	0.2176	0.2196	0.2200	0.2202	0.2202
1.0	0.1752	0.1851	0.1911	0.1955	0.1981	0.1999	0.2034	0.2042	0.2044	0.2046
1.2	0.1516	0.1626	0.1705	0.1758	0.1793	0.1818	0.1870	0.1882	0.1885	0.1888
1.4	0.1308	0.1423	0.1508	0.1569	0.1613	0.1644	0.1712	0.1730	0.1735	0.1740
1.6	0.1123	0.1241	0.1329	0.1396	0.1445	0.1482	0.1567	0.1590	0.1598	0.1604
1.8	0.0969	0.1083	0.1172	0.1241	0.1294	0.1334	0.1434	0.1463	0.1474	0.1482
2.0	0.0840	0.0947	0.1034	0.1103	0.1158	0.1202	0.1314	0.1350	0.1363	0.1374
2.2	0.0732	0.0832	0.0917	0.0984	0.1039	0.1084	0.1205	0.1248	0.1264	0.1277
2.4	0.0642	0.0734	0.0813	0.0879	0.0934	0.0979	0.1108	0.1156	0.1175	0.1192
2.6	0.0566	0.0651	0.0725	0.0788	0.0842	0.0887	0.1020	0.1073	0.1095	0.1116
2.8	0.0502	0.0580	0.0649	0.0709	0.0761	0.0805	0.0942	0.0999	0.1024	0.1048
3.0	0.0447	0.0519	0.0583	0.0640	0.0690	0.0732	0.0870	0.0931	0.0959	0.0987
3.2	0.0401	0.0467	0.0526	0.0580	0.0627	0.0668	0.0806	0.0870	0.0900	0.0933
3.4	0.0361	0.0421	0.0477	0.0527	0.0571	0.0611	0.0747	0.0814	0.0847	0.0882
3.6	0.0326	0.0382	0.0433	0.0480	0.0523	0.0561	0.0694	0.0763	0.0799	0.0837
3.8	0.0296	0.0348	0.0395	0.0439	0.0479	0.0516	0.0646	0.0717	0.0753	0.0796
4.0	0.0270	0.0318	0.0362	0.0403	0.0441	0.0474	0.0603	0.0674	0.0712	0.0758
4.2	0.0247	0.0291	0.0333	0.0371	0.0407	0.0439	0.0563	0.0634	0.0674	0.0724
4.4	0.0227	0.0268	0.0303	0.0343	0.0376	0.0407	0.0517	0.0597	0.0639	0.0692
4.6	0.0209	0.0247	0.0283	0.0317	0.0348	0.0378	0.0493	0.0564	0.0606	0.0663
4.8	0.0193	0.0229	0.0262	0.0294	0.0324	0.0352	0.0463	0.0533	0.0576	0.0635
5.0	0.0179	0.0212	0.0243	0.0274	0.0302	0.0328	0.0435	0.0504	0.0547	0.0610
6.0	0.0127	0.0151	0.0174	0.0196	0.0218	0.0238	0.0325	0.0388	0.0431	0.0506
7.0	0.0094	0.0112	0.0130	0.0147	0.0164	0.0180	0.0251	0.0306	0.0346	0.0428
8.0	0.0073	0.0087	0.0101	0.0114	0.0127	0.0140	0.0198	0.0246	0.0283	0.0367
9.0	0.0058	0.0069	0.0080	0.0091	0.0102	0.0112	0.0161	0.0202	0.0235	0.0319
10.0	0.0047	0.0056	0.0065	0.0074	0.0083	0.0092	0.0132	0.0167	0.0198	0.0280

（3）矩形面积均布荷载作用时，土中任意点的竖向应力 σ_z 计算——角点法。

在实际的计算中，经常遇到计算点既不是位于矩形面积的中点下，也不是位于矩形面积的角点下这样的特殊点，所计算点可能是矩形内或者矩形外的任何一点。在这种情况下，就不能直接利用上面所给的公式进行计算了，而可以加几条辅助线，通过所计算的点，把图形分成若干个小矩形，使计算点成为各个小矩形的角点，然后利用叠加方法，将各个矩形内荷载在该点引起的应力叠加即可，这种方法称为角点法。

如图 4.19 所示在矩形面积 $abcd$ 上作用均布荷载 p，要求计算土中任意点 M 的竖向应力 σ_z。在实际计算中，通常会遇到下面几种情况。

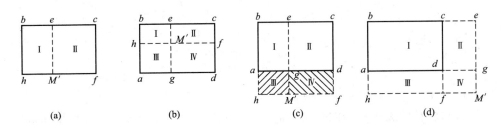

图 4.19　角点法

① 计算点 M' 位于矩形面积的四条边上，如图 4.19(a)所示。

可以通过 M' 点将荷载作用面积分为 2 个小矩形，分别是 $M'hbe$ 和 $M'ecf$，M' 点分别在 2 个小矩形面积的角点，则所求附加应力就可以表示为：

$$\sigma_z = \sigma_z(M'hbe) + \sigma_z(M'ecf)$$

② 计算点 M' 位于矩形面积内部的任意点，如图 4.19(b)所示。

可以通过 M' 点将荷载作用面积分为 4 个小矩形，分别是 $M'hbe$、$M'ecf$、$M'gah$ 和 $M'fdg$，M' 点分别在 4 个小矩形面积的角点，则所求附加应力就可以表示为：

$$\sigma_z = \sigma_z(M'hbe) + \sigma_z(M'ecf) + \sigma_z(M'gah) + \sigma_z(M'fdg)$$

③ 计算点 M' 位于矩形面积边缘的外侧，如图 4.19(c)所示。

则 M' 的附加应力就可以表示为：

$$\sigma_z = \sigma_z(M'hbe) + \sigma_z(M'ecf) - \sigma_z(M'gah) - \sigma_z(M'fdg)$$

④ 计算点 M' 位于矩形面积角点的外侧，如图 4.19(d)所示。

可以将矩形面积的四条边长分别延长，将 M' 点同理位于矩形的角点上，则 M' 点的附加应力可以表示为：

$$\sigma_z = \sigma_z(M'hbe) - \sigma_z(M'fce) - \sigma_z(M'hag) + \sigma_z(M'fdg)$$

通过上面的介绍可以看出，在应用角点法时，不管是哪种情况，都要想办法将所求点放在矩形的角上，并且叠加前后的矩形面积应该保持不变，在计算中应该特别注意的是进行矩形面积角点和中点下的附加应力计算时，l 总是代表长边，b 总是代表短边，在应用角点法时，尤其要注意这一点。

例 4.4　有一矩形面积基础 $b=1\mathrm{m}$，$l=2\mathrm{m}$，其上作用均布荷载 $p=100\mathrm{kN/m^2}$，计算矩形面积上角点 A、边点 E、中点 O 及荷载面积边缘以外 F、G 点下深度 $z=1\mathrm{m}$ 处的附加应力大小(图 4.20)，并利用计算结果说明附加应力的扩散规律(图 4.20)。

解：利用下面的基本公式 $\sigma_z = \alpha_c p$ 进行求解。

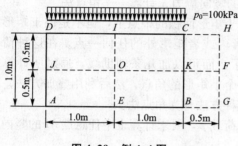

图 4.20　例 4.4 图

(1) 角点 A 下的应力值 σ_{zA} 的求解。

已知 $m=\dfrac{l}{b}=\dfrac{2}{1}=2$，$n=\dfrac{z}{b}=\dfrac{1}{1}=1$，查得应力系数 $\alpha_c=0.1999$

得出　$\sigma_{zA}=0.1999\times100=19.99\text{kPa}$

(2) 边点 E 下的应力值 σ_{zE} 的求解。

通过 E 点将荷载面积分为两个相等的矩形 $EADI$、$EICB$，求 $EADI$ 的应力系数：

$$m=\frac{l}{b}=\frac{1}{1}=1,\quad n=\frac{z}{b}=\frac{1}{1}=1$$

查得的应力系数 $\alpha_c=0.1752$，得：

$$\sigma_{zE}=2\alpha_c p_0=2\times0.1752\times100=35\text{kPa}$$

(3) 中点 O 下的应力值 σ_{zO} 的求解。

通过 O 点将荷载面积分为四个相等的矩形 $OJDI$、$OICK$、$OKBE$、$OEAJ$，求 $OJDI$ 的应力系数 α_c：

$$m=\frac{l}{b}=\frac{1}{0.5}=2,\quad n=\frac{z}{b}=\frac{1}{0.5}=2$$

查得的应力系数 $\alpha_c=0.1202$，得：

$$\sigma_{zO}=4\alpha_c p_0=4\times0.1202\times100=48.08\text{kPa}$$

(4) 荷载面积边缘以外 F 下的应力值 σ_{zF} 的求解。

通过 F 点做矩形 $FJDH$、$FGAJ$、$FKCH$、$FGBK$。

求 $FJDH$、$FGAJ$ 的应力系数 α_{c1}：

$$m=\frac{l}{b}=\frac{2.5}{0.5}=5,\quad n=\frac{z}{b}=\frac{1}{0.5}=2$$

查得的应力系数 $\alpha_{c1}=0.1363$，

求 $FKCH$、$FGBK$ 的应力系数 α_{c2}：

$$m=\frac{l}{b}=\frac{0.5}{0.5}=1,\quad n=\frac{z}{b}=\frac{1}{0.5}=2$$

查得的应力系数 $\alpha_{c2}=0.084$，

则　$\sigma_{zF}=2(\alpha_{c1}-\alpha_{c2})p_0=2\times(0.1363-0.084)\times100=10.46\text{kPa}$

(5) 荷载面积边缘以外 G 下的应力值 σ_{zG} 的求解。

通过 G 点做矩形 $GADH$、$GBCH$，求矩形 $GADH$ 的应力系数 α_{c1}：

$$m=\frac{l}{b}=\frac{2.5}{1}=2.5,\quad n=\frac{z}{b}=\frac{1}{1}=1$$

查得的应力系数 $\alpha_{c1}=0.2016$。

求矩形 $GBCH$ 的应力系数 α_{c2}：

$$m=\frac{l}{b}=\frac{1}{0.5}=2,\quad n=\frac{z}{b}=\frac{1}{0.5}=2$$

查得的应力系数 $\alpha_{c2} = 0.1202$。

则得 $\qquad \sigma_{zG} = (\alpha_{c1} - \alpha_{c2})p = (0.2016 - 0.1202) \times 100 = 8.1 kPa$

将计算结果绘在图上(图 4.21),可以看出:

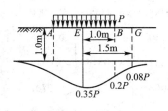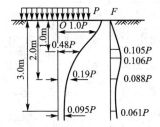

图 4.21　例 4.4 计算结果

① 矩形面积受均布荷载作用时,不仅在受荷面积的竖直下方范围内产生附加应力,在荷载作用面积以外的点,也会产生附加应力。

② 在同一深度处,离受荷面积中线越远的点,其附加应力值越小,在矩形面积中点处最大。

③ 在荷载作用面积范围内,附加应力值随深度的增加而减小,最终趋向于零。

④ 在荷载作用面积范围外,附加应力值随深度的增加而增加,在某一深度处达到最大值,又逐渐减小,最终趋向零。

荷载作用在一定面积上的附加应力分布规律,类似于前面讲解的集中力作用下的附加应力分布规律。

(6) 矩形面积上作用三角形分布荷载时,土中竖向应力 σ_z 计算如图 4.22 所示在地基表面作用矩形面积($l \cdot b$)三角形分布荷载,计算荷载为零的角点下深度 z 处 M 点的竖向应力 σ_z 时,可以用式(4-17)求解。将坐标原点取在荷载为零角点上,z 轴通过 M 点。取元素面积 $dA = dxdy$,其上作用元素集中力 $dP = \frac{x}{b}pdxdy$,则得:

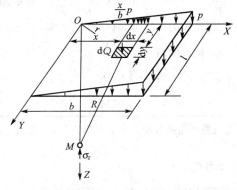

图 4.22　矩形面积上三角形均布荷载作用下 σ_z 计算

$$\sigma_z = \iint_A d\sigma_z = \frac{3z^3 p}{2\pi} \int_0^l \int_0^b \frac{\frac{x}{b}dxdy}{(x^2 + y^2 + z^2)^{5/2}}$$

$$= \frac{mnp}{2\pi}\left[\frac{1}{\sqrt{m^2 + n^2}} - \frac{m^2}{(1+m^2)\sqrt{1+n^2+m^2}}\right] = \alpha_{t1} p \qquad (4-22)$$

式中: α_{t1} ——应力系数,是 $n = l/b$ 和 $m = z/b$ 的函数,可由表 4-9 查得。

同理,可以求得荷载最大值边的角点下深度 z 处 N 点的竖向应力 σ_z 的公式为:

$$\sigma_z = \alpha_{t2} p \qquad (4-23)$$

式中: α_{t2} ——应力系数,是 $n = l/b$ 和 $m = z/b$ 的函数,同样可查表求得,可查阅相关资料。

表 4-9 矩形面积上三角形均布荷载作用下，压力为零的角点以下竖应力系数 σ_z 值

$m=z/b$ \\ $n=l/b$	0.2	0.6	1.0	1.4	1.8	3.0	8.0	10.0
0	0.0000	0.0000	0.0000	0.000	0.0000	0.0000	0.0000	0.0000
0.2	0.0233	0.0296	0.0304	0.0305	0.0306	0.0306	0.0306	0.0306
0.4	0.0269	0.0487	0.0531	0.0543	0.0546	0.0548	0.0549	0.0549
0.6	0.0259	0.0560	0.0654	0.0684	0.0694	0.0701	0.0702	0.0702
0.8	00232	0.0553	0.0688	0.0739	0.0750	0.0773	0.0776	0.0776
1.0	0.0201	0.0508	0.0666	0.0735	0.0766	0.0790	0.0796	0.0796
1.2	0.0171	0.0450	0.0615	0.0698	0.0738	0.0774	0.0783	0.0783
1.4	0.0145	0.0392	0.0554	0.0644	0.0692	0.0739	0.0752	0.0753
1.6	0.0123	0.0339	0.0492	0.0586	0.0639	0.0697	0.0715	0.0715
1.8	0.0105	0.0294	0.0453	0.0528	0.0585	0.0652	0.0675	0.0675
2.0	0.0090	0.0255	0.0384	0.0474	0.0533	0.0607	0.0636	0.0636
2.5	0.0063	0.0183	0.0284	0.0362	0.0419	0.0514	0.0547	0.0548
3.0	0.0046	0.0135	0.0214	0.0280	0.0331	0.0419	0.0474	0.0476
5.0	0.0018	0.0054	0.0089	0.0120	0.0148	0.0214	0.0296	0.0301
7.0	0.0009	0.0028	0.0047	0.0064	0.0081	0.0124	0.0204	0.0212
10.0	0.0005	0.0014	0.0024	0.0033	0.0041	0.0066	0.0128	0.0139

注：b 为三角形荷载分布方向的基础边长；l 为另一方向的全长。

2. 平面问题

若在半无限弹性体表面作用无限长条形的分布荷载，荷载在宽度的方向分布是任意的，但在长度方向的分布规律则是相同的，如图 4.23 所示。在计算土中任一点 M 的应力时，只与该点的平面坐标 (x, z) 有关，而与荷载长度方向 Y 轴坐标无关，这种情况属于平面应变问题。虽然在工程实践中不存在无限长条分布荷载，但研究表明，当 $l/b \geqslant 10$ 时，将其视为平面问题的计算结果所导致的误差很小，有时，当 $l/b \geqslant 5$ 时，按平面问题计算，也能满足足够的精度。所以工程上一般常把路堤、堤坝、挡土墙以及长宽比 $l/b \geqslant 10$ 的条形基础等，均视作平面应变问题计算。

1）均布线荷载作用时土中应力计算

在地基土表面作用无限分布的均布线荷载 p，如图 4.24 所示。计算土中任一点 M 的应力时，可以用布西奈斯克公式积分求得：

$$\sigma_z = \frac{3z^3}{2\pi}p\int_{-\infty}^{\infty} \frac{\mathrm{d}y}{[x^2+y^2+z^2]^{5/2}} = \frac{2z^3 p}{\pi(x^2+z^2)^2} \tag{4-24}$$

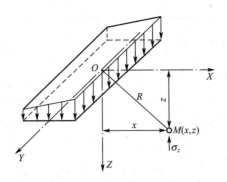

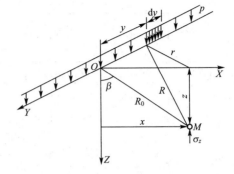

图 4.23　无限长条分布荷载　　　图 4.24　均布线荷载作用时土中应力计算

$$\sigma_x = \frac{2x^2 z p}{\pi(x^2 + z^2)^2} \qquad (4-25)$$

$$\tau_{xz} = \frac{2xz^2 p}{\pi(x^2 + z^2)^2} \qquad (4-26)$$

上式在弹性理论中称为弗拉曼（Flalnant）解。若用极坐标表示时，从图 4.24 可知，$z = R_0 \cos\beta$，$x = R_0 \sin\beta$，代入式(4-24)～式(4-26)即得

$$\sigma_z = \frac{2p}{\pi R_0} \cos^3\beta \qquad (4-27)$$

$$\sigma_x = \frac{p}{\pi R_0} \sin 2\beta \cdot \sin\beta \qquad (4-28)$$

$$\tau_{xz} = \frac{p}{\pi R_0} \cos\beta \cdot \sin 2\beta \qquad (4-29)$$

2）均布条形荷载作用下土中应力计算

（1）计算土中任一点的竖向应力 σ_z。在土体表面作用均布条形荷载 p，其分布宽度为 b，如图 4.25 所示。计算土中任一点 $M(x, z)$ 的竖向应力 σ_z，可以将弗拉曼公式在荷载分布宽度 b 范围内积分求得：

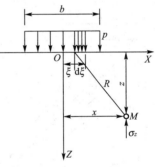

图 4.25　均布条形荷载作用下土中 σ_z 计算

$$
\begin{aligned}
\sigma_z &= \int_{-\frac{b}{2}}^{\frac{b}{2}} \frac{2z^3 p \, \mathrm{d}\xi}{\pi\left[(x-\xi)^2 + z^2\right]^2} \\
&= \frac{p}{\pi}\left[\arctan\frac{1-2n'}{2m} + \arctan\frac{1+2n'}{2m} - \frac{4m(4n^2 - 4m^2 - 1)}{(4n'^2 + 4m^2 - 1)^2 + 16m^2}\right] = \alpha_u p
\end{aligned}
\qquad (4-30)
$$

式中：α_u——应力系数，它是 $n' = x/b$ 及 $m = z/b$ 的函数，可从表 4-10 中查得。注意：坐标轴的原点是在均布荷载的中点处。

表 4-10　均布条形荷载下竖向应力系数 α_u 值

$m = z/b$ ＼ $n' = x/b$	0	0.25	0.50	1.00	1.50	2.00
0	1.00	1.00	0.50	0	0	0
0.25	0.96	0.90	0.50	0.02	0	0
0.50	0.82	0.74	0.48	0.08	0.02	0

（续）

n'=x/b m=z/b	0	0.25	0.50	1.00	1.50	2.00
0.75	0.67	0.61	0.45	0.15	0.04	0.02
1.00	0.55	0.51	0.41	0.19	0.07	0.03
1.25	0.46	0.44	0.37	0.20	0.10	0.04
1.50	0.40	0.38	0.33	0.21	0.11	0.06
1.75	0.35	0.34	0.30	0.21	0.13	0.07
2.00	0.31	0.31	0.28	0.20	0.13	0.08
3.00	0.21	0.21	0.20	0.17	0.14	0.10
4.00	0.16	0.16	0.15	0.14	0.12	0.10
5.00	0.13	0.13	0.12	0.12	0.11	0.09
6.00	0.11	0.10	0.10	0.10	0.10	—

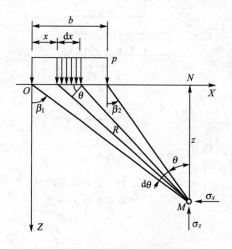

图 4.26　均布条形荷载作用时
土中应力计算(极坐标表示)

（2）计算土中任一点的主应力。若采用图 4.26 中的极坐标表示时，从 M 点到荷载边缘的连线与竖直线的夹角分别为 β_1 和 β_2，其正负号规定是，从竖直线 MN 到连线逆时针转时为正，反之为负。在图 4.26 中的 β_1 和 β_2 均为正值。

取元素荷载宽度 $\mathrm{d}x$，可知 $\mathrm{d}x = \dfrac{R\mathrm{d}\beta}{\cos\beta}$，其上的荷载用线荷载 $q = p\mathrm{d}x = \dfrac{pR\mathrm{d}\beta}{\cos\beta}$ 代替，利用极坐标表示的弗拉曼公式 ［式（4-27）～式（4-29）］，在荷载分布宽度范围内积分，即可求得 M 点的应力表达式：

$$\sigma_z = \frac{p}{\pi}\left[\beta_1 + \frac{1}{2}\sin 2\beta_1 - \beta_2 - \frac{1}{2}\sin 2\beta_2\right]$$

$$= \frac{p}{\pi}\left[(\beta_1 - \beta_2) + \sin(\beta_1 - \beta_2)\cos(\beta_1 + \beta_2)\right] \quad (4-31)$$

$$\sigma_x = \frac{p}{\pi}\left[(\beta_1 - \beta_2) - \sin(\beta_1 - \beta_2)\cos(\beta_1 + \beta_2)\right] \quad (4-32)$$

$$\tau_{xz} = \tau_{zx} = \frac{p}{\pi}\left[\sin(\beta_1 - \beta_2)\sin(\beta_1 + \beta_2)\right] \quad (4-33)$$

确定了一点的 3 个应力分量后，可以用材料力学中有关主应力与法向应力及剪应力间的关系式计算，即

$$\left.\begin{matrix}\sigma_1 \\ \sigma_3\end{matrix}\right\} = \frac{\sigma_x + \sigma_z}{2} \pm \sqrt{\left(\frac{\sigma_x - \sigma_z}{2}\right)^2 + \tau_{xz}^2} = \frac{p}{\pi}\left[(\beta_1 - \beta_2) \pm \sin(\beta_1 - \beta_2)\right]$$

$$= \frac{p}{\pi}(\beta_0 \pm \sin\beta_0) \quad (4-34)$$

式中：β_0——任意点 M 到均布荷载两端点的夹角。

$$\tan 2\alpha = \frac{2\tau_{zx}}{\sigma_z - \sigma_x} = \tan(\beta_1 + \beta_2) \tag{4-35}$$

$$\alpha = \frac{1}{2}(\beta_1 + \beta_2) \tag{4-36}$$

式中：α——最大主应力的作用方向与竖直线间的夹角。

从式(4-34)看到，最大主应力 σ_1 的作用方向正好位于视角 β 的等分线上，而最小主应力与最大主应力垂直，土中凡视角相等的点，其主应力也相等。这样，土中主应力的等值线将是通过荷载分布宽度两个边缘点的圆，如图 4.27 所示。

（3）三角形分布条形荷载作用下的土中应力计算。在地基表面作用三角形分布条形荷载，其最大值为 p，计算土中点 $M(x, z)$ 的竖向应力 σ_z（图 4.28），可按式(4-24)在宽度 b 范围内积分即得：

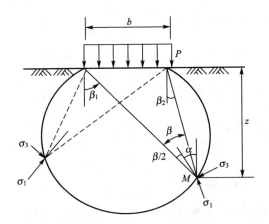

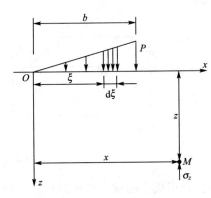

图 4.27　均布条形荷载下土中主应力作用方向　　　图 4.28　三角形条形分布荷载下土中竖向应力 σ_z 计算

$$\sigma_z = \frac{2z^3 p}{\pi b} \int_0^b \frac{\xi \mathrm{d}\xi}{[(x-\xi)^2 + z^2]^2} = \frac{p}{\pi}\left[n'\left(\arctan\frac{n'}{m} - \arctan\frac{n'-1}{m} \right) - \frac{m(n'-1)}{(n'-1)^2 + m^2} \right] = \alpha_s p \tag{4-37}$$

式中：α_s——应力系数，它是 $n' = x/b$ 及 $m = z/b$ 的函数，可由表 4-11 查得。

表 4-11　三角形分布的条形荷载下竖应力系数 α_s 值

$n' = x/b$ ＼ $m = z/b$	0	0.01	0.1	0.2	0.4	0.5	0.6	0.8	1.0	1.2	1.4	2.0
−1.0	0.000	0.000	0.000	0.001	0.003	0.005	0.008	0.017	0.025	0.033	0.041	0.057
−0.5	0.000	0.000	0.000	0.002	0.014	0.022	0.031	0.049	0.065	0.076	0.084	0.089
−0.25	0.000	0.000	0.002	0.009	0.036	0.025	0.066	0.089	0.104	0.111	0.114	0.108
0	0.000	0.003	0.032	0.061	0.010	0.127	0.140	0.155	0.159	0.154	0.151	0.127
0.25	0.250	0.249	0.251	0.255	0.263	0.262	0.258	0.243	0.244	0.204	0.186	0.143
0.50	0.500	0.500	0.498	0.489	0.441	0.409	0.378	0.321	0.275	0.239	0.210	0.153

（续）

$n'=x/b$ \ $m=z/b$	0	0.01	0.1	0.2	0.4	0.5	0.6	0.8	1.0	1.2	1.4	2.0
0.75	0.750	0.75	0.737	0.682	0.534	0.472	0.421	0.343	0.286	0.246	0.215	0.155
1.0	0.50	0.497	0468	0.437	0.379	0.353	0.328	0.285	0.250	0.221	0.198	0.147
1.25	0.000	0.000	0.010	0.050	0.137	0.161	0.177	0.188	0.184	0.176	0.165	0.134
1.50	0.000	0.000	0.002	0.009	0.043	0.061	0.080	0.106	0.121	0.126	0.127	0.115

注意：坐标轴原点在三角形荷载的零点处。

例 4.5　有一路堤如图 4.29(a)所示，已知填土容重 $\gamma=20\mathrm{kN/m^3}$，求路堤中线下 O 点（$z=0$）及 M 点（$z=10\mathrm{m}$）的竖向应力 σ_z 值。

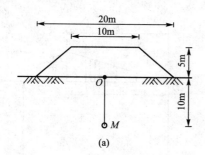 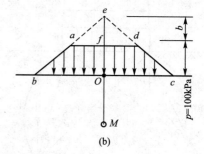

图 4.29　例 4.5 图(1)

解：路堤填土的重力产生的荷载为梯形分布，如图 4.29(b)所示，其最大强度

$$p=\gamma H=20\times 5=100\mathrm{kPa}$$

方法一：将梯形荷载（$abcd$）分解为两个三角形荷载（ebc）及（ead）之差，这样就可以进行叠加计算。

$$\sigma_z=2[\sigma_z(ebo)-\sigma_z(eaf)]=2[\alpha_{s1}(p+q)-\alpha_{s2}q]$$

其中 q 为三角形荷载（eaf）的最大强度，可按三角形比例关系求得：

$$q=p=100\mathrm{kPa}$$

应力系数 α_{s1}、α_{s2} 可由表查得，将其结果列于表 4-12 中。

表 4-12　应力系数 α_{si} 计算

编号	荷载分布面积	x/b	O 点（$z=0$）		M 点（$z=10$）	
			z/b	α_{si}	z/b	α_{si}
1	（ebo）	10/10=1	0	0.500	10/10=1	0.250
2	（eaf）	5/5=1	0	0.500	10/5=2	0.147

故得 O 点的竖向应力 σ_z：

$$\sigma_z=2[\sigma_z(ebo)-\sigma_z(eaf)]=2[\alpha_{s1}(p+q)-\alpha_{s2}q]$$
$$=2[0.5\times(100+100)-0.5\times100]=100\mathrm{kPa}$$

M 点的竖向应力 σ_z 为：
$$\sigma_z = 2[0.25 \times (100+100) - 0.147 \times 100]$$
$$= 70.6 \text{kPa}$$

方法二：将梯形荷载 $(abcd)$ 分解为两个三角形荷载 (abe) 及 (fcd) 和一个条形荷载 $(aefd)$ 之和，如图 4.30(c) 所示，这样就可以进行叠加计算。
$$\sigma_z = 2\sigma_z(abe) + \sigma_z(aefd) = (2\alpha_{s1} + \alpha_{s2})q$$

应力系数 α_{s1}、α_{s2} 可由表查得，将其结果列于表 4-13。

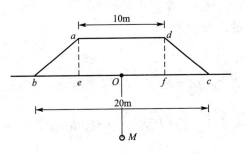

图 4.30 例 4.5 图(2)

表 4-13 应力系数 α_{si} 计算

编号	荷载分布面积	x/b	O 点 $(z=0)$		M 点 $(z=10)$	
			z/b	α_{si}	z/b	α_{si}
1	(abe)	$10/5=2$	0	0.000	$10/5=2$	0.069
2	$(aefd)$	$0/10=0$	0	1.000	$10/10=1$	0.55

故得 O 点的竖向应力 σ_z：
$$\sigma_z = 2\sigma_z(abe) + \sigma_z(aefd) = (2\alpha_{s1} + \alpha_{s2})q$$
$$= (2 \times 0 + 1.000) \times 100 = 100 \text{kPa}$$

M 点的竖向应力 σ_z 为：
$$\sigma_z = (2 \times 0.069 + 0.55) \times 100 = 68.8 \text{kPa}$$

通过上面的计算可以看出，两种方法的计算结果相差不大。

4.5 其他条件下的地基应力计算

4.5.1 建筑物基础下地基应力计算

前面所提出的布西奈斯克课题，以及其分布荷载作用下的土中附加应力计算公式，都是假定荷载是作用在半无限土体表面，但是实际的建筑物基础均有一定埋置深度 D，基础底面荷载是作用在地基内部深度 D 处。因此，按前述公式计算将有误差，一般浅基础的埋置深度较小，所引起的计算误差不大，可不考虑，但对深基础则应考虑其埋深影响。

基础施工前，地基中只有自重应力 $\sigma_{cz} = \gamma z$，在预定基础埋置深度 D 处自重应力为 $\sigma_{cz} = \gamma D$。基坑开挖后，这时挖去的土体重力 $Q = \gamma DF$，式中 F 为基底面积。它将使地基中应力减小，基础浇筑时，当施加于基础底面的荷载正好等于基坑被挖去的土体重力 Q 时，则原来被减小的应力又恢复到原来自重应力的水平，这时土中附加应力等于零。桥墩已施工完毕，基础底面作用着全部荷载 N，这时基础底面增加的荷载为 $(N-Q)$，在这个荷载作用下引起的地基应力是附加应力。因此，在基础底面处产生的附加应力：

$$p_0 = \frac{N-Q}{F} = \frac{N-\gamma DF}{F} = \frac{N}{F} - \gamma D = p - \gamma D \qquad (4-38)$$

式中：$p(=N/F)$——基底压力，在基础底面下深度 z 处的附加应力 $\sigma_z = \alpha_0 p_0$。

4.5.2 桥台后填土引起的基底附加应力计算

在工程实践中常常遇到桥台后填土较高的情况，比如高速公路的桥梁多采用深基础，而桥头路基填方都比较高，引起桥台向后倾侧，发生不均匀下沉，影响桥梁的正常使用。出现这种情况的原因，是由于台后路堤填土荷载引起桥台基底后缘的附加应力增大所致。因此，当桥台台背填土的高度在 5m 以上时，在设计时应考虑台后填土荷载对基底附加应力的影响，特别是高填土路堤更应引起重视。

在《公路桥涵地基与基础设计规范》（JTG D63—2007）中，给出了专门的计算公式及相应的应力系数值，如图 4.31 所示。其中 b_a 为基底或桩端平面处的前、后边缘间的基础长度(m)；h 为原地面至基底或桩端平面处的深度(m)。

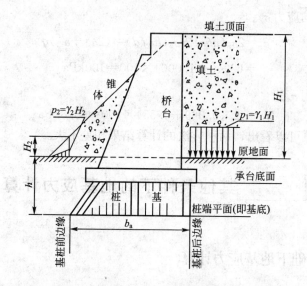

图 4.31　台背填土对桥台基底的附加应力计算图

台背路基填土对桥台基础底或桩端平面处地基土引起的附加压应力 p_1，可按式(4-39)计算：

$$p_1 = \alpha_1 \gamma_1 H_1 \qquad (4-39)$$

式中：p_1——台背路基填土产生的土压应力(kPa)；

γ_1——路基填土重度(m)；

H_1——台背路基填土高度(m)；

α_1——应力系数，见表 4-14。

表 4-14 应力系数 α_1 值

基础埋置深度 $h(m)$	填土高度 $H_1(m)$	后边缘	前边缘，当基底平面处的长度 $b_a(m)$		
			5m	10m	15m
5	5	0.44	0.07	0.01	0
	10	0.47	0.09	0.02	0
	20	0.48	0.11	0.04	0.01
10	5	0.33	0.13	0.05	0.02
	10	0.40	0.17	0.06	0.02
	20	0.45	0.19	0.08	0.03
15	5	0.26	0.15	0.08	0.04
	10	0.33	0.19	0.10	0.05
	20	0.41	0.24	0.14	0.07
20	5	0.20	0.13	0.08	0.04
	10	0.28	0.18	0.10	0.05
	20	0.37	0.24	0.16	0.09
25	5	0.17	0.12	0.08	0.05
	10	0.24	0.17	0.12	0.08
	20	0.33	0.24	0.17	0.10
30	5	0.15	0.11	0.08	0.06
	10	0.21	0.16	0.12	0.08
	20	0.31	0.24	0.18	0.12

对于埋置式桥台，应按式(4-40)计算由于台前锥体对基底或桩端平面处的前边缘引起的附加应力 p_2：

$$p_2 = \alpha_2 \gamma_2 H_2 \qquad (4-40)$$

式中：p_2——台前锥体产生的土压应力(kPa)；

γ_2——锥体填土的重度(m)；

H_2——基底或桩端平面处的前边缘上的锥体高度，取基底或桩端前边缘处的原地面向上竖向引线与溜坡相交点的距离(m)；

α_2——应力系数，见表 4-15。

表 4-15 应力系数 α_2 值

基础埋置深度 $h(m)$	台背路基填土高度 $H_1(m)$	
	10	20
5	0.4	0.5
10	0.3	0.4

基础埋置深度 h(m)	台背路基填土高度 H_1(m)	
	10	**20**
15	0.2	0.3
20	0.1	0.2
25	0	0.1
30	0	0

(续)

将 p_1 和 p_2 与其他荷载引起的相应基底的边缘应力相加即可得到基底总应力。

4.6 影响土中附加应力分布的因素

前述附加应力计算，都是假定地基土为均质的、连续的各向同性的半无限直线变形体，采用弹性理论求得的解答。但实际上，大多数地基并不是各向同性和均质的。由于沉积的年代、沉积的方式及沉积后的变迁，使得天然地基土由不同的土层组成，不同的土层具有不同的物理力学特性和结构特征。下面讨论影响土中附加应力分布的因素。

4.6.1 各向异性的影响

各向异性的地基是指由同一种土组成，但其物理力学特性是各向异性的。天然土层在沉积过程中，由于所受重力和外荷载作用历史不同，使得土体在水平方向的变形模量 E_X 和竖直方向的变形模量 E_z 不相等，因而土体呈现各向异性。在泊松比相同时，如果 $E_X < E_z$，则在各向异性的地基中将会出现应力集中现象，如图 4.32(a)所示；如果 $E_X > E_z$，则在各向异性的地基中将会出现应力扩散现象，如图 4.32(b)所示。在重要的建筑物设计时应考虑土中应力变化的这一特征。

应力扩散问题，可以解决工程实际问题。比如说，道路工程路面设计中，用一层比较坚硬的路面来降低地基中的应力集中，可以减小路面因不均匀变形而破坏。在软土地区，也可以在设计中将基础尽量浅埋，减少地基的沉降。

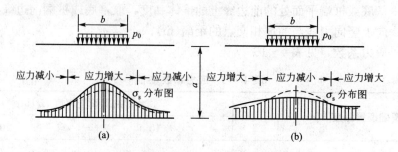

图 4.32 非均质各向异性对地基附加应力 σ_z 的影响

4.6.2 非均质地基的影响

1. 双层地基

当地基由不同土层组成时，地基中附加应力 σ_z 受各土层性质的影响，各土层性质差异越大，则对附加应力 σ_z 的影响也越大。下面根据两种情况来分析。

1) 上层为可压缩土层，下层为不可压缩坚硬层（岩层）

由于下卧层刚度大，不变形，使得上层土中的附加应力值比均质土时有所增大，出现应力集中现象，如图 4.32(a) 所示。应力集中的程度与荷载面的宽度 b 及压缩层厚度 h 有关，同时也与压缩层的泊松比、上下层交界面上的摩擦系数有关。压缩土层厚度 h 与荷载面的宽度之比（即 h/b）越大，应力集中现象越显著。

2) 上层为坚硬土层，下层为软弱土层

由于坚硬土层刚度大，对应力有扩散作用，使得本身及下卧层中的附加应力值减小，出现了应力扩散现象，如图 4.32(b) 所示。在坚硬的上层及下卧层中引起的应力扩散现象随上层坚硬土层厚度的增大而更加显著。

由于土的泊松比变化不大（一般 $\mu = 0.3 \sim 0.4$），因此应力集中和扩散现象主要与上下两层土的变形模量比 E_1/E_2 有关，模量比越大，土中应力的变化越显著（与均质情况土中应力相比较）。

2. 变形模量随深度增大的地基

地基土的变形模量随深度增加时，沿荷载对称轴上的应力 σ_z 有增大的现象，这已被理论和实践研究结果所证实。这种现象在砂类土中尤为显著，一般认为较深处的土体，侧向变形受较大限制，因此沿外力作用线附近的附加应力出现应力集中现象。

在考虑地基变形模量对地基附加应力影响时，弗洛列希（O. K. Frohich）等提出采用集中因数对布西奈斯克公式加以修正：

$$\sigma_z = \frac{np}{2\pi R^2} \cos^n \theta \qquad (4-41)$$

式中：n——大于 3 的应力集中因素；对于完全弹性的土，取 $n = 3$，式（4-41）与均匀弹性体的公式一致。对较密实的砂土 $n = 6$，黏土 $n = 3$，介于砂土及黏性土之间的土 $n = 3 \sim 6$。

4.6.3 荷载作用面积的影响

均布荷载 p_0 分别作用在宽度为 b、长度为无限长的条形基础上和宽度为 b、长度为 a 的矩形基础上，这表明荷载的作用面积不同。可以比较这两种情况下土中应力的分布。如图 4.33 所示为条形荷载和矩形荷载作用下地基附加应力等值线图。

由图 4.33 知，矩形荷载中心点下 $z = 2b$ 处 $\sigma_z \approx 0.1 p_0$；而在条形荷载下 $\sigma_z \approx 0.1 p_0$ 的等值线在中心点下 $z = 6b$ 处通过。这表明荷载作用面积越大附加应力传递越深。当条形荷载在宽度方向增加到无穷大时，这相当于大面积荷载（无限均布荷载），此时地基中附加应力分布仍可按条形均布荷载下土中应力的公式计算。因为条形荷载的宽度 $b \to \infty$，则不论 z 为何值均有 $z/b \to 0$，因此应力系数恒等于 1.0，任意深度处的附加应力均等于 p_0，也即在大面积荷载作用下，地基中附加应力分布与深度无关，如图 4.34 所示。

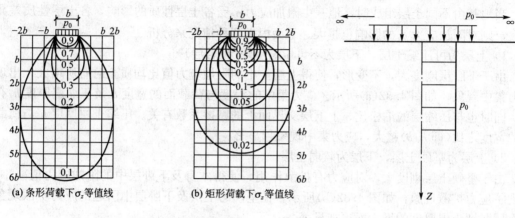

(a) 条形荷载下 σ_z 等值线　　(b) 矩形荷载下 σ_z 等值线

图 4.33　地基附加应力等值线图　　　　**图 4.34　大面积荷载**

本 章 小 结

（1）土中应力是指土体在本身重力作用下产生的自重应力、建筑物荷载或其他外荷载引起的附加应力、土中渗透水流引起的渗流应力等。土中应力主要包括自重应力和附加应力两种。自重应力是由土体自身重量所产生的应力，也称为长驻应力。附加应力是由外荷载在土中产生的应力增量。

（2）土的自重应力计算包括下面几种情况：均质土体、成层土体、土中有地下水及水平向自重应力的计算。

（3）基础底面传递给地基表面的压力为基底压力，基底压力的大小与分布形式受荷载性质、基础刚度、尺寸等因素影响。刚性基础偏心荷载作用下，基底压力可简化呈梯形分布、三角形分布和重新分布。

（4）地基附加应力的计算分为两种情形：一种是空间问题，一种是平面问题。空间问题主要包括：竖向集中力作用下土中应力计算；圆形面积上作用均布荷载时，土中应力的计算；矩形面积作用均布荷载时土中应力的计算；矩形面积上作用三角形分布荷载时，土中竖向应力的计算。平面问题主要包括：均布线荷载作用时土中应力的计算；均布条形荷载作用下土中应力的计算；三角形分布荷载作用下的土中应力计算。

（5）建筑物基底附加压力是指基础底面处地基土单位面积上压力的增量，注意与基底压力的区别与联系。

（6）影响土中附加应力的分布的因素主要包括：土的各向异性、非均质地基、荷载作用面积等。

习 题

一、选择题

1. 在地面上修建一梯形土坝，坝基的反力分布形状为( )。
   A. 矩形　　　　　B. 马鞍形　　　　　C. 梯形
2. 地下水位从地表处下降至基底平面处，对附加应力的影响为( )。
   A. 附加应力增加　　B. 附加应力减小　　C. 附加应力不变
3. 当地基中附加应力曲线为矩形时，则地面荷载形式为( )。
   A. 条形均布荷载　　B. 矩形均布荷载　　C. 无限均布荷载

二、简答题

1. 何谓土体的自重应力和附加应力？各自的分布规律是什么？
2. 何谓基底压力？柔性基础和刚性基础的基底压力分布和什么有关？
3. 土中的附加应力分布有什么规律？
4. 地下水位的升降对土体的自重应力有无影响？为什么？
5. 在基底总压力不变的情况下，增大基础埋置深度对土中应力分布有什么影响？
6. 两个不同的宽度的基础，基底压力相同，在同一深度处，哪个基础下产生的附加应力大？为什么？
7. 在填方地段，如果基础砌置在填土中，填土的重力引起的应力在什么条件下应作为附加应力考虑？
8. 布西奈斯克课题假定荷载作用在地表面，而实际上基础都有一定的埋置深度，问这一假定将使土中应力的计算值偏大还是偏小？

三、计算题

1. 计算如图 4.35 所示地基土中的自重应力并绘制分布图。已知：砂土，$\gamma_1 = 17.5\text{kN/m}^3$，$\gamma_{s1} = 26.1\text{kN/m}^3$，$\omega_1 = 20\%$；黏土，$\gamma_2 = 18.0\text{kN/m}^3$，$\gamma_{s2} = 26.5\text{kN/m}^3$，$\omega_2 = 50\%$，$\omega_L = 48\%$，$\omega_p = 24\%$；$h_1 = 1\text{m}$，$h_2 = 2\text{m}$，$h_3 = 3\text{m}$。

2. 某桥墩基础，基础底面尺寸 $b = 7\text{m}$、$l = 10\text{m}$，作用在基础底面中心的荷载 $N = 5000\text{kN}$，$M = 2500\text{kN} \cdot \text{m}$。计算基础底面的压力。

3. 如图 4.36 所示条形分布荷载，作用的均布荷载 $p = 150\text{kPa}$，要求用两种方法计算 G 点下深度 3m 处的竖向附加应力大小。

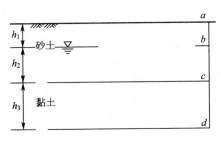

图 4.35　计算题 1 图

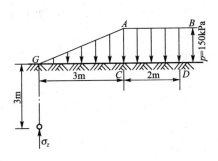

图 4.36　计算题 3 图

4. 如图 4.37 所示,有一个矩形面积($b=3$m, $l=5$m)三角形分布的荷载作用在地基表面,荷载最大值 $p=100$kPa,计算作用在矩形面积内 O 点下深度点 $z=3$m 处的竖向应力大小。

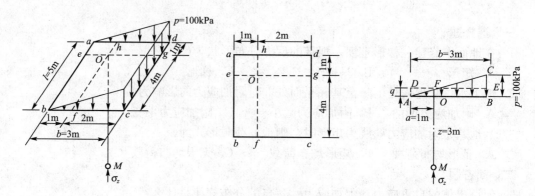

图 4.37　计算题 4 图

5. 如图 4.38 所示桥墩基础,已知基础底面尺寸为 $b=2$m, $l=8$m。作用在基础底面中心处的荷载为 $F=1120$kN, $H=0$, $M=0$。计算在竖向荷载 F 作用下,基础中心线下土中自重应力及附加应力的分布。

已知各土层的容重数值为:褐黄色亚黏土, $\gamma=18.7$kN/m³(水上), $\gamma'=8.9$kN/m³(水下);灰色淤泥质亚黏土, $\gamma'=8.4$kN/m³(水下)。

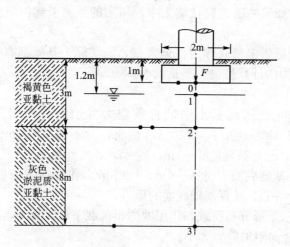

图 4.38　计算题 5 图

第**5**章
土的压缩性与地基沉降计算

【教学目标与要求】

- **概念及基本原理**

【掌握】土的压缩性；压缩系数；变形模量；压缩模量；先期固结压力；正常固结土；超固结土；欠固结土。

【理解】压缩曲线（$e\text{-}p$ 曲线及 $e\text{-}\lg p$ 曲线）；应力历史对黏性土压缩性的影响。

- **计算理论及计算方法**

【掌握】压缩系数、变形模量、压缩模量之间的关系；土层压缩量的计算；分层总和法的基本假设及原理；规范法的基本原理。

- **试验**

【掌握】压缩试验。

【理解】现场荷载试验。

 **导入案例**

案例：虎丘塔倾斜

1）工程事故概况

如图 5.1 所示虎丘塔位于苏州市西北虎丘公园山顶，原名云岩寺塔，落成于宋太祖建隆二年（公元 961 年），距今已有 1000 多年的悠久历史。全塔七层，高 47.5m。塔的平面呈八角形，由外壁、回廊与塔心三部分组成。虎丘塔全部砖砌，外形完全模仿楼阁式木塔，每层都有 8 个壶门，拐角处的砖特制成圆弧形，十分美观，在建筑艺术上是一个创造。中外游人不绝。1961 年 3 月 4 日国务院将此塔列为全国重点文物保护单位。

图 5.1　虎丘塔

1980 年 6 月虎丘塔现场调查，当时由于全塔向东北方向严重倾斜，不仅塔顶偏离中心线已达 2.31m，而且底层塔身发生不少裂缝，成为危险建筑而封闭、停止开放。仔细观察塔身的裂缝，发现一个规律，塔身的东北方向为垂直裂缝，塔身的西南面却是水平裂缝。

2）事故原因分析

经勘察，虎丘山是由火山喷发和造山运动形成，为坚硬的凝灰岩和晶屑流纹岩。山顶岩面倾斜，西南高，东北低。虎丘塔地基为人工地基，由大块石组成，块石最大粒径达 1000mm。人工块石填土层厚 1～2m，西南薄，东北厚。下为粉质黏土，呈可塑至软塑状态，也是西南薄，东北厚。底部即为风化岩石和基岩。塔底层直径 13.66m 范围内，覆盖层厚度西南为 2.8m，东北为 5.8m，厚度相差 3.0m，这是虎丘塔发生倾斜的根本原因。此外，南方多暴雨，源源不断的雨水渗入地基块石填土层，冲走了块石之间的细粒土，形成很多空洞，这是虎丘塔发生倾斜的重要原因。再加上在十年"文革"期间，虎丘公园无人管理，树叶堵塞虎丘塔周围排水沟，大量雨水下渗，加剧了地基的不均匀沉降，危及塔身安全。

另外，从虎丘塔结构设计上看也有很大缺点，它没有做扩大的基础，砖砌塔身垂直向下砌八皮砖，即埋深仅 0.5m，直接置于上述块石填土人工地基上。估算塔重 63000kN，则地基单位面积压力高达 435kPa，超过了地基承载力。塔倾斜后，使东北部位应力集中，超过砖体抗压强度而压裂。

5.1 概　　述

建筑物下的地基土在附加应力作用下，会产生附加的变形，这种变形通常表现为土体积的缩小，这种在外力作用下土体积缩小的特性称为土的压缩性。不少事故例如建筑倾斜、下沉、基础断裂、墙体开裂等，都是由于土的压缩性引起地基严重沉降或不均匀沉降造成的。

例如，墨西哥首都的墨西哥城艺术宫，是一座巨型的具有纪念性的早期建筑，于 1904 年落成，至今已有 100 余年的历史。此建筑物为地基沉降最严重的典型实例之一，如图 5.2 所示。墨西哥城四面环山，古代原是一个大湖泊，因周围火山喷发的火山岩沉积和湖水蒸发，经漫长年代，湖水干涸形成。地表层为人工填土与砂夹卵石硬壳层，厚度为 5m；其下为超高压缩性淤泥，天然孔隙比 e 高达 7～12，天然含水率 ω 高达 150%～600%，为世界罕见的软土层，厚度达 25m。因此这座艺术宫严重下沉，沉降量竟高达 4m。临近的公路下沉 2m，公路路面至艺术宫门前高差达 2m。参观者需步下 9 级台阶，才能从公路进入艺术宫。

墨西哥城艺术宫的下沉量为一般房屋一层楼有余，造成室内外连接困难和交通不便，内外网管道修理工程量增加。对于土体产生压缩的原因可以从两方面考虑。在外因上，建筑物荷载作用是主要因素。在内因上，主要是由于地基土是由土颗粒、水和气体组成的三相体系，其变形又与其他土木工程材料的变形有着本质的差别，土的压缩量通常由三部分组成：①固体土颗粒被压缩；②土中水及封闭气体被压缩；③水和气体从孔隙中排出。试

图 5.2 墨西哥城艺术宫

验研究表明，在一般压力（100～600kPa）作用下，固体颗粒和水的压缩量与土体的压缩总量之比是微不足道的，可以忽略不计。所以土的压缩是指土中水和气体从孔隙中排出，土中孔隙体积缩小。与此同时，土颗粒产生相对滑动，重新排列，土体变得更密实。

对于饱和土来说，土体的压缩变形主要是孔隙水的排出。而孔隙水排出的快慢受到土体渗透特性的影响，从而决定了土体压缩变形的快慢。在荷载作用下，透水性大的饱和无黏性土，孔隙水排出很快，其压缩过程短。透水性小的饱和黏性土，因为土中水沿着孔隙排出的速度很慢，其压缩过程所需时间较长才能稳定。由附加应力产生的超静孔隙水压力逐渐消散，孔隙水逐渐排出，土体压缩随时间增长的过程称为土的固结。

在建筑物荷载作用下，由压缩引起的地基的竖向位移称为地基沉降。在土木工程建设中，因地基沉降量或不均匀沉降量过大而影响建筑物或结构物正常使用甚至造成工程事故的例子屡见不鲜。地基沉降问题是岩土工程的基本课题之一。研究地基的沉降变形，主要是解决两方面的问题：一是确定总沉降量的大小，即最终沉降量；二是确定沉降变形与时间的关系，即某一时刻完成的沉降量是多少，或达到某一沉降量需要多长时间。

研究土的压缩性是进行地基沉降计算的前提，本章将从土的压缩试验开始，主要学习土的压缩特性和压缩指标、计算最终沉降量的实用方法和太沙基一维固结理论等内容。

5.2 土的压缩试验及压缩性指标

5.2.1 室内压缩试验与压缩性指标

室内侧限压缩试验（也称固结试验）是研究土的压缩性的最基本方法，该试验方法简单方便，费用较低，被广泛采用。固结试验所用到的仪器设备主要是固结容器、加压设备和量测设备组成的固结仪，如图 5.3 所示为试验装置压缩仪（也称固结仪）的简图。压缩试验时，用金属环刀切取土样，常用的环刀内径通常有 6.18cm 和 8cm 两种，相应的截面积为 30cm² 和 50cm²，高度均为 2cm；将土样连同环刀一起放入压缩仪内，上下各垫一块透水石，土样受压后能够自由排水。由于金属环刀和刚性护环的限制，土样在压力作用下只发生竖向压缩变形，而无侧向变形。试验时，分级施加竖向压力，常规压缩试验的加荷等级 p 为：50kPa、100kPa、200kPa、300kPa、400kPa。在每级荷载作用下使土样变形至稳定后施加下一级载荷，用百分表测出土样稳定后的变形量 ΔH。

根据上述压缩试验得到的 $\Delta H - p$ 关系，可以得到土样相应的孔隙比与加荷等级之间的 $e - p$ 关系。设土样的初始高度为 H_0，受压后土样的高度为 H，在荷载 p 作用下土样稳定后的总压缩量为 ΔH，假设土粒体积 $V_s = 1$（不变），根据土的孔隙比的定义，则受压前后土孔隙体积 V_v 分别为 e_0 和 e，如图 5.4 所示。

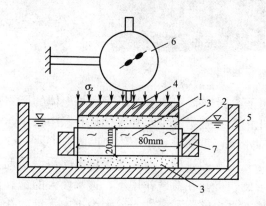

图 5.3　压缩仪压缩容器简图　　　　图 5.4　压缩试验中土样孔隙比的变化

1—试样；2—环刀；3—透水石；4—传压板；
5—水槽；6—量力环；7—内环

利用受压前后土粒体积不变和土样横截面面积不变的两个条件。再根据荷载作用下土样压缩稳定后的总压缩量 ΔH 可求出相应的孔隙比 e 的计算公式：

$$\frac{H_0}{1+e_0}=\frac{H}{1+e}=\frac{H_0-\Delta H}{1+e} \tag{5-1}$$

得到

$$e=e_0-\frac{\Delta H}{H_0}(1+e_0) \tag{5-2}$$

式中：e_0——土的初始孔隙比，可由土的三个基本实验指标求得，即 $e_0=G_s(1+\omega_0)\rho_w/\rho_0-1$，

　　　　其中 G_s、ω_0、ρ_0、ρ_w 分别为土粒比重、初始含水量、初始密度和水的密度。

这样，只要测定了土样在各级压力 p 作用下的稳定变形量 ΔH 后，就可按式（5-2）算出相应的孔隙比 e，从而可以绘制出的 $e - p$ 曲线及 $e - \lg p$ 曲线等。如图 5.5 所示给出了两条典型的软黏土和密实砂土的压缩曲线。

1）$e - p$ 曲线及有关指标

评价土体压缩性以及计算地基沉降通常有如下指标。

（1）压缩系数 a。由图 5.5(a) 可以看出，$e - p$ 曲线初始较陡，土的压缩量大，而后曲线逐渐平缓，土的压缩量也随之减小，这是因为随着孔隙比的减小，土的密实度增加到一定程度后，土粒移动越来越困难，压缩量也就减小的缘故。不同土类压缩曲线的形态是有差别的，由于软黏土的压缩性大，当发生压力变化 Δp 时，则相应的孔隙比的变化 Δe 也大，因而曲线就比较陡；而密实砂土的压缩性小，当发生相同压力变化 Δp 时，相应的孔

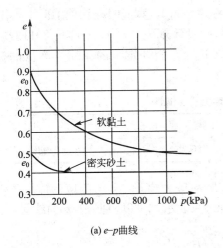

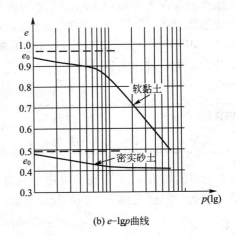

(a) e-p曲线   (b) e-lgp曲线

图 5.5 土的压缩曲线

隙比的变化 Δe 就小，因而曲线比较平缓。曲线的斜率反映了土压缩性的大小。因此，可以利用曲线上任一点的切线斜率 a 来表示相应于压力 p 作用下的压缩性：

$$a = -\frac{\mathrm{d}e}{\mathrm{d}p} \tag{5-3}$$

式中负号表示随着压力 p 的增加，孔隙比 e 逐渐减小。实用上，一般研究土中某点由原来的自重应力 p_1 增加到外荷载作用下土中的应力 p_2（自重应力与附加应力之和）这一压力范围的土的压缩性。当压力变化范围不大时，可将压缩曲线上相应的一段 $M_1 M_2$ 用直线来代替，如图 5.6 和图 5.7 所示。用割线的斜率来表示土在这一段压力范围的压缩性。设割线与横坐标的夹角为 β，则：

$$a = \tan\beta = \frac{\Delta e}{\Delta p} = \frac{e_1 - e_2}{p_2 - p_1} \tag{5-4}$$

式中：a——压缩系数（MPa^{-1}）；

p_1——一般指地基某深度处竖向自重应力（kPa）

p_2——地基某深度处自重应力与附加应力之和（kPa）；

e_1——相应于 p_1 作用下压缩稳定后土的孔隙比；

e_2——相应于 p_2 作用下压缩稳定后土的孔隙比。

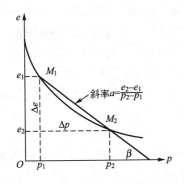

图 5.6 e-p 曲线确定压缩系数

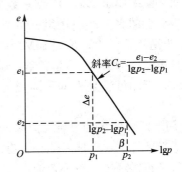

图 5.7 e-$\lg p$ 曲线确定压缩指数

压缩系数是评价地基土压缩性高低的重要指标之一，其值与土所受初始压力大小及其压力变化范围有关。为了统一标准，《建筑地基基础设计规范》(GB 50007—2011)规定采用 $p_1=0.1$MPa，$p_2=0.2$MPa 所得到的压缩系数 a_{1-2} 作为评定土的压缩性高低的标准，并将土分为 3 类，具体内容见表 5-1 所示。

表 5-1　压缩系数评定土的压缩性

压缩系数 (MPa^{-1})	$a_{1-2}<0.1$	$0.1 \leqslant a_{1-2}<0.5$	$a_{1-2} \geqslant 0.5$
类型	低压缩性土	中压缩性土	高压缩性土

（2）压缩模量 E_s。土在完全侧限的条件下，竖向应力增量 Δp 与相应的应变增量 $\Delta \varepsilon$ 的比值，称为侧限压缩模量，简称压缩模量，用 E_s 来表示，可以根据 e-p 曲线得到。

$$E_s = \frac{\Delta p}{\Delta \varepsilon} = \frac{\Delta p}{\Delta H/H_1} \tag{5-5}$$

式中：E_s——侧限压缩模量，MPa。

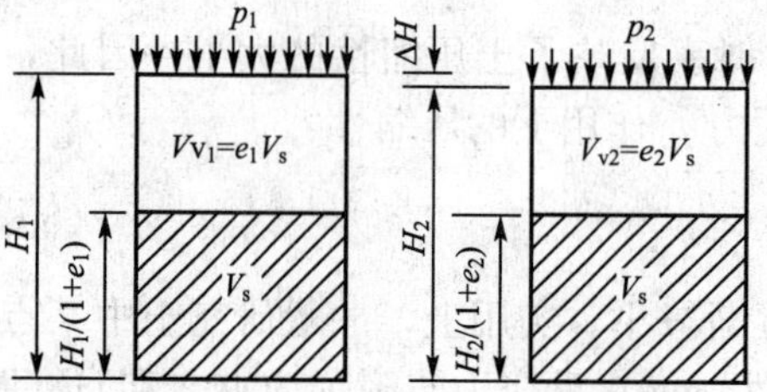

在无侧向变形，即横截面积不变的情况下，同样根据土粒所占高度不变的条件，ΔH 可用相应的孔隙比的变化 $\Delta e = e_1 - e_2$ 来表示（图 5.8）：

图 5.8　侧限条件下土样高度变化与孔隙比变化的关系

$$\frac{H_1}{1+e_1} = \frac{H_2}{1+e_2} = \frac{H_1 - \Delta H}{1+e_2} \tag{5-6}$$

得到

$$\Delta H = \frac{e_1 - e_2}{1+e_1} H_1 = \frac{\Delta e}{1+e_1} H_1 \tag{5-7}$$

由于 $\Delta e = a \Delta p$，代入式（5-7）得

$$\Delta H = \frac{a \Delta p}{1+e_1} H_1 \tag{5-8}$$

将式（5-8）代入式（5-5）得侧限条件下土的压缩模量为：

$$E_s = \frac{\Delta p}{\Delta H/H_1} = \frac{1+e_1}{a} \tag{5-9}$$

土的压缩模量 E_s，是土的压缩性指标的又一种表述，其单位为 kPa 或 MPa。由式（5-9）可知，压缩模量 E_s 与压缩系数成反比，E_s 越大，a 就越小，土的压缩性越低，反之则土的压缩性越高。所以压缩模量 E_s 也具有划分土压缩性高低的功能。一般认为，$E_s<4$MPa，为高压缩性土；$E_s>15$MPa，为低压缩性土；$E_s=4\sim15$MPa 时，属于中压缩性土。而且压缩模量 E_s 也不是常数，随着压力的大小而变化。因此，在运用到沉降计算中时，比较合理的做法是根据实际竖向应力的大小在压缩曲线上取相应的值计算这些指标。

2）土的侧限回弹曲线和再压缩曲线

在某些工况条件下，土体可能在受荷载压缩后又卸载，或反复多次地加载卸载，比如深基坑开挖后修建建筑物、拆除老建筑后在原址上建造新建筑等。当需要考虑现场的实际加卸载情况对土体变形的影响时，应进行土的回弹再压缩试验。

在室内侧限压缩试验中连续递增加压，得到了常规的压缩曲线，现在如果加压到某一值 p_i（图5.9中 $e-p$ 曲线上的 b 点）后不再加压，而是逐级进行卸载，土样将发生回弹，土体膨胀，孔隙比增大，若测得回弹稳定后的孔隙比，则可绘制相应的孔隙比与压力的关系曲线（图5.9中虚线 bc），称为回弹曲线。

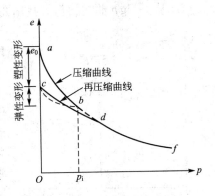

图 5.9　土的回弹和再压缩曲线

由图5.9可见，不同于一般的弹性材料的是，卸载后的回弹曲线 bc 并不沿压缩曲线 ab 回升，而要平缓得多，这说明土受压缩发生变形，卸载回弹，但变形不能全部恢复，其中可恢复的部分称为弹性变形，不能恢复的称为塑性变形，而土的压缩变形以塑性变形为主。

若接着重新逐级加压，则可测得土样在各级荷载作用下再压缩稳定后的孔隙比，相应地可绘制出再压缩曲线（图5.9中 cdf 段）。可以发现其中 df 段像是 ab 段的延续，犹如期间没有经过卸载和再压的过程一样，在半对数曲线上同样可以看到这种现象。

土在卸载再压缩过程中所表现的特性应在工程实践中引起足够的重视，例如高层建筑基础，往往其基础底面和埋置深度都较大，开挖深基坑后，地基受到较大的减压（应力解除）作用，因而发生土的膨胀，造成坑底回弹。

3）室内压缩试验 $e-\lg p$ 曲线及有关指标

当采用半对数的直角坐标来绘制室内侧限压缩试验 $e-p$ 关系时，就得到了 $e-\lg p$ 曲线［图5.5(b)］，从图中可以看出，在压力较大部分，$e-\lg p$ 关系接近直线，这是这种表示方法区别于 $e-p$ 曲线的独特的优点。它通常用来整理有特殊要求的试验，试验时以较小的压力开始，采用小增量多级加载，并加到较大的荷载为止，一般为12.5kPa、25kPa、50kPa、100kPa、200kPa、400kPa、800kPa、1600kPa、3200kPa。同样土的回弹在压缩曲线也可绘制成 $e-\lg p$ 曲线。

（1）压缩指数 C_c。将图5.7中 $e-\lg p$ 曲线直线段的斜率用 C_c 来表示，称为压缩指数，为无量纲量：

$$C_c = \frac{e_1 - e_2}{\lg p_2 - \lg p_1} \tag{5-10}$$

压缩指数 C_c 与压缩系数 a 不同，a 值随压力变化而变化，而 C_c 值在压力较大时为常数，不随压力变化而变化。C_c 越大，土的压缩性越高。一般认为，当 $C_c < 0.2$ 时，属低压缩性土；$C_c = 0.2 \sim 0.4$ 时，属中压缩性土；$C_c > 0.4$ 时，属高压缩性土。国外广泛采用 $e-\lg p$ 曲线来分析研究应力历史对土压缩性的影响。

（2）前期固结压力。试验表明，在图5.7中的 $e-\lg p$ 曲线上，对应于曲线段过渡到直线段的某拐弯点的压力值是土层历史上所曾经承受过的最大的固结压力，也就是土体在固结过程中所受的最大有效应力，称为前期固结压力，用 p_c 表示，它是一个非常重要的量和概念，是了解土层应力历史的重要指标。

确定前期固结压力 p_c 应利用高压固结试验成果，用 $e-\lg p$ 曲线表示。常用的方法是卡萨格兰德(Cassagrande，1936)建议的经验作图法，作图步骤如下（图5.10）。

① 从 $e\text{-}\lg p$ 曲线拐弯处找出曲率半径最小的点 A，过 A 点作水平线 $A1$ 和切线 $A2$。

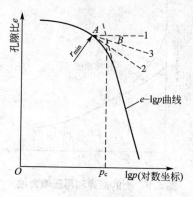

② 作 $\angle A1A2$ 的平分线 $A3$，与 $e\text{-}\lg p$ 曲线中直线段的延长线相交于 B 点。

③ B 点所对应的有效应力即为前期固结压力 p_c。

图 5.10　确定前期固结压力
p_c 的卡萨格兰德法

值得注意的是，采用这种方法确定前期固结压力，仅适用于 $e\text{-}\lg p$ 曲线的曲率变化明显的土层，对于扰动严重的土层，由于曲线的曲率不甚明显，不太适用该方法确定前期固结压力 p_c。另外，p_c 值的精度取决于曲率最大的 A 点的正确选择，而曲线曲率随着纵坐标选用比例的变化而变化，再加上人为的目测也难以准确确定 A 点的位置，这些因素导致作图法得到的 p_c 值不一定可靠。因此要准确地确定 p_c 值，还需要结合土层形成的历史资料，加以综合分析。

通常将地基土中土体的前期固结压力 p_c 与现有土层自重应力 p_0（即自重作用下固结稳定的有效竖向应力）进行对比，把天然土层划分为正常固结土、超固结土和欠固结土三种类型，并用超固结比 $OCR = p_c / p_0$ 来判断。

① 正常固结土。指的是土层逐渐沉积到现在地面上，经历了漫长的地质年代，在历史上最大固结压力作用下压缩稳定，沉积后土层厚度无大变化，以后也没有受到过其他荷载的继续作用的情况，即 $OCR = 1$。

② 超固结土。覆盖土层在历史上本来是相当厚的覆盖沉积层，且在本身自重作用下也已达到固结稳定状态，后来由于流水或冰川等的剥蚀作用而形成现在的地表，因此前期固结压力超过了现有的土自重应力，即 $OCR > 1$。

③ 欠固结土。土层历史上曾在自重应力 p_c 作用下压缩稳定，固结完成，后来由于某种原因使土层继续沉积或加载，形成目前大于 p_c 的自重压力，如新近沉积黏性土、人工填土等，由于沉积的时间短，在现有自重作用下压缩固结尚未完成，土层处于欠固结状态，即 $OCR < 1$。

5.2.2　现场载荷试验与变形模量

测定土的压缩性指标，除了可从上面介绍的室内侧限压缩试验获得之外，还可以通过现场原位试验取得。如在浅层土中进行静荷载试验，可得变形模量；在现场进行旁压试验或触探试验，都可以间接确定土的模量。现场静载荷试验是一种重要且常用的原位测试方法。

1）载荷试验

静载荷试验是通过承压板，把施加的荷载传到地层中，通过试验所测得的地基沉降（或土的变形）与压力之间近似的比例关系，从而利用地基沉降的弹性力学公式来反算土的变形模量及地基承载力。其试验装置一般包括 3 部分：加荷装置、提供反力装置和沉降量测装置。其中加荷装置包括载荷板、垫块及千斤顶等；根据提供反力装置不同来分类，载荷试验主要有地锚反力架法及堆重平台反力法两类（图 5.11），前者将千斤顶的反力通过地锚最终传至地基中去，后者通过平台上的堆重来平衡千斤顶的反力；沉降量测装置包括百分表、基准短桩和基准梁等。

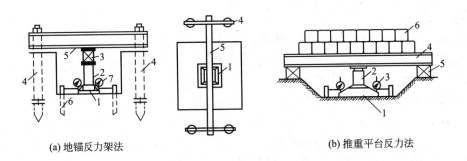

(a) 地锚反力架法　　　　　　　　　　(b) 推重平台反力法

图 5.11　地基载荷试验装置示意图

1—承压板；2—垫块；3—千斤顶；4—地锚；5—横梁；6—基准桩；7—百分表

1—承压板；2—千斤顶；3—百分表；4—平台；5—枕木；6—堆重

　　载荷试验一般在坑内进行，《建筑地基基础设计规范》（GB 50007—2011）中规定承压板的底面积宜为 $0.25\sim0.50\text{m}^2$，对软土及人工填土则不应小于 0.50m^2（正方形边长 $0.707\text{m}\times0.707\text{m}$ 或圆形直径 0.798m）。同时，为模拟半空间地基表面的局部荷载，基坑宽度不应小于承压板宽度或直径的 3 倍。

　　试验时，通过千斤顶逐级给载荷板施加荷载，每加一级荷载到 p，观测记录沉降随时间的发展以及稳定时的沉降量 s，直至加到终止加载条件满足时为止。载荷试验所施加的总荷载，应尽量接近预计地基极限荷载 p_u。将上述试验得到的各级荷载与相应的稳定沉降量绘制成 $p\text{-}s$ 曲线，如图 5.12 所示，此外通常还进行卸荷试验，并进行沉降观测，得到图中虚线所示的回弹曲线，这样就可以知道卸荷时的回弹变形（即弹性变形）和塑性变形。

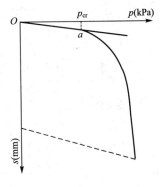

图 5.12　载荷试验 $p\text{-}s$ 曲线

　　2）变形模量

　　土的变形模量是指土体在无侧限条件下的应力与应变的比值，并以符号 E_0 表示，E_0 值的大小可由载荷试验结果求得，变形模量也是反映土的压缩性的重要指标之一。在 $p\text{-}s$ 曲线上，当荷载小于某数值时，荷载 p 与载荷板沉降 s 之间往往呈直线关系，在 $p\text{-}s$ 曲线的直线段或接近于直线段上任选一压力 p 和它对应的沉降 s，利用弹性力学公式可反求出地基的变形模量：

$$E_0=\omega(1-\mu^2)\frac{pb}{s} \tag{5-11}$$

式中：E_0——土的变形模量（MPa）；

　　　　p——直线段的荷载强度（kPa）；

　　　　s——相应于载荷 p 作用下的载荷板下沉量（mm）；

　　　　b——承压板的宽度或直径（mm）；

　　　　μ——土的泊松比，砂土可取 $0.2\sim0.25$，黏性土可取 $0.25\sim0.45$；

　　　　ω——沉降影响系数，方形承压板取 0.88，圆形承压板取 0.79。

5.2.3 弹性模量

弹性模量的定义是指正应力 σ 与弹性正应变 ε_d 的比值，通常用 E 来表示。而土的弹性模量是指土体在无侧限条件下瞬时压缩的正应力 σ 与弹性（即可恢复）正应变 ε_d 的比值。

弹性模量的概念在实际工程中有一定的意义。许多土木工程构筑物对地基施加的荷载并不一定都是静止或恒定的，比如桥梁或道路地基受行驶车辆荷载的作用，高耸结构物受风荷载作用，还有在建筑物在地震力作用下与地基的相互作用等这些动荷载作用下，在计算地基土的变形时，如果采用压缩模量或变形模量作为计算指标，将会得到与实际情况不符的偏大结果，其原因是冲击荷载或反复荷载每一次作用的时间短暂，在很短的时间内土体中的孔隙水来不及排出或不完全排出，土的体积压缩变形来不及发生，这样荷载作用结束后，发生的大部分变形可以恢复，呈现弹性变形的特征，这就需要有一个能反映土体弹性变形特征的指标，以便使相关计算更合理。

一般采用三轴仪进行三轴重复压缩试验，得到的应力应变曲线上的初始切线模量 E_i 或再加荷模量 E_r 作为弹性模量。试验方法如下：①采用取样质量好的不扰动土样，在三轴仪

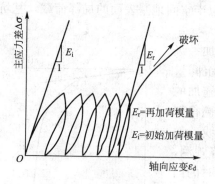

图 5.13 室内三轴压缩试验
确定土的弹性模量

中进行固结，所施加的固结压力 σ_3 各向相等，其值取试样在现场条件下的有效自重应力。固结后在不排水的条件下施加轴向压力 $\Delta\sigma$（这样试样所受的轴向压力 $\sigma_1 = \sigma_3 + \Delta\sigma$）。②逐渐在不排水条件下增大轴向压力达到现场条件下的压力（$\Delta\sigma = \sigma_z$），然后减压至零。这样重复加荷、卸荷若干次，如图 5.13 所示，便可测得初始切线模量 E_i，并测得每一循环在最大轴向压力一半时的切线模量，一般加荷、卸荷 5～6 个循环后这种切线模量趋近于一稳定的再加荷模量 E_r。用再加荷模量 E_r 计算的初始（瞬时）沉降与根据建筑物实测瞬时沉降所确定的值比较一致。

5.2.4 变形指标间的关系

压缩模量、变形模量和弹性模量是反映土体压缩性的三种模量，三种模量间的关系如下。

（1）压缩模量是根据室内压缩试验时土样在侧限条件下得到的，它的定义是土在完全侧限的条件下，竖向正应力与相应的变形稳定情况下正应变的比值。

（2）变形模量是土在侧向自由膨胀（无侧限）条件下竖向应力与竖向应变的比值，竖向应变中包含弹性应变和塑性应变。变形模量可以由现场静载荷试验或旁压试验测定。该参数可用于弹性理论方法对最终沉降量进行估算，但不及压缩模量应用普遍。

（3）弹性模量指正应力与弹性正应变的比值，其值测定可通过室内三轴试验获得。该参数常用于用弹性理论公式估算建筑物的初始瞬时沉降。

根据上述三种模量的定义可看出：压缩模量和变形模量的应变为总的应变，既包括可恢复的弹性应变，又包括不可恢复的塑性应变；而弹性模量的应变只包含弹性应变。

根据材料力学理论可得变形模量与压缩模量的关系：

$$E_0 = \left(1 - \frac{2\mu^2}{1-\mu}\right)E_s = \beta E_s \qquad (5-12)$$

式中：β——小于 1.0 的系数，由土的泊松比 μ 确定。

式(5-12)是 E_0 与 E_s 的理论关系，由于各种试验因素的影响，实际测定的 E_0 与 E_s 往往不能满足这种理论关系。对于硬土，E_0 可能较 βE_s 大数倍，对于软土，二者比较接近。

值得注意的是，土的弹性模量要比变形模量、压缩模量大得多，可能是它们的十几倍或者更大，这也是为什么在计算动荷载引起的地基变形时，用弹性模量计算的结果比用后两者计算的结果小很多的原因，而用变形模量或压缩模量解决此类问题往往会算出比实际变形大得多的结果。

5.3 地基最终沉降实用计算方法

5.3.1 概述

地基最终沉降量是指地基土在建筑荷载作用下，不断产生压缩，直至压缩稳定时地基表面的沉降量。计算地基沉降的目的，是建筑设计中，预知该建筑物建成后将产生的最终沉降量、沉降差、倾斜以及局部倾斜，并判断这些地基变形是否超出允许的范围，以便在建筑物设计时，为采取相应的工程措施提供科学依据，保证建筑物的安全。

本节主要介绍国内常用的几种沉降计算方法：分层总和法、应力面积法、弹性理论方法和考虑应力历史影响的方法。最后简要介绍饱和黏性土地基沉降与时间的关系。

5.3.2 分层总和法计算最终沉降量

分层总和法假定地基土为直线变形体，在外荷载作用下的变形只发生在有限厚度的范围内(即压缩层)，将压缩层厚度内的地基土分为若干层，分别求出各分层地基的应力，然后用土的应力-应变关系式求出各分层的变形量，如图5.14所示，最后把每一分层土的压缩变形量进行叠加作为地基的最终沉降量。分层总和法是最常用的一种最终沉降量计算方法。

为了应用第4章附加应力计算公式和室内侧限压缩试验指标，分层总和法特作如下假设。

(1) 地基土是均质、各向同性的半无限线性体。

(2) 地基土在外荷载作用下，只产生竖向变形，侧向不发生膨胀变形。

(3) 采用基底中心点下的附加应力计算地基变形量。

分层总和法的计算方法和步骤如下。

(1) 按比例绘制地基和基础剖面图。

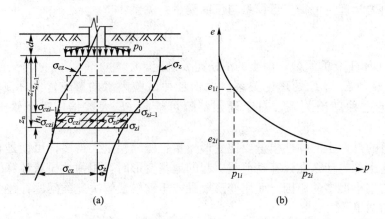

图 5.14 分层总和法计算地基最终沉降量

（2）地基土分层。分层的厚度通常为基底宽度的 0.4 倍，但成层土的层面（不同土层的压缩性及重度不同）及地下水面（水位面上下土的有效重度不同）是必然的分层界面。

（3）计算各分层界面处的自重应力和附加应力，地下水位以下一般按有效重度计算，计算结果分别绘于基础中心线的左侧与右侧。

（4）确定地基沉降计算深度（即压缩层的厚度）。沉降计算深度是指由基础底面向下计算地基压缩变形所要求的深度。沉降计算深度以下地基中的附加应力已很小，其下土的压缩变形可以忽略不计，一般取地基附加应力等于自重应力的 20%（$\sigma_z = 0.2\sigma_{cz}$）深度处作为沉降计算深度的限值；对高压缩性土，则取地基附加应力等于自重应力的 10%（$\sigma_z = 0.1\sigma_{cz}$）深度处作为沉降计算深度的限值。

（5）计算各分层土的平均自重应力 $\bar{\sigma}_{czi} = (\sigma_{czi-1} + \sigma_{czi})/2$ 和平均附加应力 $\bar{\sigma}_{zi} = (\sigma_{zi-1} + \sigma_{zi})/2$。取 $p_{1i} = \bar{\sigma}_{czi}$，$p_{2i} = \bar{\sigma}_{czi} + \bar{\sigma}_{zi}$。

（6）计算各分层的压缩量

$$\Delta s_i = \varepsilon_i H_i = \frac{\Delta e_i}{1 + e_i} H_i = \frac{e_{1i} - e_{2i}}{1 + e_i} H_i \qquad (5-13a)$$

$$= \frac{\alpha_i (p_{2i} - p_{1i})}{1 + e_i} H_i \qquad (5-13b)$$

$$= \frac{\Delta p_i}{E_{si}} H_i \qquad (5-13c)$$

式中：ε_i——第 i 分层土的平均压缩应变；

H_i——第 i 分层土的厚度；

e_{1i}——对应于第 i 分层土上下层面自重应力值的平均值 $p_{1i} = \dfrac{\sigma_{c(i-1)} + \sigma_{ci}}{2}$ 从土的压缩曲线上得到的孔隙比；

e_{2i}——对应于第 i 分层土自重应力值的平均值 p_{1i} 与上下层面附加应力值的平均值 $\Delta p_i = \dfrac{\sigma_{z(i-1)} + \sigma_{zi}}{2}$ 之和（$p_{2i} = p_{1i} + \Delta p_i$）从土的压缩曲线上得到的孔隙比；

α_i——第 i 分层对应于 $p_{1i} \sim p_{2i}$ 段的压缩系数；

E_{si}——第 i 分层对应于 $p_{1i} \sim p_{2i}$ 段的压缩模量。

根据已知条件，具体可选用(5-13a)、(5-13b)和(5-13c)中的公式一个进行计算。

(7) 计算基础的总沉降量

$$s = \sum_{i=1}^{n} \Delta s_i \tag{5-14}$$

例 5.1 某建筑物基础底面积为正方形，边长 $l=b=4.0\text{m}$。上部结构传至基础顶面荷载 $P=1440\text{kN}$。基础埋深 $d=1.0\text{m}$。地基为黏土，土的天然重度 $\gamma=16\text{kN/m}^3$。地下水位深度 3.4m。水下饱和重度 $\gamma_{sat}=18.2\text{kN/m}^3$。土的压缩试验结果，$e$-$p$ 曲线，如图 5.15(b)所示。试计算基础底面中点的沉降量。

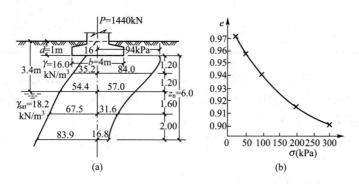

图 5.15　例 5.1 示意图

解：(1) 绘制基础剖面图与地基土的剖面图，如图 5.15(a)所示。

(2) 地基沉降计算分层。计算层每层厚度 $h_i \leqslant 0.4b=1.6\text{m}$。地下水位以上 2.4m 分两层，各 1.2m；第三层 1.6m；第四层以下因附加应力很小，均可取 2.0m。

(3) 计算地基土的自重应力。

基础底面

$$\sigma_{cd} = \gamma d = 16 \times 1 = 16 \text{kPa}$$

地下水面处

$$\sigma_{cw} = 3.4\gamma = 16 \times 3.4 = 54.4 \text{kPa}$$

地下水面以下因土质均质，自重应力线性分布，故任取一点计算：

取地面下 8m 处

$$\sigma_{cs} = 3.4\gamma + 4.6\gamma = 54.4 + 4.6 \times 8.2 = 92.1 \text{kPa}$$

把自重应力分布线绘于基础轴线左侧。

(4) 计算地基土的附加应力。基础底面接触压力，设基础的重度 $\gamma_G = 20\text{kN/m}^3$，则

$$p = \frac{P}{l \times b} + \gamma_G d = \frac{1440}{4 \times 4} + 20 \times 1 = 110.0 \text{kPa}$$

基础底面附加应力

$$p_0 = p - \gamma d = 110.0 - 16.0 = 94.0 \text{kPa}$$

地基中的附加应力计算，基础底面为正方形，用角点法计算，分成相等的四小块，计算边长 $l=b=2.0\text{m}$。附加应力 $\sigma_c = 4\alpha_c p_0$ 其中应力系数 α_c 可查表获得，列表计算见表 5-2，并把附加应力绘于基础中心线的右侧。

表 5 - 2 附加应力计算

深度 z (m)	l/b	z/b	应力系数 α_c	附加应力 $\sigma_c = 4\alpha_c p_0$ (kPa)
0	1.0	0	0.250	94.0
1.2	1.0	0.5	0.223	83.8
2.4	1.0	1.2	0.152	57.2
4.0	1.0	2.0	0.084	31.6
6.0	1.0	3.0	0.045	16.9
8.0	1.0	4.0	0.027	10.2

（5）地基压缩计算深度 z_n。由图 5.15(a)中自重应力分布与附加应力分布两条曲线，寻找 $\sigma_z = 0.2\sigma_{cz}$ 的深度 z。当深度 $z = 6.0$m 时，$\sigma_z = 16.9$kPa，$\sigma_{cz} = 83.9$kPa，$\sigma_z \approx 0.2\sigma_{cz} = 16.9$kPa。故受压层深度取 $z_n = 6.0$m。

（6）地基沉降计算。可利用土的压缩曲线计算各分层沉降：根据图 5.15(b)中地基土的压缩曲线并进行计算。

以第二层土为例计算如下：

平均自重应力

$$\bar{\sigma}_{cz2} = (\sigma_{cz1} + \sigma_{cz2})/2 = (35.2 + 54.4)/2 = 44.8\text{kPa}$$

平均附加应力

$$\bar{\sigma}_{z2} = (\sigma_{z1} + \sigma_{z2})/2 = (83.8 + 57.2)/2 = 70.5\text{kPa}$$

$$p_1 = \bar{\sigma}_{czi} = 44.8\text{kPa}$$

$$p_2 = \bar{\sigma}_{cz2} + \bar{\sigma}_{z2} = 44.8 + 70.5 = 115.3\text{kPa}$$

在图 5.15(b)所示的压缩曲线中，由 $p_1 = 44.8$kPa 查得对应孔隙比 $e_1 = 0.960$；由 $p_2 = 115.3$kPa 查得对应孔隙比 $e_2 = 0.936$，则该层土的沉降量为

$$s_2 = \frac{e_1 - e_2}{1 + e_1}h_2 = \left(\frac{0.960 - 0.936}{1 + 0.960}\right) \times 1200 = 14.64\text{mm}$$

其他各层土的沉降量计算如表 5 - 3 所示。

表 5 - 3 地基沉降计算

土层编号	土层厚度 h_i (m)	平均自重应力 $\bar{\sigma}_{czi}$ (kPa)	平均附加应力 $\bar{\sigma}_{zi}$ (kPa)	$p_{2i} = \bar{\sigma}_{czi} + \bar{\sigma}_{zi}$ (kPa)	由 $p_{1i} = \bar{\sigma}_{czi}$ 查 e_1	由 p_{2i} 查 e_2	分层沉降量 s_i (mm)
1	1200	25.6	88.9	114.5	0.970	0.937	20.16
2	1200	44.8	70.5	115.3	0.960	0.936	14.64
3	1600	61.0	44.4	105.4	0.954	0.940	11.46
4	2000	75.7	24.3	100.0	0.948	0.941	7.18

（7）基础中点的总沉降量

$$s = \sum_{i=1}^{n} s_i = 20.16 + 14.64 + 11.46 + 7.18 \approx 53.4 \text{ mm}$$

此方法的优缺点：

① 缺点：分层总和法是用弹性理论求算地基中的竖向应力 σ_z，用单向压缩的 e-p 曲线求变形，这与实际地基受力情况有出入；对于变形指标，其试验条件决定了指标的结果，而使用中的选择又影响到计算结果；压缩层厚度的确定方法没有严格的理论依据，是半经验性的方法，其正确性只能从工程实测得到验证，研究表明，不同确定压缩层厚度的方法，使计算结果相差 10% 左右；利用该法计算结果，对坚实地基其结果偏大，对软弱地基其结果偏小，对中等地基误差较小；需分别计算自重应力和附加应力，计算工作量大。

② 优点：适用于各种成层土和各种荷载的沉降计算；分层计算时，物理概念明确，容易理解；压缩指标 a、E_s 等通过压缩试验易确定。

5.3.3　应力面积法计算最终沉降量

应力面积法是以分层总和法的思想为基础，也采用侧限条件的压缩性指标，但运用了地基平均附加应力系数计算地基最终沉降量的方法，该方法确定地基沉降计算深度 z_n 的标准也不同于前面介绍的分层总和法，并引入沉降计算经验系数，使得计算结果比分层总和法更接近于实测值。应力面积法是《建筑地基基础设计规范》（GB 50007—2011）所推荐的地基最终沉降量计算方法，习惯上称为规范法。

在已介绍的分层总和法中，由于应力扩散作用，每一薄分层上下分界面处的应力实际是不相等的，但在应用室内压缩试验指标时，近似地取其上下分界面处的应力平均值来作为该分层内应力的计算值。这样的处理显然是为了简化计算，但是当分层厚度较大时，导致计算结果的误差也会加大。为提高计算精度，不妨设想把分层的厚度取到足够小：$h_i \rightarrow 0$，则每分层上下界面处附加应力 $\sigma_{zi} \approx \sigma_{zi-1}$，进而有 $\bar{\sigma}_{zi} \rightarrow \sigma_{zi}$，根据式（5-13）和式（5-14）知：

$$s' = \sum_{i=1}^{n} \frac{\bar{\sigma}_{zi}}{E_{si}} h_i \tag{5-15}$$

这里用了 s' 表示未考虑经验修正的压缩沉降量，以便和应力面积法经过经验修正后的最终沉降量 s 相区别。根据定积分的定义，若假设地基土层均质、压缩模量 E_{si} 不随深度变化，则式（5-15）可表示为

$$s' = \frac{1}{E_{si}} \int_0^z \sigma_z \mathrm{d}z = \frac{A}{E_{si}} \tag{5-16}$$

式中：A——表示深度 z 范围内的附加应力分布面积（图5.16），$A = \int_0^z \sigma_z \mathrm{d}z = p_0 \int_0^z \alpha \mathrm{d}z$。积分式中的 α 是随计算深度 z 变化的应力系数。

根据积分中值定理，在与深度 $0 \sim z$ 变化范围内对应的 α 中，总可找到一个 $\bar{\alpha}$，使得

$$\int_0^z \alpha \mathrm{d}z = \bar{\alpha} z$$

于是有

$$s' = \frac{A}{E_{si}} = \frac{p_0 \bar{\alpha} z}{E_{si}} \qquad (5-17)$$

式中：$\bar{\alpha}$——平均附加应力系数。

如果能提前把不同条件下的 $\bar{\alpha}$ 算出并制成表格，它就能大大简化计算，使我们不必人为地把土层细分成很多薄层，也不必进行积分运算这样的复杂工作就能准确地计算均质土层的沉降量。式(5-17)可以这样理解，即均质地基的压缩沉降量，等于计算深度范围内附加应力曲线所包围的面积与压缩模量的比值，这是应力面积法的重要思路。

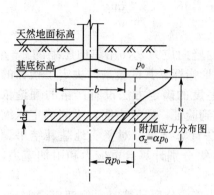

图 5.16　平均附加应力系数示意图

实际地基土是有自然分层的，基底下受压缩层的土层可能存在压缩特性不同的若干土层，此时不便于直接用式(5-17)计算最终沉降量，但我们可以应用解决上述问题的思想来解决这一问题，即把求压缩沉降转化为求应力面积，如图 5.17 所示，地基中第 i 层土内应力曲线所包围的面积记为 A_{3456}。

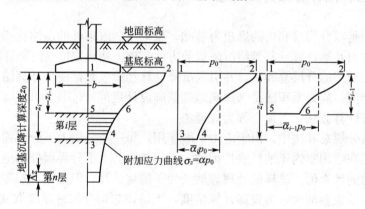

图 5.17　采用平均附加应力系数 $\bar{\alpha}$ 计算沉降量的示意图

由图有
$$A_{3456} = A_{1234} - A_{1256}$$

而应力面积
$$A_{1234} = \bar{\alpha}_i p_0 z_i$$
$$A_{1256} = \bar{\alpha}_{i-1} p_0 z_{i-1}$$

则该层土的压缩沉降量为
$$\Delta s_i' = \frac{A_{1234} - A_{1256}}{E_{si}} = \frac{p_0}{E_{si}} (\bar{\alpha}_i z_i - \bar{\alpha}_{i-1} z_{i-1})$$

地基的总沉降量为
$$s' = \sum_{i=1}^{n} \Delta s_i' = \sum_{i=1}^{n} \frac{p_0}{E_{si}} (\bar{\alpha}_i z_i - \bar{\alpha}_{i-1} z_{i-1}) \qquad (5-18)$$

式中：E_{si}——基础底面下第 i 层土的压缩模量，按实际应力段范围取值(MPa)；

$\bar{\alpha}_i$、$\bar{\alpha}_{i-1}$——z_i 和 z_{i-1} 范围内竖向平均附加应力系数，矩形基础可按表5-4查用，条形基础可取 $l/b = 10$ 查，l 与 b 分别为基础的长边和短边，需注意该表给出的是均布矩形荷载角点下的平均竖向附加应力系数，对非角点下的平均附加应力系数 $\bar{\alpha}_i$ 需采用角点法计算，其方法同土中应力计算。

地基沉降计算深度 z_n 的新标准应满足下列条件：由该深度处向上取按表 5 - 5 规定的计算厚度 Δz（图 5.17）所得的计算沉降量 $\Delta s'_n$ 应满足下式要求（包括考虑相邻荷载的影响）：

$$\Delta s'_n \leqslant 0.025 \sum_{i=1}^{n} \Delta s'_i \qquad (5-19)$$

式中：$\Delta s'_i$——在计算深度 z_n 范围内，第 i 层土的计算沉降值，mm；

$\Delta s'_n$——自计算深度 z_n 往上取厚度为 Δz 土层的计算沉降值，mm，按表 5 - 5 确定。

按式(5 - 19)所确定的沉降计算深度下如有较软弱土层时，尚应向下继续计算，直至软弱土层中所取规定厚度 Δz 的计算沉降量满足上式为止。在沉降计算深度范围内存在基岩时，z_n 可取至基岩表面为止。

当无相邻荷载影响，基础宽度在 $1\sim30$m 范围内时，基础中点的地基沉降计算深度，也可按下式计算

$$z_n = b(2.5 - 0.4\ln b) \qquad (5-20)$$

式中：　b——基础宽度(m)。

经过多年来的工程实践及对沉降观测资料的分析发现，影响最终沉降量计算准确度的因素有很多方面。为了提高计算准确度，地基沉降计算深度范围内的计算沉降量 s' 尚须乘以一个沉降计算经验系数 ψ_s，即

$$s = \psi_s s' = \psi_s \sum_{i=1}^{n} \frac{p_0}{E_{si}}(\bar{\alpha}_i z_i - \bar{\alpha}_{i-1} z_{i-1}) \qquad (5-21)$$

这就是计算地基最终沉降量的规范法修正公式。式中 ψ_s 的取值根据地区沉降观测资料及经验确定，也可采用表 5 - 6 的数值（表中 f_{ak} 为地基承载力特征值）。

表 5 - 4　均布的矩形荷载角点下的平均竖向附加应力系数 α

l/b 〳 z/b	1.0	1.2	1.4	1.6	1.8	2.0	2.4	2.8	3.2	3.6	4.0	5.0	10.0
0.0	0.2500	0.2500	0.2500	0.2500	0.2500	0.2500	0.2500	0.2500	0.2500	0.2500	0.2500	0.2500	0.2500
0.2	0.2496	0.2497	0.2497	0.2498	0.2498	0.2498	0.2498	0.2498	0.2498	0.2498	0.2498	0.2498	0.2498
0.4	0.2474	0.2479	0.2481	0.2483	0.2483	0.2484	0.2485	0.2485	0.2485	0.2485	0.2485	0.2485	0.2485
0.6	0.2423	0.2437	0.2444	0.2448	0.2451	0.2452	0.2454	0.2455	0.2455	0.2455	0.2455	0.2455	0.2456
0.8	0.2346	0.2372	0.2387	0.2395	0.2400	0.2403	0.2407	0.2408	0.2409	0.2409	0.2410	0.2410	0.2410
1.0	0.2252	0.2291	0.2313	0.2326	0.2335	0.2340	0.2346	0.2349	0.2351	0.2352	0.2352	0.2353	0.2353
1.2	0.2149	0.2199	0.2229	0.2248	0.2260	0.2268	0.2278	0.2282	0.2285	0.2286	0.2287	0.2288	0.2289
1.4	0.2043	0.2102	0.2140	0.2164	0.2190	0.2191	0.2204	0.2211	0.2215	0.2217	0.2218	0.2220	0.2221
1.6	0.1939	0.2005	0.2049	0.2079	0.2099	0.2113	0.2130	0.2138	0.2143	0.2146	0.2148	0.2150	0.2152
1.8	0.1840	0.1912	0.1960	0.1994	0.2018	0.2034	0.2055	0.2066	0.2073	0.2077	0.2079	0.2082	0.2084
2.0	0.1746	0.1822	0.1875	0.1912	0.1938	0.1958	0.1982	0.1996	0.2004	0.2009	0.2012	0.2015	0.2018
2.2	0.1659	0.1737	0.1793	0.1833	0.1862	0.1883	0.1911	0.1927	0.1937	0.1943	0.1947	0.1952	0.1955
2.4	0.1578	0.1657	0.1715	0.1757	0.1789	0.1812	0.1843	0.1862	0.1873	0.1880	0.1885	0.1890	0.1895

（续）

l/b z/b	1.0	1.2	1.4	1.6	1.8	2.0	2.4	2.8	3.2	3.6	4.0	5.0	10.0
2.6	0.1503	0.1583	0.1642	0.1686	0.1719	0.1745	0.1779	0.1799	0.1812	0.1820	0.1825	0.1832	0.1838
2.8	0.1433	0.1514	0.1574	0.1619	0.1654	0.1680	0.1717	0.1739	0.1753	0.1763	0.1769	0.1777	0.1784
3.0	0.1369	0.1449	0.1510	0.1556	0.1592	0.1619	0.1658	0.1682	0.1698	0.1708	0.1715	0.1725	0.1733
3.2	0.1310	0.1399	0.1450	0.1497	0.1533	0.1562	0.1602	0.1628	0.1645	0.1657	0.1664	0.1675	0.1685
3.4	0.1256	0.1334	0.1394	0.1441	0.1478	0.1508	0.1550	0.1577	0.1595	0.1607	0.1616	0.1628	0.1639
3.6	0.1205	0.1282	0.1342	0.1389	0.1427	0.1456	0.1500	0.1528	0.1548	0.1561	0.1570	0.1583	0.1595
3.8	0.1158	0.1234	0.1293	0.1340	0.1378	0.1408	0.1452	0.1482	0.1502	0.1516	0.1526	0.1541	0.1554
4.0	0.1114	0.1189	0.1248	0.1294	0.1332	0.1362	0.1408	0.1438	0.1459	0.1474	0.1485	0.1500	0.1516
4.2	0.1073	0.1147	0.1205	0.1251	0.1289	0.1319	0.1365	0.1396	0.1418	0.1434	0.1445	0.1462	0.1479
4.4	0.1035	0.1107	0.1164	0.1210	0.1248	0.1279	0.1325	0.1357	0.1379	0.1396	0.1407	0.1425	0.1444
4.6	0.1000	0.1070	0.1127	0.1172	0.1209	0.1240	0.1287	0.1319	0.1342	0.1359	0.1371	0.139	0.1410
4.8	0.0967	0.1036	0.1091	0.1136	0.1173	0.1204	0.1250	0.1283	0.1307	0.1324	0.1337	0.1357	0.1379
5.0	0.0935	0.1003	0.1057	0.1102	0.1139	0.1169	0.1216	0.1219	0.1273	0.1291	0.1304	0.1325	0.1348
5.2	0.0906	0.0972	0.1026	0.1070	0.1106	0.1136	0.1183	0.1217	0.1241	0.1259	0.1273	0.1295	0.1320
5.4	0.0878	0.0943	0.0996	0.1039	0.1075	0.1105	0.1152	0.1186	0.1211	0.1229	0.1243	0.1265	0.1292
5.6	0.0852	0.0916	0.0968	0.1010	0.1046	0.1076	0.1122	0.1156	0.1181	0.1200	0.1215	0.1238	0.1266
5.8	0.0828	0.0890	0.0941	0.0983	0.1018	0.1047	0.1094	0.1128	0.1153	0.1172	0.1187	0.1211	0.1240
6.0	0.0805	0.0866	0.0916	0.0957	0.0991	0.1021	0.1067	0.1101	0.1126	0.1146	0.1161	0.1185	0.1216
6.2	0.0783	0.0842	0.0891	0.0932	0.0966	0.0995	0.1041	0.1075	0.1101	0.1120	0.1136	0.1161	0.1193
6.4	0.0762	0.0820	0.0869	0.0909	0.0942	0.0971	0.1016	0.1050	0.1076	0.1096	0.1111	0.1137	0.1171
6.6	0.0742	0.0799	0.0847	0.0886	0.0919	0.0948	0.0993	0.1027	0.1053	0.1073	0.1088	0.1114	0.1149
6.8	0.0723	0.0779	0.0826	0.0865	0.0898	0.0926	0.0970	0.1004	0.1030	0.1050	0.1066	0.1092	0.1129
7.0	0.0705	0.0761	0.0806	0.0844	0.0877	0.0904	0.0949	0.0982	0.1008	0.1028	0.1044	0.1071	0.1109
7.2	0.0688	0.0742	0.0787	0.0825	0.0857	0.0884	0.0928	0.0962	0.0987	0.1008	0.1023	0.1051	0.1090
7.4	0.0672	0.0725	0.0769	0.0806	0.0838	0.0865	0.0908	0.0942	0.0967	0.0988	0.1004	0.1031	0.1071
7.6	0.0656	0.0709	0.0752	0.0789	0.0820	0.0846	0.0889	0.0922	0.0948	0.0968	0.0984	0.1012	0.1054
7.8	0.0642	0.0693	0.0736	0.0771	0.0802	0.0828	0.0871	0.0904	0.0929	0.0950	0.0966	0.0994	0.1036
8.0	0.0627	0.0678	0.0720	0.0755	0.0785	0.0811	0.0853	0.0886	0.0912	0.0932	0.0948	0.0976	0.1020
8.2	0.0614	0.0663	0.0705	0.0739	0.0769	0.0795	0.0837	0.0869	0.0894	0.0914	0.0931	0.0959	0.1004
8.4	0.0601	0.0649	0.0690	0.0724	0.0754	0.0779	0.0820	0.0852	0.0878	0.0898	0.0914	0.0943	0.0988
8.6	0.0588	0.0636	0.0676	0.0710	0.0739	0.0764	0.0805	0.0836	0.0862	0.0882	0.0898	0.0927	0.0973

（续）

z/b \ l/b	1.0	1.2	1.4	1.6	1.8	2.0	2.4	2.8	3.2	3.6	4.0	5.0	10.0
8.8	0.0576	0.0623	0.0663	0.0696	0.0724	0.0749	0.0790	0.0821	0.0846	0.0866	0.0882	0.0912	0.0959
9.2	0.0554	0.0599	0.0637	0.0670	0.0697	0.0721	0.0761	0.0792	0.0817	0.0837	0.0853	0.0885	0.0931
9.6	0.0533	0.0577	0.0614	0.0645	0.0672	0.0696	0.0734	0.0765	0.0789	0.0809	0.0825	0.0855	0.0905
10.0	0.0514	0.0556	0.0592	0.0622	0.0649	0.0672	0.0710	0.0739	0.0763	0.0783	0.0799	0.0829	0.0880
10.4	0.0496	0.0537	0.0572	0.0601	0.0627	0.0649	0.0686	0.0716	0.0739	0.0759	0.0775	0.0804	0.0857
10.8	0.0479	0.0519	0.0553	0.0581	0.0606	0.0628	0.0664	0.0693	0.0717	0.0736	0.0751	0.0781	0.0834
11.2	0.0463	0.0502	0.0535	0.0563	0.0587	0.0609	0.0644	0.0672	0.0695	0.0714	0.0730	0.0759	0.0813
11.6	0.0448	0.0486	0.0518	0.0545	0.0569	0.0590	0.0625	0.0652	0.0675	0.0694	0.0709	0.0738	0.0793
12.0	0.0435	0.0471	0.0502	0.0529	0.0552	0.0573	0.0606	0.0634	0.0656	0.0674	0.0690	0.0719	0.0774
12.8	0.0409	0.0444	0.0474	0.0499	0.0521	0.0541	0.0573	0.0599	0.0621	0.0639	0.0654	0.0682	0.0739
13.6	0.0387	0.0420	0.0448	0.0472	0.0493	0.0512	0.0543	0.0568	0.0589	0.0607	0.0621	0.0649	0.0707
14.4	0.0367	0.0398	0.0425	0.0448	0.0468	0.0486	0.0516	0.0540	0.0561	0.0577	0.0592	0.0619	0.0677
15.2	0.0349	0.0379	0.0404	0.0426	0.0446	0.0463	0.0492	0.0515	0.0535	0.0551	0.0565	0.0592	0.0650
16	0.0332	0.0361	0.0385	0.0407	0.0425	0.0442	0.0469	0.0492	0.0511	0.0527	0.0540	0.0567	0.0625
18.0	0.0297	0.0323	0.0345	0.0364	0.0381	0.0396	0.0422	0.0442	0.0460	0.0475	0.0487	0.0512	0.0570
20.0	0.0269	0.0292	0.0312	0.0330	0.0345	0.0359	0.0383	0.0402	0.0418	0.0432	0.0444	0.0468	0.0524

表 5-5　计算厚度 Δz 值

b(m)	b≤2	2<b≤4	4<b≤8	b>8
Δz(m)	0.3	0.6	0.8	1.0

表 5-6　沉降计算经验系数 ψ_s

地基附加应力 \ $\overline{E}_s$(MPa)	2.5	4.0	7.0	15.0	20.0
$p_0 \geqslant f_{ak}$	1.4	1.3	1.0	0.4	0.2
$p_0 \leqslant 0.75 f_{ak}$	1.1	1.0	0.7	0.4	0.2

注：$\overline{E}_s$为沉降计算深度范围内压缩模量的当量值，应按式(5-22)计算：

$$\overline{E}_s = \frac{\sum A_i}{\sum \left(\dfrac{A_i}{E_{si}}\right)} \tag{5-22}$$

式中：A_i——第 i 层土附加应力系数沿土层厚度的积分值，$A_i = p_0(\overline{\alpha}_i z_i - \overline{\alpha}_{i-1} z_{i-1})$

通过以上介绍可以看到，应力面积法与分层总和法相比较有以下特点：

（1）由于附加应力沿深度的分布是线性的，因此如果分层总和法中分层厚度太大，用分层上下层面附加应力的平均值来作为该分层平均附加应力将产生较大的误差；而应力面积法由于采用了精确的"应力面积"的概念，因而可以划分较少的层数，一般可以按地基土的天然层面划分，使得计算工作得以简化。

（2）地基沉降计算深度 Δz 的确定方法较分层总和法更为合理。

（3）提出了沉降计算经验系数 ψ_s，由于沉降计算经验系数 ψ_s 是从大量的工程实际沉降观测资料中，经数理统计分析得出的，它综合反映了许多因素的影响，如：侧限条件的假设；计算附加应力时对地基土均质的假设与地基土层实际成层的不一致对附加应力分布的影响；不同压缩性的地基土沉降计算值与实测值的差异不同等等。因此，应力面积法更接近于实际。

应力面积法也是基于同分层总和法一样的基本假设，由于以上特点，因此实质上它是一种简化并经修正的分层总和法。

例 5.2 某厂房柱传至基础顶面的荷载为 1190kN，基础埋深 $d=1.5$m，基础尺寸 $l\times b=4$m$\times2$m，土层如图 5.18 所示，试用应力面积法求该柱基中点的最终沉降量。

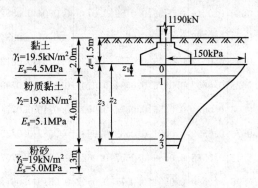

图 5.18 例 5.2 示意图

解：（1）基底附加应力为：

$$p_0 = p - \sigma_{cz} = \frac{F+G}{A} - \gamma d = \frac{1190 + 20\times4\times2\times1.5}{4\times2} - 19.5\times1.5 = 150\text{kPa}$$

（2）确定沉降计算深度：

$$z_n = b(2.5 - 0.4\ln b) = 2(2.5 - 0.4\ln2) = 4.5\text{m}$$

按该深度，沉降量计算至粉质黏土层底面。

（3）沉降计算，见表 5-7。

表 5-7　按应力面积法计算基础最终沉降量

点号	z_i (m)	l/b	$z/b(b=2.0/2)$	$\bar{\alpha}_i$	$\bar{\alpha}_i z_i$ (mm)	$\bar{\alpha}_i z_i - \bar{\alpha}_{i-1} z_{i-1}$ (m)	$\dfrac{p_0}{E_{si}}$	$\Delta s_i'$ (mm)	$\sum \Delta s_i'$ (mm)	$\dfrac{\Delta s_n'}{\sum \Delta s_i'}$
0	0		0	$4\times0.2500=1.000$	0					
1	0.50	$\dfrac{4.0/2}{2.0/2}=2.0$	0.50	$4\times0.2468=0.9872$	493.60	493.60	0.033	16.29		
2	4.20		4.2	$4\times0.1319=0.5276$	2215.92	1722.32	0.029	49.95		
3	4.50		4.5	$4\times0.1260=0.5040$	2268.00	52.08	0.029	1.51	67.75	$0.0223 \leqslant 0.025$

① 求 $\bar{\alpha}$。使用表 5-4 时，因为它是角点下平均附加应力系数，而所需计算的则为基础中点下的沉降量，因此查表时要应用"角点法"，即将基础分为 4 块相同的小面积，查

表得的平均附加应力系数乘以 4 即可。

②z_n 校核。根据规范规定，先由表 5.5 取 $\Delta z = 0.3\text{m}$，计算出 $\Delta s_n = 1.51\text{mm}$，由此得 $0.226 \leqslant 0.025$，表明所取 $z_n = 4.5\text{m}$ 符合要求。

（4）确定沉降经验系数 ψ_s。

$$\overline{E}_s = \frac{\sum A_i}{\sum A_i/E_{si}} = \frac{p_0 \sum (\bar{\alpha}_i z_i - \bar{\alpha}_{i-1} z_{i-1})}{p_0 \sum (\bar{\alpha}_i z_i - \bar{\alpha}_{i-1} z_{i-1})/E_{si}} = \frac{493.60 + 1722.32 + 52.08}{\dfrac{493.60}{4.5} + \dfrac{1722.32}{5.1} + \dfrac{52.08}{5.0}} = 5\text{MPa}$$

假设 $p_0 = f_{ak}$，按表 5-6 插值求得 $\psi_s = 1.2$。

（5）基础最终沉降量。

$$s = \psi_s s' = \psi_s \sum \Delta s_i' = 1.2 \times 67.75 = 81.30\text{mm}$$

5.3.4 弹性理论方法计算最终沉降量

1）基本假设

弹性力学公式法是计算地基沉降的一种近似方法。该方法假定地基为弹性半空间，以弹性半空间表面作用竖向集中力时的布西奈斯克公式为基础，从而求得基础的沉降量。

2）计算公式

式(5-23)给出了一个竖向集中力 p 作用在弹性半空间表面时半空间内任意点 $M(x, y, z)$ 处产生的竖向位移 $w(x, y, z)$ 的解答。如取 M 点坐标 $z=0$，则所得的半空间表面任意点竖向位移 $w(x, y, 0)$ 就是地基表面的沉降 s。

地基表面作用一竖向集中力 p 时，计算地面某点（其坐标为 $z=0$，$R = r = \sqrt{x^2 + y^2}$）的沉降为

$$s = w(x, y, 0) = \frac{p(1-\mu^2)}{\pi E_0 r} \tag{5-23}$$

对地基表面上作用的分布荷载 $p_0(x, y)$，可由上式积分得到

$$s(x, y) = \frac{1-\mu^2}{\pi E_0} \iint_A \frac{p_0(x, y)\mathrm{d}A}{r}$$

对矩形或圆形均布荷载，求解后可写成

$$s = \frac{p_0 b \omega (1-\mu^2)}{E_0} \tag{5-24}$$

式中：p_0——基底附加应力；

b——矩形基础的宽度或圆形基础的直径；

μ、E_0——分别为土的泊松比和变形模量；

ω——沉降影响系数，按表 5-8 采用［表中 ω_c、ω_o、ω_m 分别为完全柔性基础（均布荷载）角点、中点和平均值的沉降影响系数；ω_r 为刚性基础在轴心荷载下（平均应力为 p_0）的沉降影响系数］。

表 5-8　沉降影响系数 ω 值

| | | 圆形 | 方形 | 矩形(l/b) | | | | | | | | | | |
				1.5	2.0	3.0	4.0	5.0	6.0	7.0	8.0	9.0	10.0	100.0
柔性基础	ω_c	0.64	0.56	0.68	0.77	0.89	0.98	1.05	1.11	1.16	1.20	1.24	1.27	2.00
	ω_0	1.00	1.12	1.36	1.53	1.78	1.96	2.10	2.22	2.32	2.40	2.48	2.54	4.01
	ω_m	0.85	0.95	1.15	1.30	1.52	1.70	1.83	1.96	2.04	2.12	2.19	2.25	3.70
刚性基础	ω_r	0.79	0.88	1.08	1.22	1.44	1.61	1.72	—	—	—	—	2.12	3.40

显然，用式(5-24)来估算矩形或圆形基础的最终沉降量是很方便的。但应注意到，该式是按均质的线性变形半空间假设得到的，而实际地基通常是非均质的成层土。即使是均质土层，其变形模量 E_0 一般会随深度而增大(在砂土中尤为显著)。因此，上述弹性力学公式只能用于估算基础的最终沉降量，且计算结果往往偏大。在工程实际中，为了使 E_0 值能较好地反映地基变形的真实情况，常常利用已有建筑物的沉降观测资料，以弹性力学公式反算求得 E_0。

5.3.5　考虑应力历史影响的沉降计算方法

利用 e-$\lg p$ 曲线可以分析应力历史对土的压缩性的影响，由图 5.5 得到的 e-$\lg p$ 曲线是由室内侧限压缩试验得到的。由于目前钻探采样的技术条件不够理想，土样取出地面后应力的释放、室内试验时切土等人工扰动因素的影响，室内的压缩曲线已经不能代表地基中原位土层承受建筑物荷载后的 e-$\lg p$ 关系了。因此，必须对室内侧限压缩试验得到的曲线进行修正，以得到符合现场土实际压缩性的原位压缩曲线，才能更好地用于地基沉降的计算。原位压缩曲线就是指室内压缩试验 e-$\lg p$ 曲线经修正后得出的符合现场原始土体孔隙比与有效应力的关系曲线。

考虑应力历史的影响，计算地基最终沉降同样可利用分层总和法，只是在计算时的压缩性指标是由原位压缩曲线(e-$\lg p$ 曲线)确定的。下面介绍三种不同固结状态的地基土原位压缩曲线的做法，以及最终沉降量的计算方法。

1) 正常固结土

若地基土处于正常固结状态，那么前期固结压力 p_c 就等于取样深度处土的自重应力 p_1。假设取样和制样不改变土体的孔隙比，则该应力对应的孔隙比就等于实验室测定的土体初始孔隙比 e_0，所以在图 5.19(a)中的 $E(p_1, e_0)$ 代表了土在原位条件下的一个应力-孔隙比状态。同时，对许多室内压缩试验的结果进行分析，发现对同种试样进行不同程度的扰动，得到的压缩曲线却都大致相交于 $0.42e_0$ 处，这说明在高应力条件下，土样扰动对其原来的应力-孔隙比关系没有明显的影响，那么这一交点 D 也代表了土在原位条件下的一个应力-孔隙比状态。正常固结理想土体的压缩曲线是一条直线，因此，连接 E、D 两点的直线就是原位压缩曲线，其斜率为压缩指数 C_c。

由原位压缩曲线确定压缩指数 C_c 后，就可按下式计算最终沉降量：

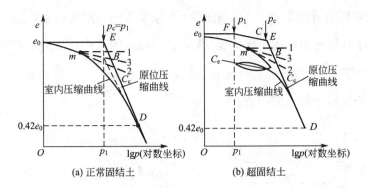

(a) 正常固结土　　　　(b) 超固结土

图 5.19　原位压缩曲线的确定

$$s = \sum_{i=1}^{n} \frac{\Delta e_i}{1+e_{0i}} H_i = \sum_{i=1}^{n} \frac{H_i}{1+e_{0i}} \left[C_{ci} \lg \left(\frac{p_{1i}+\Delta p_i}{p_{1i}} \right) \right] \tag{5-25}$$

式中：　　Δe_i——由原始压缩曲线确定的第 i 层土的孔隙比变化；

Δp_i——第 i 层土附加应力的平均值；

p_{1i}——第 i 层土自重应力的平均值；

e_{0i}——第 i 层土的初始孔隙比；

C_{ci}——从原位压缩曲线确定的第 i 层土的压缩指数；

H_i——第 i 层土的厚度。

2）超固结土

超固结土原位压缩曲线的获得要利用土的回弹再压缩曲线，滞回圈的平均斜率定义为再压缩指数 C_e。假设室内测定的初始孔隙比 e_0 为自重应力 p_1 作用下的孔隙比，如图 5.19b 所示，则 $F(p_1, e_0)$ 点代表取土深度处的应力-孔隙比状态，由于超固结土的前期固结压力 p_c 大于当前取土点的土自重应力 p_1，当应力从 p_1 到 p_c 过程中，原位土的变形特性必然具有再压缩的特性。因此过 F 点作一斜率为室内回弹再压缩曲线的平均斜率的直线，交前期固结压力的作用线于 E 点，当应力增加到前期固结压力以后，土样才进入正常固结状态，这样在室内压缩曲线上取孔隙比等于 $0.42e_0$ 的点 D，FE 为原位再压缩曲线，ED 为原位压缩曲线，相应地 FE 直线段的斜率 C_e 也为原位回弹指数，ED 直线段的斜率 C_c 为原位压缩指数。

超固结土的最终沉降量，应按下列两种情况分别计算，然后相加。

（1）$p_{1i}+\Delta p_i \geqslant p_{ci}$ 时，$\Delta e_i = \Delta e_i' + \Delta e_i''$，则分层土的孔隙比将先沿着原始再压缩曲线 b_1b 段减少 $\Delta e_i'$，然后沿着原始压缩曲线 bc 段减少 $\Delta e_i''$，即相应于应力增量的 Δp_i 的孔隙比变化 Δe_i 应等于这两部分之和。此时对于 $p_{1i}+\Delta p_i \geqslant p_{ci}$ 的各分层总沉降量 s_n 为：

$$s_n = \sum_{i=1}^{n} \frac{\Delta e_i}{1+e_{0i}} H_i = \sum_{i=1}^{n} \frac{\Delta e_i' + \Delta e_i''}{1+e_{0i}} H_i$$

$$= \sum_{i=1}^{n} \frac{H_i}{1+e_{0i}} \left[C_{ei} \lg \left(\frac{p_{ci}}{p_{1i}} \right) + C_{ci} \lg \left(\frac{p_{1i}+\Delta p_i}{p_{ci}} \right) \right] \tag{5-26}$$

式中：n——土层中 $p_{1i}+\Delta p_i \geqslant p_{ci}$ 的土层数；

Δe_i——第 i 分层总孔隙比的变化；

$\Delta e_i'$——第 i 分层由现有土平均自重应力 p_{1i} 增至该分层前期固结压力 p_{ci} 的孔隙比变

化，即沿着图 5.20(a)压缩曲线 b_1b 段发生的孔隙比变化，$\Delta e_i' = C_{ei}\lg\dfrac{p_{ci}}{p_{1i}}$；

$\Delta e_i''$——第 i 分层由前期固结压力 p_{ci} 增至 $p_{1i}+\Delta p_i$ 的孔隙比变化，即沿着图 5.20(a)

压缩曲线 bc 段发生的孔隙比变化，$\Delta e_i''=C_{ci}\lg\dfrac{p_{1i}+\Delta p_i}{p_{ci}}$；

C_c——第 i 分层土的压缩指数。

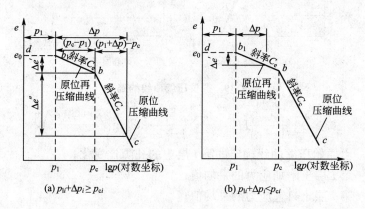

图 5.20　超固结土的孔隙比变化

(2) $p_{1i}+\Delta p_i < p_{ci}$ 时，$\Delta e_i = \Delta e_i'$，即分层土的孔隙比 Δe_i 只沿着再压缩曲线 b_1b 段发生 $\Delta e_i'$，图 5.20(b)所示。此时对于 $p_{1i}+\Delta p_i < p_{ci}$ 的各分层总沉降量 s_m 为：

$$s_m = \sum_{i=1}^{m}\frac{\Delta e_i}{1+e_{0i}}H_i = \sum_{i=1}^{m}\frac{H_i}{1+e_{0i}}\left[C_{ei}\lg\left(\frac{p_{1i}+\Delta p_i}{p_{1i}}\right)\right] \tag{5-27}$$

式中：m——土层中 $p_{1i}+\Delta p_i < p_{ci}$ 的分层数；

$\Delta e_i'$——按式 $\Delta e_i'=C_{ei}\lg\dfrac{p_{1i}+\Delta p_i}{p_{1i}}$ 计算。

地基所有压缩土层的总沉降量为两者之和

$$s = s_n + s_m \tag{5-28}$$

3) 欠固结土

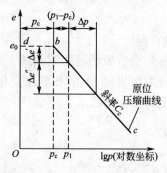

图 5.21　欠固结土的孔隙比变化

欠固结土的沉降包括由于地基附加应力所引起的，以及原有土自重应力作用下的固结还没有达到稳定的那一部分沉降在内。欠固结土的孔隙比变化，可近似地按与正常固结土一样的方法求得原始压缩曲线确定(图 5.21)。其固结沉降包括两部分：①由于地基附加应力所引起的沉降；②由土的自重应力作用还将继续进行的沉降。欠固结土的总沉降计算公式为：

$$s = \sum_{i=1}^{n}\frac{H_i}{1+e_{0i}}\left[C_{ci}\lg\left(\frac{p_{1i}+\Delta p_i}{p_{ci}}\right)\right] \tag{5-29}$$

式中：p_{ci}——第 i 层土上的实际有效应力，小于土的自重应力 p_{1i}。

例 5.3　某超固结黏土层厚为 2m，前期固结压力为 $p_{ci}=300\text{kPa}$，原位压缩曲线压缩指数 $c_{ci}=0.5$，回弹指数 $C_{ei}=0.1$，土层所受的平均自重应力 $p_{0i}=100\text{kPa}$，$e_{0i}=0.70$。求

下列两种情形下该黏土层的最终压缩量。

(1)建筑物荷载在土层中引起的平均竖向附加应力 $\Delta p_i = 400(\text{kPa})$。

(2)建筑物荷载在土层中引起的平均竖向附加应力 $\Delta p_i = 180(\text{kPa})$。

解： (1) $p_{1i} + \Delta p_i = 500\text{kPa} > p_{ci} = 300\text{kPa}$，根据式(5-26)，该黏土层的最终压缩量为

$$s = \sum_{i=1}^{n} \frac{H_i}{1+e_{0i}} \left[C_{ei} \lg\left(\frac{p_{ci}}{p_{1i}}\right) + C_{ci} \lg\left(\frac{p_{1i}+\Delta p_i}{p_{ci}}\right) \right]$$

$$= \frac{2000}{1+0.7} \times \left(0.1 \times \lg\frac{300}{100} + 0.5 \times \lg\frac{500}{300} \right) = 186.7\text{mm}$$

(2) $p_{1i} + \Delta p_i = 280\text{kPa} < p_{ci} = 300\text{kPa}$，根据式(5-27)，该黏土层的最终压缩量为：

$$s = \sum_{i=1}^{m} \frac{\Delta e_i}{1+e_{0i}} H_i = \sum_{i=1}^{m} \frac{H_i}{1+e_{0i}} \left[C_{ei} \lg\left(\frac{p_{1i}+\Delta p_i}{p_{1i}}\right) \right]$$

$$= \frac{2000}{1+0.7} \times \left(0.1 \times \lg\frac{280}{100} \right) = 52.6\text{mm}$$

5.4 饱和黏性土地基沉降与时间的关系

土体压缩是孔隙体积的减少，饱和土体的压缩则是伴随着孔隙水的排出而完成的。对于饱和黏性土，在建筑物荷载作用下孔隙水以渗流的方式排出。由于黏性土的渗透性差，使得地基沉降往往需要经过很长时间才能达到最终沉降量。在这种情况下，建筑物施工期间沉降并不能全部完成，在正常使用期间还会缓慢地产生沉降。为了建筑物的安全与正常使用，在工程实践和分析研究中就需要掌握沉降与时间关系的规律性，以便控制施工速度或考虑保证建筑物正常使用的安全措施，如考虑预留建筑物有关部分之间的净空问题、连接方法及施工顺序等。对发生裂缝、倾斜等事故的建筑物，更需要掌握沉降发展的趋势，采取相应的处理措施。在软土地基上建设高速公路时，为了控制工后沉降量，考虑地基变形与时间的关系是选择地基处理方法和确定合理工期必须考虑的重要问题。

碎石土和砂土压缩性小，渗透性大，变形经历的时间很短，在外荷载施加完毕时，地基沉降已基本完成。黏性土和粉土完成固结所需的时间比较长，在厚层的饱和软黏土中，固结变形需要经过几年甚至几十年时间才能完成。因此，实践中一般只考虑黏性土和粉土的变形与时间关系。

5.4.1 饱和土的渗透固结

饱和黏土在压力作用下，随时间的增长，孔隙水逐渐被排出、孔隙体积随之缩小的过程称为饱和土的渗透固结。渗透固结所需时间的长短与土的渗透性和土层厚度有关，土的渗透性越小、土层越厚，孔隙水被挤出所需的时间就越长。

饱和土体的渗透固结过程，可借助图5.22所示的弹簧活塞模型来说明。在一个盛满水的圆筒中，装一个带有弹簧的活塞，弹簧表示土的颗粒骨架，容器内的水表示土中的孔隙水，带小孔的活塞表征土的透水性。由于模型中只有固液两相介质，则外力 σ_z 的作用只

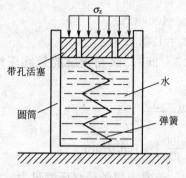

图 5.22　饱和土的渗透固结模型

能由水与弹簧两者共同来承担(假设活塞和筒壁间无摩擦力)。设其中弹簧承担的压力为有效应力 σ'，圆筒中的水承担的压力为 u，按照静力平衡条件，应有

$$\sigma_z = \sigma' + u \qquad (5-30)$$

式(5-30)表示了土的孔隙水压力 u 与有效应力 σ' 对外力 σ_z 的分担作用，它与时间有关。二者随时间变化的过程可以这样描述：当在活塞上瞬时施加压力 σ_z 的一瞬间，由于活塞上孔细小，水还未来得及排出，容器内水的体积没有减少，活塞不产生竖向位移，所以弹簧也就没有变形，这样弹簧没有受力，而增加的压力就必须由活塞下面的水来承担，此时，$u = \sigma_z$。由于活塞小孔的存在，受到超静水压力的水开始逐渐经活塞小孔排出，活塞下降，弹簧逐渐被压缩，弹簧产生的反力逐渐增长，因为所受总的外力 σ_z 不变，这样水分担的压力相应减小。水在超静孔隙水压力的作用下通过活塞上的小孔继续渗透，弹簧被压缩，弹簧提供的反力逐渐增加，直至最后 σ_z 完全由弹簧来承担，水不受超静孔隙水压力而停止流出。至此，整个渗透固结过程完成。可见，饱和黏土的渗透固结实质是土体排水、压缩和应力转移三者同时进行的过程。

5.4.2　太沙基一维固结理论

一维固结又称单向固结，它是指在荷载作用下土中水的流动和土体的变形仅沿一个方向发生的土体固结问题。严格的一维固结问题只发生在室内有侧限的固结试验中，实际工程中并不存在。然而，当土层厚度比较均匀，其压缩土层厚度相当于均布外荷载作用面较小时，可以近似为一维固结问题。

为求饱和土层在渗透固结过程中任意时刻的变形，通常采用太沙基(Terzaghi，1925)提出的一维固结理论进行计算。其适用条件为荷载面积远大于压缩土层的厚度，地基中孔隙水主要沿竖向渗流的情况。

1) 基本假定

为简化实际问题，方便分析固结过程，太沙基一维固结理论作如下假定：

(1) 土是均质、各向同性的、完全饱和的。

(2) 土颗粒和水是不可压缩的。

(3) 土层的压缩和土中水的渗流只沿同一方向发生，是一维的。

(4) 土中水的渗流服从达西定律，且渗透系数 k 保持不变。

(5) 孔隙比的变化与有效应力的变化成正比，即 $-de/d\sigma' = a$，且压缩系数 a 保持不变。

(6) 外荷载是一次瞬时施加的。

2) 一维固结微分方程

如图 5.23 所示的厚度为 H 的饱和黏土层，顶面是透水层，底面是不透水和不可压缩层，假设该饱和土层在自重应力作用下的固结已经完成，现在顶面受到一次骤然施加的无限均布荷载 p_0 作用。由于土层厚度远小于荷载面积，故土中附加应力图形将近似地取作矩形分布，即附加应力不随深度而变化。但是孔隙水压力 u 与有效应力 σ' 却是坐标 z 和时间 t 的函数。即 u 和 σ' 分别写为 $u_{z,t}$ 和 $\sigma'_{z,t}$。考查土层顶面以下 z 深度的微元体 $1\times1\times dz$ 在 dt 时间内的变化。

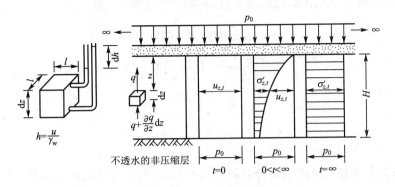

图 5.23　饱和土的固结过程

（1）单元体的渗流条件。由于渗流自下而上进行，设在外荷施加后某时刻 t 流入单元体的水量为 $\left(q+\dfrac{\partial q}{\partial z}dz\right)dt$，流出单元体的水量为 q，所以在 dt 时间内，流经该单元体的水量变化为：

$$\left(q+\frac{\partial q}{\partial z}dz\right)dt-qdt=\frac{\partial q}{\partial z}dzdt \tag{5-31}$$

根据达西定律，可得单元体过水面积 $A=1\times1$ 的流量 q 为：

$$q=vA=ki=k\,\frac{\partial h}{\partial z}=\frac{k}{\gamma_w}\times\frac{\partial u}{\partial z} \tag{5-32}$$

式中：k——土的渗透系数；

　　　i——水头梯度；

　　　h——超静水头；

　　　u——超孔隙水压力。

代入式(5-31)得

$$\frac{\partial q}{\partial z}dzdt=\frac{k}{\gamma_w}\times\frac{\partial^2 u}{\partial z^2}dzdt \tag{5-33}$$

（2）单元体的变形条件。在 dt 时间内，单元体孔隙体积 V_v 随时间的变化率（减小）为：

$$\frac{\partial V_v}{\partial t}dt=\frac{\partial}{\partial t}\left(\frac{e}{1+e}\right)dzdt=\frac{1}{1+e}\times\frac{\partial e}{\partial t}dzdt \tag{5-34}$$

式中：e——渗透固结前的初始孔隙比。

考虑到微单元体土粒体积 $\dfrac{1}{1+e}\times1\times1\times dz$ 为不变的常数，而：

$$de=-adp=-ad\sigma'$$

或

$$\frac{\partial e}{\partial t}=-a\,\frac{\partial(p_0-u)}{\partial t}=a\,\frac{\partial u}{\partial t} \tag{5-35}$$

再根据有效应力原理以及总应力 $\sigma_z=p_0$ 是常量的条件，则将式(5-35)代入式(5-34)有

$$\frac{\partial V_{\mathrm{v}}}{\partial t}\mathrm{d}t=\left(\frac{a}{1+e}\right)\times\frac{\partial u}{\partial t}\times\mathrm{d}z\mathrm{d}t \tag{5-36}$$

（3）单元体的渗流连续条件。根据连续条件，在 $\mathrm{d}t$ 时间内，该单元体内排出的水量（水量的变化）应等于单元体孔隙的压缩量（孔隙的变化率），即：

$$\frac{\partial q}{\partial z}\mathrm{d}z\mathrm{d}t=\frac{\partial V_{\mathrm{v}}}{\partial t}\mathrm{d}t$$

$$\frac{k}{\gamma_{\mathrm{w}}}\times\frac{\partial^{2}u}{\partial z^{2}}\mathrm{d}z\mathrm{d}t=\left(\frac{a}{1+e}\right)\times\frac{\partial u}{\partial t}\times\mathrm{d}z\mathrm{d}t$$

令

$$C_{\mathrm{V}}=\frac{k(1+e)}{a\gamma_{\mathrm{w}}} \tag{5-37}$$

得

$$C_{\mathrm{V}}\frac{\partial^{2}u}{\partial z^{2}}=\frac{\partial u}{\partial t} \tag{5-38}$$

式（5-38）即为太沙基一维固结微分方程，其中 C_{V} 称为土的竖向固结系数，$C_{\mathrm{V}}=\dfrac{k(1+e)}{a\gamma_{\mathrm{w}}}$；$k$、$e$、$a$ 分别为土的渗透系数、初始孔隙比和压缩系数；γ_{w} 为水的重度。

3）固结微分方程求解

式（5-38）的解需根据初始条件和边界条件得到求解。下面针对两种简单条件对一维固结微分方程进行求解。

（1）土层单面排水。土层单面排水时起始超孔隙水压力沿深度为线性分布，如图 5.24 所示。

定义 $\alpha=p_1/p_2$，初始条件及边界条件如下：

当 $t=0$ 和 $0\leqslant z\leqslant H$ 时，$u=p_2\left[1+(\alpha-1)\dfrac{H-z}{H}\right]$；

$0<t<\infty$ 和 $z=0$（透水面）时，$u=0$；

$0<t<\infty$ 和 $z=H$（不透水面）时，$\dfrac{\partial u}{\partial z}=0$；

$t=\infty$ 和 $0\leqslant z\leqslant H$ 时，$u=0$。

用分离变量法得式（5-38）的特解为：

$$u(z,t)=\frac{4p_2}{\pi^2}\sum_{m=1}^{\infty}\frac{1}{m^2}\left[m\pi\alpha+2(-1)^{\frac{m-1}{2}}\times(1-\alpha)\right]e^{-\frac{m^2\pi^2}{4}T_{\mathrm{V}}}\times\sin\frac{m\pi z}{2H} \tag{5-39}$$

在实用中常取第一项，即 $m=1$ 得：

$$u(z,t)=\frac{4p_2}{\pi^2}\left[\alpha(\pi-2)+2\right]e^{-\frac{\pi^2}{4}T_{\mathrm{V}}}\times\sin\frac{\pi z}{2H} \tag{5-40}$$

式中：m——正整奇数（$m=1$，3，5，$\cdots$）；

e——自然对数底，$e=2.7182$；

H——孔隙水的最大渗透路径，在单面排水条件下为土层厚度；

T_{V}——时间因数，$T_{\mathrm{V}}=\dfrac{C_{\mathrm{V}}t}{H^2}$。

（2）土层双面排水。土层双面排水时起始超孔隙水压力沿深度为线性分布，如图 5.25 所示。

令土层厚度为 $2H$，定义 $\alpha=p_1/p_2$，初始条件及边界条件如下：

当 $t=0$ 和 $0\leqslant z\leqslant H$ 时，$u=p_2\left[1+(\alpha-1)\dfrac{H-z}{H}\right]$；

$0 < t < \infty$ 和 $z = 0$（顶面）时，$u = 0$；

$0 < t < \infty$ 和 $z = 2H$（底面）时，$u = 0$。

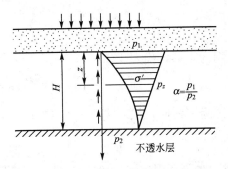

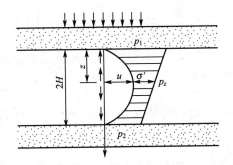

图 5.24 单面排水条件下超孔隙水压力的消散 **图 5.25 双面排水条件下超孔隙水压力的消散**

用分离变量法得式（5-38）的特解为：

$$u(z,t) = \frac{p_2}{\pi} \sum_{m=1}^{\infty} \frac{2}{m} \left[1-(-1)^m \alpha\right] e^{-\frac{\pi^2 m^2}{4} T_v} \times \sin \frac{\pi m(2H-z)}{2H} \tag{5-41}$$

式中：H——孔隙水的最大渗透路径，在双面排水条件下为土层厚度的一半；

其他符号意义同前。

在实用中常取第一项，即 $m=1$ 得：

$$u(z,t) = \frac{2p_2}{\pi}(1+\alpha) e^{-\frac{\pi^2}{4} T_v} \sin \frac{\pi(2H-z)}{2H} \tag{5-42}$$

超孔隙水压力随深度分布曲线上各点斜率反映出该点在某时刻的水力梯度及水流方向。

4）固结度

（1）基本概念。

某点的固结度：如图 5.23 所示，深度 z 处的 A 点在 t 时刻竖向有效应力 $\sigma'_{z,t}$ 与起始超孔隙水压力 $u(z,0)$ 的比值，称为 A 点 t 时刻的固结度。

土层的平均固结度：t 时刻土层各点土骨架承担的有效应力图面积与起始超孔隙水压力（或附加应力）图面积之比，称为 t 时刻土层的平均固结度。

即
$$U_t = \frac{\text{有效应力图面积}}{\text{起始超孔隙水压力图面积}} = 1 - \frac{t \text{ 时刻超孔隙水压力图面积}}{\text{起始超孔隙水压力图面积}} \tag{5-43}$$

根据有效应力原理，土的变形只取决于有效应力，因此，对于一维竖向渗流固结，根据式（5-43），土层的平均固结度又可定义为：

$$U_t = 1 - \frac{\int_0^H u_{z,t} \mathrm{d}z}{\int_0^H \sigma_z \mathrm{d}z} = \frac{\frac{a}{1+e} \int_0^H \sigma'_{z,t} \mathrm{d}z}{\frac{a}{1+e} \int_0^H \sigma_z \mathrm{d}z} = \frac{S_{ct}}{S_c} \tag{5-44}$$

式中：$u_{z,t}$——深度 z 处某一时刻 t 的超孔隙水压力；

$\sigma'_{z,t}$——深度 z 处某一时刻 t 的有效应力；

σ_z——深度 z 的竖向附加应力（与 $t=0$ 时刻的起始超孔隙水压力相等）。

（2）起始超孔隙水压力沿深度线性分布情况下的固结度计算。

起始超孔隙水压力沿深度线性分布的几种情况如图 5.26 所示。

① 土层单面排水时固结度的计算。将式(5-40)代入式(5-44)得到单面排水情况下，土层任意时刻 t 固结度 U_t 的近似值：

$$U_t = 1 - \frac{\left(\frac{\pi}{2}\alpha - \alpha + 1\right)}{1 + \alpha} \times \frac{32}{\pi^3} \times e^{-\frac{\pi^2}{4}T_V} \qquad (5-45)$$

$\alpha = 1$ 时，即情况 1，起始超孔隙水压力分布图为矩形，代入式(5-45)得：

$$U_0 = 1 - \frac{8}{\pi^2} e^{-\frac{\pi^2}{4}T_V} \qquad (5-46)$$

$\alpha = 0$ 时，即情况 2，起始超孔隙水压力分布图为三角形，代入式(5-45)得：

$$U_1 = 1 - \frac{32}{\pi^3} \times e^{-\frac{\pi^2}{4}T_V} \qquad (5-47)$$

其他 α 值时的固结度可直接按式(5-45)来求，也可利用式(5-46)和式(5-47)得到的 U_0 及 U_1，按下式来计算：

$$U_\alpha = \frac{2\alpha U_0 + (1-\alpha)U_1}{1+\alpha} \qquad (5-48)$$

为减少计算时的工作量，表 5-9 给出了不同 $\alpha = p_1/p_2$ 下固结度 U_t 的时间因数 T_V 的值。

表 5-9 单面排水，不同 $\alpha = p_1/p_2$ 下的 U_t-T_V 关系表

α \ U_t	固结度 U_t											类型
	0.0	0.1	0.2	0.3	0.4	0.5	0.6	0.7	0.8	0.9	1.0	
0.0	0.0	0.049	0.100	0.154	0.217	0.290	0.380	0.500	0.660	0.950	∞	"1"
0.2	0.0	0.027	0.073	0.126	0.186	0.26	0.35	0.46	0.63	0.92	∞	
0.4	0.0	0.016	0.056	0.106	0.164	0.24	0.33	0.44	0.60	0.90	∞	"0~1"
0.6	0.0	0.012	0.042	0.092	0.148	0.22	0.31	0.42	0.58	0.88	∞	
0.8	0.0	0.010	0.036	0.079	0.134	0.20	0.29	0.41	0.57	0.86	∞	
1.0	0.0	0.008	0.031	0.071	0.126	0.20	0.29	0.40	0.57	0.85	∞	"0"
1.5	0.0	0.008	0.024	0.058	0.107	0.17	0.26	0.38	0.54	0.83	∞	
2.0	0.0	0.006	0.019	0.048	0.095	0.16	0.24	0.36	0.52	0.81	∞	
3.0	0.0	0.005	0.016	0.041	0.082	0.14	0.22	0.34	0.50	0.79	∞	
4.0	0.0	0.004	0.014	0.040	0.080	0.13	0.21	0.33	0.49	0.78	∞	"0~2"
5.0	0.0	0.004	0.013	0.034	0.069	0.12	0.20	0.32	0.48	0.77	∞	
7.0	0.0	0.003	0.012	0.030	0.065	0.12	0.19	0.31	0.47	0.76	∞	
10.0	0.0	0.003	0.011	0.028	0.060	0.11	0.18	0.30	0.46	0.75	∞	
20.0	0.0	0.003	0.010	0.026	0.060	0.11	0.17	0.29	0.45	0.74	∞	
∞	0.0	0.002	0.009	0.024	0.048	0.09	0.16	0.23	0.44	0.73	∞	"2"

② 土层双面排水时固结度的计算。将式(5-42)代入式(5-44)得到双面排水情况下，土层任意时刻 t 固结度 U_t 的近似值：

$$U_t = 1 - \frac{8}{\pi^2} e^{-\frac{\pi^2}{4} T_V} \qquad (5-49)$$

从式（5-49）可看出，固结度 U_t 与 α 值无关，且形式上与土层单面排水时的 U_0 相同，需要说明的是式(5-49)中 $T_V = C_V t / H^2$ 中的 H 是双面排水时的最大渗透距离，即固结土层厚度的一半，而式(5-46)中 $T_V = C_V t / H^2$ 中的 H 是单面排水时的最大渗透距离，就是固结土层厚度。因此，双面排水，起始超孔隙水压力沿深度线性分布情况下 t 时刻的固结度，可以用式(5-49)来求，也可按 $\alpha = 1$，即情况 1，查表 5-9 得到，但要注意取固结土层厚度的一半作为 H 代入。

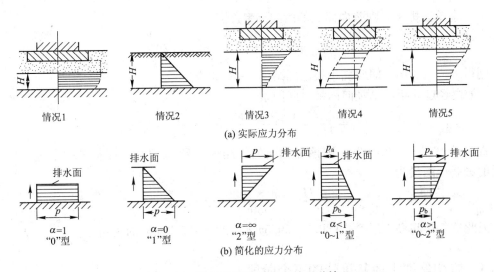

图 5.26　起始超孔隙水压力的几种情况

情况 1（"0" 型）：薄压缩层地基，或大面积均布荷载作用下。

情况 2（"1" 型）：土层在自重应力作用下的固结。

情况 3（"2" 型）：基础底面积较小，传至压缩层底面的附加应力接近零。

情况 4（"0~1" 型）：在自重应力作用下尚未固结的土层上作用有基础传来的荷载。

情况 5（"0~2" 型）：基础底面积较小，传至压缩层底面的附加应力不接近零。

例 5.4　在如图 5.27 所示厚 10m 的饱和黏土层表面瞬时大面积堆载 $p_0 = 150$kPa，若干年后，用测压管分别测得土层中 A、B、C、D、E 五点的孔隙水压力为 51.6kPa、94.2kPa、133.8kPa、170.4kPa、198.0kPa，已知土层的压缩模量 E_s 为 5.5MPa，渗透系数 k 为 5.14×10^{-8} cm/s。

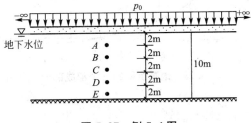

图 5.27　例 5.4 图

（1）试估算此时黏土层的固结度，并计算此黏土层已固结了几年；

（2）再经过 5 年，该黏土层的固结度将达到多少？黏土层 5 年间产生了多大的压缩量？

解：(1)用测压管测得的孔隙水压力值包括静止孔隙水压力和超孔隙水压力，扣除静止孔隙水压力后，A、B、C、D、E 五点的超孔隙水压力分别为 32.0kPa、55.0kPa、

75.0kPa、92.0kPa、100.0kPa，计算此超孔隙水压力图的面积近似为 608kPa，起始超孔隙水压力（或最终有效附加应力）图的面积为 $150 \times 10 = 1500$，则此时固结度：

$$U_t = 1 - \frac{608}{1500} = 59.5\%$$

由 $\alpha = 1$，查表 5-9 得

$$T_v = 0.29$$

黏土层的竖向固结系数

$$C_v = \frac{k(1+e)}{\alpha r_w} = \frac{kE_s}{\gamma_w} = \frac{5.14 \times 10^{-8} \times 550}{0.0098} = 2.88 \times 10^{-3} \, cm^{-3}/s$$

由于是单面排水，则竖向固结的时间因素

$$T_v = \frac{C_v t}{H^2} = \frac{0.9 \times 10^5 \times t}{1000^2} = 0.29$$

则得 $t = 3.22$ 年，即此黏土层已固结了 $t = 3.22$ 年。

（2）再经过 5 年，则竖向固结时间因素。

$$T_v = \frac{C_v t}{H^2} = \frac{0.9 \times 10^5 \times (3.22+5)}{1000^2} = 0.74$$

查表 5-9 得 $U_t = 0.861$，即该黏土层的固结度达到 86.1%，在整个固结过程中，黏土层的最终压缩量为

$$\frac{p_0 H}{E_s} = \frac{150 \times 1000}{5500} = 27.3 cm$$

因此这 5 年间黏土层产生 $(86.1 - 59.5)\% \times 27.3 = 7.26 cm$ 的压缩性。

5.4.3 饱和黏性土地基沉降的三个阶段

在已介绍的沉降计算方法中，土体的指标均是采用室内侧限压缩试验得到的侧限压缩指标进行的。而饱和黏性土地基最终的沉降量从机理上来分析，由三部分组成：瞬时沉降、主固结沉降和次固结沉降，如图 5.28 所示。地基的总沉降量为：

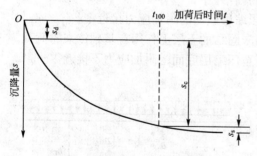

图 5.28 地基沉降的三个组成部分

$$s = s_d + s_c + s_s \qquad (5-50)$$

式中：s_d——瞬时沉降；

s_c——固结沉降；

s_s——次固结沉降。

下面分别介绍这三种沉降产生的主要机理及常用的计算方法。

1）瞬时沉降

瞬时沉降是在施加荷载后瞬间发生的沉降。地基土在外荷载作用瞬间，土中孔隙水来不及排出，土体的体积还来不及发生变化，地基土在荷载作用下仅发生剪切变形而引起地基沉降。斯开普顿（Skempton）提出黏性土层初始不排水变形所引起的瞬时沉降可用弹性理论公式进行计算，饱和的及接近饱和的黏性土在受到适当的应力增量的作用时，整个土层的弹性模量可近似地假定为常数。

黏性土地基上基础的瞬时沉降是由剪切变形而产生的附加沉降，不是土体体积压缩产生的沉降，可用弹性理论公式计算，即

$$s = \frac{p_0 b \omega (1-\mu^2)}{E} \qquad (5-51)$$

式中：E——土的弹性模量。

2）固结沉降

固结沉降是指在荷载作用下，土体随时间的推移孔隙水压力逐步消散而产生的体积压缩变形，通常采用单向压缩分层总和法计算。固结沉降是黏性土地基沉降最主要的组成部分。

3）次固结沉降

次固结沉降是土骨架在持续荷载作用下蠕变所引起的，它的大小与土性有关，是在固结沉降完成以后继续发生的沉降。次固结沉降的发生是在超孔隙水压力已经消散、有效应力增长基本不变之后仍随时间而缓慢增长的压缩。在次固结沉降过程中，土的体积变化速率与孔隙水从土中流出速率无关，即次固结沉降的时间与土层厚度无关。

次固结沉降的大小与时间关系在半对数图上接近于一条直线，如图 5.29 所示。因而次压缩引起的孔隙比变化可近似地表示为：

$$\Delta e = C_a \lg \frac{t}{t_1} \qquad (5-52)$$

式中：C_α——半对数坐标系下直线的斜率，称为次固结系数；

t——所求次固结沉降的时间，$t > t_1$；

t_1——次固结开始时间，相当于主固结完成的时间，根据次固结与主固结曲线切线交点求得。

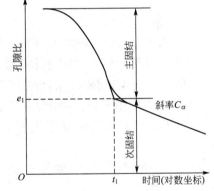

图 5.29 次固结沉降计算时的孔隙比与时间的关系曲线

地基次固结沉降可采用下式计算

$$s_s = \sum_{i=1}^{n} \frac{H_i}{1+e_{0i}} C_{ai} \lg \frac{t}{t_1} \qquad (5-53)$$

式中：C_{ai}——第 i 层土次固结系数；

e_{0i}——第 i 层土初始孔隙比；

H_i——第 i 层土厚度；

t_1——第 i 层土次固结变形开始产生时间；

t——计算所求次固结沉降 s_s 产生的时间。

次固结系数的影响因素很多，它与黏土矿物成分和物理化学环境有关，固结压力和孔隙比对次固结系数也有影响。

对不同种类的地基土，沉降组成的三个部分在总沉降量中的比例是不同的。对砂性土地基，初始沉降是主要的，土体的剪切变形和排水固结变形在荷载作用后很快完成。对饱和软黏土地基，固结沉降是主要的，总沉降需要很长时间才能完成。而对某些软黏土地基，次固结沉降所占的比例不可忽视，并且其持续时间长，对工程有一定

的影响。

在工程实用上，工后沉降的概念很有用，工后沉降过大可能导致与建筑物相连的管线折断、建筑物墙体开裂、桥梁净空减少、路基标高下降以及引发桥头跳车等问题。工程竣工后可能发生的沉降量常为工程界和业主所关心，特别是竣工后一段时间内的沉降量，以便采取科学的地基处理方案，确定合理的工期安排等。一般情况下，工后沉降包括在施工阶段尚未完成的固结沉降和次固结沉降的大部分。

考虑不同变形阶段的沉降计算方法，全面考虑了地基变形发展过程中由三个分量组成，将瞬时沉降、固结沉降及次固结沉降分开来计算，然后叠加，更趋于接近实际的最终沉降。本法计算最终沉降量对黏性土地基是合适的，尤其适于计算饱和黏性土地基，对含有较多有机质的黏土，次固结沉降历时较长，实践中只能进行近似计算。而对于砂性土地基，由于透水性好，固结完成快，瞬时沉降与固结沉降已分不开来，故不适合于用此方法估算。

本 章 小 结

（1）为了保证建筑物的安全和正常使用，必须预先对建筑物基础可能产生的最大沉降进行估算。预测沉降，必须有计算参数，该参数由试验测得。

（2）室内压缩试验所得的指标有压缩系数、压缩模量、压缩指数、回弹指数、前期固结压力等，主要用于分层总和法和规范法计算地基的最终沉降量。

（3）现场载荷试验可确定土的变形模量，变形模量可用于弹性理论方法计算最终沉降量。

（4）土的弹性模量可采用三轴试验确定，可用于动荷载作用下，计算地基土的变形。

（5）注意压缩模量、变形模量、弹性模量三个变形指标在概念、试验方法、应变及应用上的区别，同时注意三者之间的关系。

（6）地基最终沉降量的计算方法包括：分层总和法、应力面积法（规范法）、弹性理论方法及考虑应力历史影响的计算方法，特别是分层总和法和规范法要重点掌握。

（7）饱和黏土在压力作用下，随时间的增长，孔隙水逐渐被挤出，孔隙体积随之减小的过程称为饱和土的渗透固结。渗透固结所需时间的长短与土的渗透性和土层厚度有关。太沙基一维固结理论又称单向固结，它是在基本假定的基础上，推导出太沙基一维固结微分方程，根据两种情况（土层单面排水和双面排水）下的初始条件和边界条件，采用分离变量法，求解微分方程。

（8）土层的平均固结度是指 t 时刻土层各点土骨架承担的有效应力图面积与起始超孔隙水压力（或附加应力）图面积之比，依此概念推导出固结度的表达式，用以计算不同时间地基的沉降量。

（9）将瞬时沉降、固结沉降及次固结沉降分开来计算，然后叠加，对黏性土地基是合适的，对含有较多有机质的黏土，次固结沉降历时较长，实践中只能进行近似计算。对于砂性土地基，不适合用此方法估算。

习 题

一、选择题

1. 土的压缩变形主要是由( )变形造成。
   A. 土孔隙的体积压缩变形　　　　　　　　B. 土颗粒的体积压缩变形
   C. 土孔隙和土颗粒的体积压缩变形之和

2. 土体压缩性 e-p 曲线是在何种条件下试验得到的( )。
   A. 完全侧限条件　　　B. 无侧限条件　　　C. 部分侧限条件

3. 压缩试验得到的 e-p 曲线,其中 p 是指( )。
   A. 孔隙应力　　　　B. 总应力　　　　C. 有效应力

4. 用分层总和法计算地基沉降时,附加应力曲线表示( )。
   A. 总应力　　　　B. 孔隙水压力　　　C. 有效应力

5. 所谓土的固结,主要是指( )。
   A. 总应力引起超孔隙水应力增长的过程
   B. 超孔隙水应力消散,有效应力增长的过程
   C. 总应力不断增加的过程

二、简答题

1. 引起土体压缩的主要原因是什么?

2. 试述土的各压缩性指标的意义和确定方法。

3. 分层总和法计算基础的沉降量时,若土层较厚,为什么一般应将地基土分层? 如果地基土为均质,且地基中附加应力均为(沿高度)均匀分布,是否还有必要将地基分层?

4. 分层总和法和规范法计算基础的沉降量有什么异同?

5. 地下水位上升或下降对建筑物沉降有什么影响?

6. 工程上有一种地基处理方法——堆载预压法。它是在要修建建筑物的地基上堆载,经过一段时间之后,移去堆载,再在该地基上修建筑物。试从沉降控制的角度说明该方法处理地基的作用机理。

7. 土层固结过程中,孔隙水压力和有效应力是如何转换的? 它们之间有何关系?

8. 超固结土与正常固结土的压缩性有何不同? 为什么?

9. 为何有了压缩系数还要定义压缩模量?

10. 计算地基最终沉降量的分层总和法与应力面积法的主要区别有哪些? 两者的实用性如何?

三、计算题

1. 饱和黏土试样在固结压缩仪中进行压缩试验,该土样原始高度为20mm,横截面积为30cm²,土样和环刀总重为1.756N,环刀重0.586N。当荷载压力由 $p_1=100$kPa 增加到 $p_2=200$kPa 时,在24h内土样的高度由19.31mm减少到18.76mm。试验结束后烘干土样,称得干土重量为0.910N。

(1) 计算与 p_1 及 p_2 对应的孔隙比 e_1 及 e_2。

（2）求 α_{1-2} 及 $E_{s(1\sim2)}$，并判断该土的压缩性。

2. 某工程钻孔土样的压缩试验数据列于表 5-10，试绘制压缩曲线，并计算压缩系数 α_{1-2} 和相应的压缩模量 E_s，且评价其压缩性。

表 5-10　某工程钻孔土样的压缩试验数据

垂直压力(kPa)		0	50	100	200	300	400
孔隙比	1#土样	0.866	0.799	0.770	0.736	0.721	0.714
	2#土样	1.085	0.960	0.890	0.803	0.748	0.707

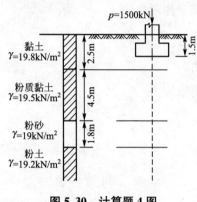

图 5.30　计算题 4 图

3. 某方形基础，边长为 4.0m，基础埋深 2.0m，地面以上荷载 $p=4720$kN。地表面为细砂，重度为 17.5kN/m³，厚度为 6.0m，压缩模量为 8.0MPa；第二层为粉质黏土，重度为 17.9kN/m³，厚度为 3.0m，压缩模量为 3.3MPa；第三层为碎石，重度为 18.5kN/m³，厚度为 4.5m，压缩模量为 22MPa。试用分层总和法计算粉质黏土层的压缩量。

4. 某矩形基础尺寸为 2.5m×4.0m，上部结构传到地面的荷载 $p=1500$kN，土层厚度、如图 5.30 所示。各土层的压缩试验数据见表 5-11，试分别用分层总和法和应力面积法计算基础的最终沉降量。

表 5-11　各土层的压缩试验数据

土层 ＼ p(kPa)	各级荷载下的孔隙比 e				
	0	50	100	200	300
黏土	0.810	0.780	0.760	0.725	0.690
粉质黏土	0.745	0.720	0.690	0.660	0.630
粉砂	0.892	0.870	0.840	0.805	0.775
粉土	0.848	0.820	0.780	0.740	0.710

5. 某黏土试样压缩试验数据见表 5-12。

表 5-12　室内压缩试验 $e-p$ 关系

p/(kPa)	0	35	87	173	346
e	1.060	1.024	0.989	1.079	0.952
p/(kPa)	693	1386	2771	5542	11085
e	0.913	0.835	0.725	0.617	0.501

（1）确定前期固结压力。

（2）求压缩指数 c_c。

（3）若该土样是从如图 5.31 所示的土层在地表下 11m 深处采得，则当地表瞬时施加

100kPa 无穷分布的荷载时，试计算该 4m 厚的黏土层的最终压缩量。

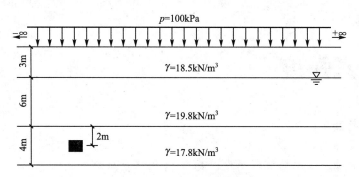

图 5.31 计算题 5 图

6. 如图 5.32 所示厚度为 10m 的黏土层，上下层面均为排水砂层，已知黏土层孔隙比 $e_0 = 0.8$，压缩系数 $\alpha = 0.25 \text{MPa}^{-1}$，渗透系数 $k = 6.3 \times 10^{-8} \text{cm/s}$，地表瞬时施加一无限分布均布荷载 $p = 180 \text{kPa}$。

试求：（1）加载半年后地基的沉降。

（2）黏土层达到 60% 固结度所需的时间。

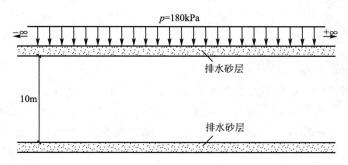

图 5.32 计算题 6 图

第**6**章
土的抗剪强度

【教学目标与要求】

● **概念及基本原理**

【掌握】土的强度；土的抗剪强度；莫尔-库伦强度破坏准则；土的抗剪强度指标——内摩擦角 φ 和粘聚力 c。

【理解】土的强度影响因素；土的抗剪强度指标的选用；孔隙压力系数；应力路径。

● **计算理论及计算方法**

【掌握】应用莫尔-库伦强度破坏准则，计算判别土的应力状态。

● **试验**

【掌握】直接剪切试验。

【理解】三轴压缩试验、无侧限抗压强度试验和原位十字板剪切试验。

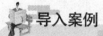 导入案例

案例一：土体滑坡

2008 年 5 月 12 日汶川发生 8.0 级大地震，给中国带来灾难。如图 6.1 所示，唐家山堰塞湖是汶川大地震后形成的最大堰塞湖，地震后山体滑坡，阻塞河道形成的唐家坝堰塞湖位于涧河上游距北川县城约 6km 处，是北川灾区面积最大、危险最大的一个堰塞湖。库容为 1.45 亿 m^3。体顺河长约 803m，横河最大宽约 611m，顶部面积约 30 万平方米，由石头和山坡风化土组成。产生山体滑坡的原因是地震时作用于土体的滑动力超过土的强度，于是山坡土体发生滑动。

案例二：挡墙破坏

2008 年 11 月 15 日，正在施工的杭州地铁湘湖站北 2 基坑现场发生大面积坍塌事故，如图 6.2 所示，导致萧山湘湖风情大道 75m 路面坍塌，并下陷 15m，正在路面行驶的约有 11 辆车辆陷入深坑。造成 21 人死亡，24 人受伤，直接经济损失 4961 万元。多方面因素综合作用最终导致了事故的发生，是一起重大责任事故。其直接原因是施工

图 6.1　汶川地震造成山体滑坡

图 6.2　杭州地铁路面塌陷

单位违规施工、冒险作业、基坑严重超挖；支撑体系存在严重缺陷且钢管支撑架设不及时；垫层未及时浇筑。

案例三：地基破坏

1964 年 6 月 16 日，日本新潟发生 7.5 级地震后，引起大面积砂土地基液化后产生很大的侧向变形和沉降，大量的建筑物倒塌或遭到严重损伤，如图 6.3 所示。地基破坏的原因是松砂地基在振动荷载作用下丧失强度，变成一种流动状态。

图 6.3 新潟地震造成地基破坏

6.1 概 述

土是固相、液相和气相组成的散体材料。一般而言，在外部荷载作用下，土体中的应力将发生变化。当外荷载达到一定程度时，土体将沿着其中某一滑裂面产生滑动，而使土体丧失整体稳定性。所以，土体的破坏通常都是剪切破坏。这种情况比较常见，具有直观性。如图 6.4 所示为德国东部马格德堡地区发生的山体滑坡。

图 6.4 德国东部马格德堡地区发生山体滑坡

在岩土工程中，土的抗剪强度是一个很重要的问题，是土力学中十分重要的内容。它不仅是地基设计计算的重要理论基础，而且是边坡稳定、挡土墙侧压力分析等许多岩土工程设计的理论基础。为了保证土木工程建设中建（构）筑物的安全和稳定，就必须详细研究土的抗剪强度和土的极限平衡问题。在工程建设实践中，道路的边坡、路基、土石坝以及建筑物的地基等丧失稳定性的例子很多，如图 6.5 所示。所有这些事故均是由于土中某一点或某一部分的应力超过土的抗剪强度造成的。

在实际工程中，与土的抗剪强度有关的问题主要有以下三个方面：第一，是土坡稳定性问题，包括土坝、路堤等人工填方土坡和山坡、河岸等天然土坡，以及挖方边坡等的稳定性问题，如图 6.5(a)所示；第二，是土压力问题，包括挡土墙、地下结构物等周围的土体对其产生的侧向压力可能导致这些结构物发生滑动或倾覆，如图 6.5(b)所示；第三，是地基的承载力问题，若外荷载很大，基础下地基中的塑性变形区扩展成一个连续的滑动

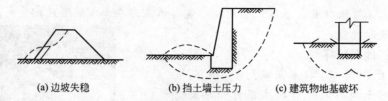

(a) 边坡失稳　　　　　(b) 挡土墙土压力　　(c) 建筑物地基破坏

图 6.5　工程中土的强度问题

面，使得建筑物整体丧失了稳定性，如图 6.5(c)所示。

　　任何材料都有其极限承载能力，通常称为材料的强度。土体作为一种天然的材料也有其强度，大量的工程实践和实验表明，土的抗剪性能在很大程度上可以决定土体的承载能力，所以在土力学中土的强度特指抗剪强度，土体的破坏为剪切破坏。与其他连续介质材料的破坏不同，土是由颗粒组成的，但一般很少考虑颗粒本身的破坏，土体破坏主要是研究土颗粒之间的连接破坏，或土颗粒之间产生过大的相对移动。

　　土的抗剪强度是指土体抵抗剪切破坏的能力。在外部荷载作用下，土体中便产生应力分布，从材料力学中可以知道，土体的任意斜面一般均会同时出现正应力和剪应力。土体沿该斜面是否被剪应力破坏，不但取决于这个斜面上的剪应力，还和斜面上所受到的正应力有关。这是因为剪应力作用的结果迫使土颗粒相互错动产生破坏；而正应力的作用则对土颗粒有压实、增加土抗剪的能力，有利于土体的稳定和强度的提高。由此可见，土的抗剪能力是和某一斜面上的正应力和剪应力两个因素有关的。土在什么情况下发生破坏，确切地说，应当是正应力和剪应力在什么组合情况下土才发生破坏。研究表明，土的抗剪强度不仅与土颗粒大小、形状、级配、密实度、矿物成分和含水量等因素有关，而且还与土受剪时的排水条件、剪切速率等外界环境条件有关。这就是土的抗剪强度的试验手段和指标选用较为复杂的原因。

6.2　土的抗剪强度理论

6.2.1　土的屈服与破坏

　　当土体受到外力作用时，其弹性变形和塑性变形几乎是同时发生的，表现出弹塑性材料的特点。土体单元在剪应力作用下或受剪切过程中，土的性状会发生各种复杂变化。土的抗剪强度与土体类型、受力状态等许多因素有关，因此，抗剪强度试验中所得到的应力-应变关系曲线也有所不同。

　　在常规三轴剪切试验中，常用偏应力$(\sigma_1-\sigma_3)$和竖向应变 ε_1 来表示土的应力-应变关系。如图 6.6 所示，曲线①表示理想弹塑性材料的应力-应变关系曲线，即$(\sigma_1-\sigma_3)$-ε_1 曲线。它是由一斜直线 OC 和一水平线组成的。斜直线代表线弹性材料的应力-应变特性，其应力-应变的关系是唯一的，不受应力历史和应力路径的影响。水平线表示理想塑性材料的应力-应变关系，其变形是不可恢复的。斜直线与水平线的交点 C 点是屈服点，也是破坏点，其所对应的应力为屈服应力$(\sigma_1-\sigma_3)_y$。

曲线②是超固结土或密砂在三轴固结试验
中测得的应力-应变关系曲线。$(\sigma_1-\sigma_3)$-ε_1关
系曲线上的起始段$\overline{Oa}$可以被认为是近似直线的
线弹性变形。随着土体应力的增加，土体产生
可恢复的弹性应变和显著的不可恢复的塑性应
变。当土体出现显著的塑性变形时，土体进入
屈服阶段。在应力增大的同时，土的屈服点位
置提高，这种现象称为应变硬化（加工硬化）。
当屈服点提高到b点时，土体才发生破坏。土
的应变硬化阶段$\overline{ab}$曲线段上的每一点都可以被
认为是屈服点。曲线②类型的土体在到达峰值
b点后，随着应变的继续增大，其对应的应力
则反而下降，这种现象称为应变软化（加工软
化），其终值强度称为残余强度。

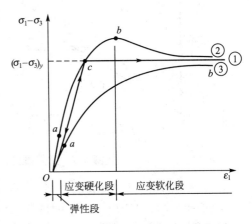

图6.6　土的应力-应变关系曲线

曲线③表示正常固结土或松砂在相应的三轴固结试验中测得的应力-应变关系曲线，
其应力-应变曲线无明显的强度峰值。随着应变的增加，强度会不断增长，最终稳定在某
一终值，其强度的峰值与终值将同时出现。

对于不同类型的土，土的屈服及强度的概念和数值都是各不相同的。一般情况下，土
的抗剪强度是抵抗剪切破坏的最大能力，因此常取峰值强度作为土的强度破坏值。但对于
无明显峰值强度破坏可以采取以下两种方法。

（1）对于三轴试验，常取竖向应变ε_1达到$15\%\sim20\%$时对应的应力作为土的抗剪强
度。对于直剪试验，常取剪切位移达$4\sim6\mathrm{mm}$时的强度值。

（2）根据三轴试验结果，绘制有效主应力比$\Delta\sigma_1'/\Delta\sigma_3'$与竖向应变$\varepsilon_1$的关系曲线，取峰
值应力比所对应的应变值和强度作为破坏标准。

6.2.2　土的抗剪强度理论

当土体在外部荷载作用下发生剪切破坏时，作用在剪切面上的极限剪应力就称为土的
抗剪强度。法国学者C. A. Coulomb（库仑）通过对砂土的一系列试验研究，于1776年首先
提出了砂土的抗剪强度规律。对于砂土而言，τ_f与σ的关系曲线是通过原点的，而且，它
是与横坐标轴呈φ角的一条直线［图6.7(a)］。该直线方程为：

$$\tau_\mathrm{f}=\sigma\tan\varphi \tag{6-1a}$$

式中：τ_f——砂土的抗剪强度$(\mathrm{kN/m^2})$；

σ——砂土试样所受的法向应力$(\mathrm{kN/m^2})$；

φ——砂土的内摩擦角，°。

对于黏性土和粉土而言，τ_f和σ之间的关系基本上仍呈一条直线，但该直线并不通过
原点，而与纵坐标轴形成一截距c［图6-7(b)］，其方程为：

$$\tau_\mathrm{f}=\sigma\tan\varphi+c \tag{6-1b}$$

式中：c——黏性土或粉土的黏聚力$(\mathrm{kN/m^2})$；

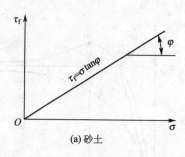

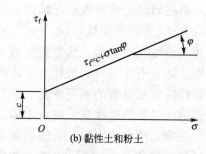

图 6.7 抗剪强度 τ_f 与法向应力 σ 的关系曲线

其余符号的意义与前相同。

由(6-1)式可以看出,砂土的抗剪强度是由法向应力产生的内摩擦力 $\sigma\tan\varphi$($\tan\varphi$ 称为内摩擦系数)形成的;而黏性土和粉土的抗剪强度则是由内摩擦力和黏聚力形成的。在法向应力 σ 一定的条件下,c 和 φ 值越大,抗剪强度 τ_f 越大,所以,称 c 和 φ 为土的抗剪强度指标,可以通过试验测定。

土的抗剪强度指标可通过室内抗剪强度试验测定。砂土(无黏土性)的黏聚力 c 为零,其抗剪强度主要来源于砂粒间的内摩擦力,即 φ 角的大小,而内摩擦角 φ 取决于砂粒之间的滑动摩擦力和凹凸面间的相嵌作用所产生的摩阻力。一般可以取中砂、粗砂、砾砂的 $\varphi=32°\sim40°$;粉砂、细砂的 $\varphi=28°\sim36°$(但饱和粉、细砂的内摩擦角的取值,应持慎重态度,因为它们很容易失去稳定)。

在一般荷载范围内土的法向应力和抗剪强度之间呈直线关系,直线在纵坐标上的截距即为土的黏聚力 c,直线倾角即为内摩擦角 φ,它是由法国科学家库仑(C. A. Coulomb)于1776 年首先提出来的,所以也称为土体抗剪强度的库仑公式。随着土的有效应力原理的研究和发展,人们认识到,只有有效应力的变化才能引起土体强度的变化,因此,库仑公式可改写为

$$\tau_f = c' + \sigma'\tan\varphi' = c' + (\sigma - u)\tan\varphi' \qquad (6-2)$$

式中:σ'——土体剪切破裂面上的有效法向应力(kN/m^2);

$\quad\quad u$——土中的超静孔隙水压力(kN/m^2);

$\quad\quad c'$——土的有效黏聚力(kN/m^2);

$\quad\quad \varphi'$——土的有效内摩擦角(°)。

对于同一种土,土的有效抗剪强度指标 c' 和 φ' 的数值在理论上与试验方法无关,接近于常数。抗剪强度通常有两种表示方法,式(6-1)是用总应力表示的抗剪强度规律,又称之为抗剪强度总应力法;式(6-2)为抗剪强度的另一种表达方式,即抗剪强度有效应力法。试验研究表明,土的抗剪强度取决于土粒间的有效应力,用有效应力表示抗剪强度在概念上是合理的,但在实际工程应用中,需要测定土体的孔隙水压力,而并非所有工程都能如此,所以在工程中的实际应用仍不是很多。而以总应力表示抗剪强度,尽管不是十分合理,但由于其应用方便,故在工程中还是得到了较为广泛的应用。

莫尔(Mohr)于 1910 年提出了土体的剪切破坏理论,认为当任一平面上的剪应力等于材料的抗剪强度时该点就发生剪切破坏,且在破裂面上,法向应力 σ 与抗剪强度 τ_f 之间存在着函数关系,即

$$\tau_f = f(\sigma) \qquad (6-3)$$

这个函数所定义的曲线为一条微弯的曲线，称为莫尔破坏包线或抗剪强度包线（图 6.8）。实验证明，一般土在应力水平不很高的情况下，莫尔破坏包线近似于一条直线，可以用库仑抗剪强度公式(6-1)来表示。这种以库仑公式作为抗剪强度公式，根据剪应力是否达到抗剪强度作为破坏标准的理论就称为莫尔-库仑(Mohr - Coulomb)破坏理论。

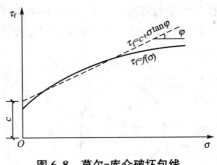

图 6.8 莫尔-库仑破坏包线

6.2.3 土的极限平衡理论

在荷载作用下，地基内任一点都将产生应力。根据土体抗剪强度的库仑定律：当土中任意点在某一方向的平面上所受的剪应力达到土体的抗剪强度时，就称该点处于极限平衡状态，即

$$\tau = \tau_f \qquad (6-4)$$

土体的极限平衡条件也就是土体的剪切破坏条件。在实际工程应用中，直接应用式(6-4)来分析土体的极限平衡状态是很不方便的。为了解决这一问题，对式(6-4)进行变换，将通过某点的剪切面上的剪应力以该点的主平面上的主应力表示，而土体的抗剪强度以剪切面上的法向应力和土体的抗剪强度指标来表示，然后代入式(6-4)，化简后就可得到实用的土体的极限平衡条件。

1. 土中某点的应力状态

在地基土中任意点取出一微分单元体，设作用在该微分体上的最大和最小主应力

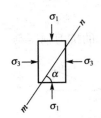

(a) 微分体上的应力　(b) 隔离体上的应力

图 6.9 土中任一点的应力

分别为 σ_1 和 σ_3。微分体内与最大主应力 σ_1 作用平面成任意角度 α 的平面 mn 上有正应力 σ 和剪应力 τ [图 6.9(a)]。为了建立 σ、τ 与 σ_1、σ_3 之间的关系，取微分三角形斜面体 abc 为隔离体 [图 6.9(b)]。将各个应力分别在水平方向和垂直方向上投影，根据静力平衡条件得：

$$\sum x = 0, \quad \sigma_3 ds \sin\alpha \cdot 1 - \sigma ds \sin\alpha \cdot 1 + \tau ds \cos\alpha \cdot 1 = 0 \qquad (a)$$

$$\sum y = 0, \quad \sigma_1 ds \cos\alpha \cdot 1 - \sigma ds \cos\alpha \cdot 1 - \tau ds \sin\alpha \cdot 1 = 0 \qquad (b)$$

联立求解以上方程(a)和(b)，即得平面 mn 上的应力为：

$$\left. \begin{array}{l} \sigma = \dfrac{1}{2}(\sigma_1 + \sigma_3) + \dfrac{1}{2}(\sigma_1 - \sigma_3)\cos 2\alpha \\[3mm] \tau = \dfrac{1}{2}(\sigma_1 - \sigma_3)\sin 2\alpha \end{array} \right\} \qquad (6-5)$$

由材料力学可知，以上 σ、τ 与 σ_1、σ_3 之间的关系也可以用莫尔应力圆的图解法表示，

即在直角坐标系中(图 6.10),以 σ 为横坐标轴,以 τ 为纵坐标轴,按一定的比例尺,在 σ 轴上截取 $OB=\sigma_3$、$OC=\sigma_1$,以 O_1 为圆心,以 $(\sigma_1-\sigma_3)/2$ 为半径,绘制出一个应力圆。从

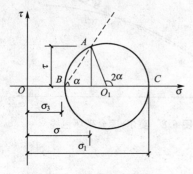

图 6.10 用莫尔应力圆求
正应力和剪应力

O_1C 开始逆时针旋转 2α 角,在圆周上得到点 A。A 点的横坐标就是斜面 mn 上的正应力 σ,其纵坐标就是剪应力 τ。事实上,可以看出,A 点的横坐标为:

$$\overline{OB}+\overline{BO_1}+\overline{O_1A}\cos2\alpha=\sigma_3+\frac{1}{2}(\sigma_1-\sigma_3)+\frac{1}{2}(\sigma_1-\sigma_3)\cos2\alpha$$

$$=\frac{1}{2}(\sigma_1+\sigma_3)+\frac{1}{2}(\sigma_1-\sigma_3)\cos2\alpha=\sigma$$

A 点的纵坐标为:

$$\overline{O_1A}\sin2\alpha=\frac{1}{2}(\sigma_1-\sigma_3)\sin2\alpha=\tau$$

图解法求应力所采用的圆通常称为莫尔应力圆。由于莫尔应力圆上点的横坐标表示土中某点在相应斜面上的正应力,纵坐标表示该斜面上的剪应力,所以,我们可以用莫尔应力圆来研究土中任一点的应力状态。

例 6.1 已知土体中某点所受的最大主应力 $\sigma_1=400\text{kN/m}^2$,最小主应力 $\sigma_3=200\text{kN/m}^2$。试计算与最大主应力 σ_1 作用平面成 30°角的平面上的正应力 σ 和剪应力 τ。

解:由式(6-5)计算,得:

$$\sigma=\frac{1}{2}(\sigma_1+\sigma_3)+\frac{1}{2}(\sigma_1-\sigma_3)\cos2\alpha$$

$$=\frac{1}{2}(400+200)+\frac{1}{2}(400-200)\cos(2\times30°)=350\text{kN/m}^2$$

$$\tau=\frac{1}{2}(\sigma_1-\sigma_3)\sin2\alpha=\frac{1}{2}(400-200)\sin(2\times30°)=86.6\text{kN/m}^2$$

2. 土的极限平衡条件(莫尔-库仑破坏准则)

为了建立实用的土体极限平衡条件,将土体中某点的莫尔应力圆和土体的抗剪强度与法向应力关系曲线(简称抗剪强度线)画在同一个直角坐标系中(图 6.11),这样,就可以判断土体在这一点上是否达到极限平衡状态。

由前述可知,莫尔应力圆上的每一点的横坐标和纵坐标分别表示土体中某点在相应平面上的正应力 σ 和剪应力 τ,如果莫尔应力圆位于抗剪强度包线的下方,即通过该点任一方向的剪应力 τ 都小于土体的抗剪强度 τ_f,则该点土不会发生剪切破坏,而处于弹性平衡状态(圆Ⅰ)。若莫尔应力圆恰好与抗剪强

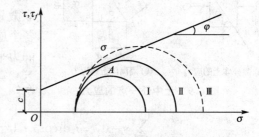

图 6.11 莫尔应力圆与土的
抗剪强度之间的关系

度线相切(圆Ⅱ),切点为 A,则表明切点 A 所代表的平面上的剪应力 τ 与抗剪强度 τ_f 相等,此时,该点土体处于极限平衡状态。圆Ⅲ落在破坏包线以上,表明土单元体已经破坏。实际上圆Ⅲ所代表的应力状态是不存在的,因为剪应力 τ 增加到抗剪强度 τ_f 时,不可

能再继续增长。

根据莫尔应力圆与抗剪强度线相切的几何关系，就可以建立起土体的极限平衡条件。

设土体中某点剪切破坏时的破裂面与大主应力的作用面成 α 角，如图 6.12(a)所示，则该点处于极限平衡状态时的摩尔圆如图 6.12(b)所示，将抗剪强度线延长与 σ 轴相交于 B 点，由直角三角形 ABO_1 可知：

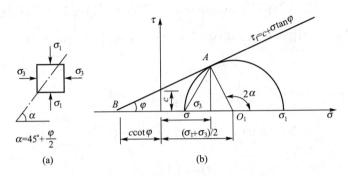

图 6.12 土体中一点达到极限平衡状态时的莫尔圆

$$\sin\varphi = \frac{\overline{AO_1}}{\overline{BO_1}}$$

因

$$\overline{AO_1} = \frac{1}{2}(\sigma_1 - \sigma_3)$$

$$\overline{BO_1} = c \cdot \cot\varphi + \frac{1}{2}(\sigma_1 + \sigma_3)$$

由此得

$$\frac{1}{2}(\sigma_1 - \sigma_3) = \left[c \cdot \cot\varphi + \frac{1}{2}(\sigma_1 + \sigma_3) \right]\sin\varphi \tag{6-6}$$

化简并通过三角函数间的变换关系，从而可得到土的极限平衡条件为：

$$\sigma_1 = \sigma_3 \tan^2\left(45° + \frac{\varphi}{2}\right) + 2c \cdot \tan\left(45° + \frac{\varphi}{2}\right) \tag{6-7a}$$

$$\sigma_3 = \sigma_1 \tan^2\left(45° - \frac{\varphi}{2}\right) - 2c \cdot \tan\left(45° - \frac{\varphi}{2}\right) \tag{6-7b}$$

由直角三角形 ABO_1 外角与内角的关系可得：

$$2\alpha = 90° + \varphi$$

即：

$$\alpha = 45° + \frac{\varphi}{2} \tag{6-8}$$

因此破裂面与大主应力的作用面成 $\left(45° + \frac{\varphi}{2}\right)$ 的夹角。

式(6-6)～式(6-8)是验算土体中某点是否达到极限平衡状态的基本表达式，这些表达式很有用，如在土压力、地基承载力等的计算中均需用到。

(1) 判断土体中一点是否处于极限平衡状态，必须同时掌握大、小主应力以及土的抗剪强度指标的大小及其关系，即为式(6-7)所表达的极限平衡条件。

(2) 土体剪切破坏时的破裂面不是发生在最大剪应力 τ_{max} 的作用面($\alpha = 45°$)上，而是发生在与大主应力的作用面成 $\alpha = 45° + \frac{\varphi}{2}$ 的平面上。

(3) 如果同一种土有几个试样在不同的大、小主应力组合下受剪破坏，则在 τ-σ 图上可得到几个摩尔极限应力圆，这些应力圆的公切线就是其强度包线，这条包线实际上是一条曲线，但在实用上常作直线处理，以简化分析。

例 6.2 设砂土地基中一点的最大主应力 $\sigma_1 = 400\text{kPa}$，最小主应力 $\sigma_3 = 200\text{kPa}$，砂土的内摩擦角 $\varphi = 25°$，黏聚力 $c = 0$，试判断该点是否破坏。

解: (1)按某一平面上的剪应力 τ 和抗剪强度 τ_f 的对比判断。

根据式(6-8)可知，破坏时土单元中可能出现的破裂面与最大主应力 σ_1 作用面的夹角 $\alpha_f = 45° + \dfrac{\varphi}{2}$。因此，作用在与 σ_1 作用面成 $45° + \dfrac{\varphi}{2}$ 平面上的法向应力 σ 和剪应力 τ，可按式(6-5)计算:

$$\sigma = \frac{1}{2}(\sigma_1 + \sigma_3) + \frac{1}{2}(\sigma_1 - \sigma_3)\cos 2\left(45° + \frac{\varphi}{2}\right)$$

$$= \frac{1}{2}(400 + 200) + \frac{1}{2}(400 - 200)\cos 2\left(45° + \frac{25°}{2}\right) = 257.7\text{kPa}$$

$$\tau = \frac{1}{2}(\sigma_1 - \sigma_3)\sin 2\left(45° + \frac{\varphi}{2}\right)$$

$$= \frac{1}{2}(400 - 200)\sin 2\left(45° + \frac{25°}{2}\right) = 90.6\text{kPa}$$

$$\tau_f = \sigma\tan\varphi = 257.7 \times \tan 25° = 120.2 > \tau = 90.6\text{kPa}$$

故可判断该点未发生剪切破坏。

(2) 按式(6-6)判断。

$$\sigma_{1f} = \sigma_3 \tan^2\left(45° + \frac{\varphi}{2}\right) = 200 \cdot \tan^2\left(45° + \frac{25°}{2}\right) = 492.8\text{kPa}$$

由于 $\sigma_{1f} = 492.8\text{kPa} > \sigma_1 = 400\text{kPa}$，故该点未发生剪切破坏。

(3) 按式(6-7)判断。

$$\sigma_{3f} = \sigma_1 \tan^2\left(45° - \frac{\varphi}{2}\right) = 400 \cdot \tan^2\left(45° - \frac{25°}{2}\right) = 162.8\text{kPa}$$

由于 $\sigma_{3f} = 162.8\text{kPa} < \sigma_3 = 200\text{kPa}$，故该点未发生剪切破坏。

6.3 抗剪强度指标的测定方法

建筑物的地基或挡土墙的设计首先要保证安全，为此在设计之前就需要测定土的抗剪强度指标，并由此计算地基的承载力、评价地基的稳定性。因此，正确测定土的抗剪强度指标在工程中有着极为重要的意义。土体的抗剪强度指标是通过土工试验确定的。世界各国室内试验常用的方法有直接剪切试验、三轴剪切试验;现场原位测试的方法有十字板剪切试验和大型直剪试验。各种仪器的构造与试验方法都不一样，应根据各类建筑工程的规模、用途与地基土的情况，选择相应的仪器与方法进行试验。

6.3.1 直接剪切试验

直接剪切试验是最早测定土的抗剪强度的试验方法，也是最简单的测定方法，如

图 6.13 所示为应变控制式直接剪切仪。该仪器的主要部分由固定的上盒和活动的下盒组成，直剪试验的试样一般呈扁圆柱形，高度为 2cm，面积为 30cm²。垂直压力由杠杆系统通过加压活塞和透水石传给土样，水平剪应力则由轮轴推动活动的下盒施加给土样。土体的抗剪强度可由量力环测定。将土样放置于刚性金属盒内上下透水石之间。进行直剪试验时，在施加每一级法向压力 p 后，土样产生相应的压缩 Δs，然后再在下盒施加水平向力，使其产生水平向位移 Δl，从而使土样沿着上盒和下盒之间预定的横截面承受剪切作用，直至土样剪切破坏。假设这时土样所承受的水平向推力为 T，土样的水平横断面面积为 A，那么，作用在土样上的法向应力则为 $\sigma = p/A$，而土的抗剪强度就可以表示为 $\tau_f = T/A$。

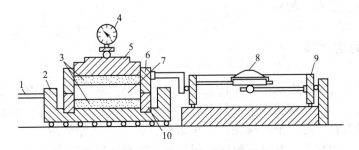

图 6.13　应变控制式直剪仪

1—轮轴；2—底座；3—透水石；4—垂直变形量表；5—活塞；
6—上盒；7—土样；8—水平位移量表；9—量力环；10—下盒

　　为了绘制出土的抗剪强度 τ_f 与法向应力 σ 的关系曲线，一般需要采用至少 4 个相同的土样进行直剪试验。对这些土样施加不同的法向应力，并使之产生剪切破坏，可以得到 4 组不同的 τ_f 和 σ 的数值。将试验结果绘制成剪应力 τ 和剪切变形 S 的关系曲线如图 6.14 所示。一般将曲线的峰值作为该级法向应力 σ 下相应的抗剪强度 τ_f。变换几种法向应力 σ 的大小，测出相应的抗剪强度 τ_f。在 σ-τ 坐标上，绘制 σ-τ_f 曲线，即为土的抗剪强度曲线，也就是莫尔-库仑破坏包线，如图 6.15 所示。

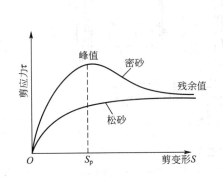

图 6.14　剪应力-剪变形关系曲线

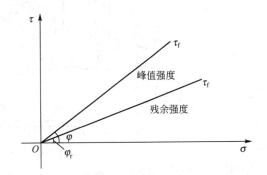

图 6.15　峰值强度和残余强度曲线

　　根据试验时土样的排水条件，直剪试验可分为快剪、固结快剪和慢剪三种方法。快剪试验时，试样上、下面放上蜡纸或塑料薄膜，同时不用透水石垫块，而用其他不透水垫块，在试样施加竖向应力 σ 后，立即快速施加水平剪应力，而且以很快的速率使土样剪切破坏，此时可近似认为土样在这样短时间内没有排水固结，得到的抗剪强度指标用 c_q、φ_q

表示；固结快剪是试样在施加竖向荷载 σ 后充分排水固结，待固结稳定，再快速施加水平剪应力并快速使土样剪切破坏，得到的抗剪强度指标用 c_{cq}、φ_{cq} 表示；慢剪是试样在施加竖向荷载 σ 后，让土样充分排水固结，固结后以慢速施加水平剪应力，试样缓慢剪切破坏，使试样在受剪过程中一直有时间充分排水固结和产生体积变形，得到的指标用 c_s、φ_s 表示（固结快剪和慢剪试验时，试样上、下面放滤纸和透水石）。

直接剪切试验是测定土的抗剪强度指标常用的一种试验方法。它具有仪器设备简单、操作方便等优点。但是，它的缺点是土样上的剪应力沿剪切面分布不均匀，不容易控制排水条件，在试验过程中，剪切面发生变化等。直剪试验适用于二、三级建筑的可塑状态黏性土与饱和度不大于 0.5 的粉土。

6.3.2 三轴剪切试验

土体一般处在三轴压缩状态，并且工程中的土体是三轴不等压状态。要想真正了解实际情况，最好的办法是在实验室中进行土的三向不等压试验，但目前三向不等压的试验装置较复杂，还没有在工程中推广应用。这里说的三轴压缩试验是指土样在三个方向受压，但有两个方向的压力相等。其基本原理是用塑胶套将圆柱形土样密封起来，放置在一个密封容器（压力室）内，用液体对土样施加围压，此时 $\sigma_2 = \sigma_3$，竖向（或轴向）加载装置施加 σ_1。试验时 σ_3 保持不变，增大 σ_1，直至土样破坏。这种条件下的试验称为常规三轴压缩试验。

三轴剪切试验仪由受压室、周围压力控制系统、轴向加压系统、孔隙水压力系统以及试样体积变化量测系统等组成（图 6.16）。

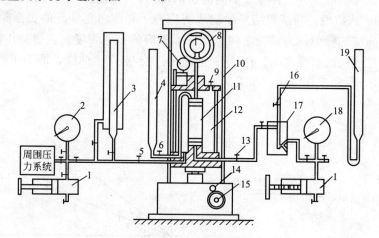

图 6.16 三轴剪切仪

1—调压筒；2—周围压力表；3—体变管；4—排水管；5—周围压力阀；6—排水阀；7—变形量表；
8—量力环；9—排气孔；10—轴向加压设备；11—试样；12—压力室；13—孔隙压力阀；
14—离合器；15—手轮；16—量管阀；17—零位指示器；18—孔隙水应力表；19—量管

常规三轴压缩试验的主要方法步骤如下：将圆柱体土样用乳胶膜包裹，固定在压力室内的底座上。先向压力室内注入液体（一般为水），使试样受到周围压力 σ_3，并使 σ_3 在试验过程中保持不变。然后在压力室上端的活塞杆上施加垂直压力直至土样受剪破坏。设土样破坏时由活塞杆加在土样上的垂直压力为 $\Delta\sigma_1$，则土样上的最大主应力为 σ_1，而最小主应力为 σ_3。由 σ_{1f} 和 σ_3 可绘制出一个莫尔圆。用同一种土制成 3～4 个土样，按上述方法进行试验，对每个土样施加不同的周围压力 σ_3，可分别求得剪切破坏时对应的最大主应力 σ_1，将这些结果绘成一组莫尔圆。根据土的极限平衡条件可知，通过这些莫尔圆的切点的直线就是土的抗剪强度线，由此可得抗剪强度指标 c、φ 值（图 6.17）。

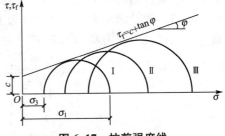

图 6.17　抗剪强度线

在确定饱和黏性土的抗剪强度时，要考虑土的实际固结程度。试验表明，土的固结程度与土中孔隙水的排水条件有关。在试验时必须考虑实际工程地基土中孔隙水排出的可能性。根据实际工程地基的排水条件，室内抗剪强度试验分别采用以下 3 种方法。

1. 不固结不排水剪（或称快剪）

这种试验方法在全部剪切试验过程中都不让土样排水固结。在直接剪切试验中，在土样上下两面均贴以蜡纸，在加法向压力后即施加水平剪力，使土样在 3～5min 内剪坏；而在三轴剪切试验中，先施加周围应力 σ_3。而后，再施加竖向应力（也称偏应力）$\Delta\sigma_1 = \sigma_1 - \sigma_3$。试验过程由始至终关闭排水阀门，土样在剪切破坏时不能将土中的孔隙水排出。因此，土样在加压和剪切过程中，含水量始终保持不变。这种常规三轴剪切试验称不固结不排水剪试验（UU）。

2. 固结不排水剪（或称固结快剪）

在直接剪切试验中，在法向压力作用下使土样完全固结。然后很快施加水平剪力，使土样在剪切过程中来不及排水。而在三轴剪切试验中，先对土样施加周围压力 σ_3，将排水阀门开启，让土样中的水排入量水管中，直至排水终止，土样完全固结。然后关闭排水阀门，施加竖向压力 $\Delta\sigma_1 = \sigma_1 - \sigma_3$，使土样在不排水条件下剪切破坏。此种常规三轴剪切试验称为固结不排水剪试验（CU）。

3. 固结排水剪（或称慢剪）

这种试验方法的特点是，在全部试验过程中，允许土样中的孔隙水充分排出，始终保持 $u = 0$。在直剪试验中，先让土样在竖向压力下充分固结，然后再慢慢施加水平剪力，直至土样发生剪切破坏。在三轴剪切试验中，在固结过程和 $\Delta\sigma_1 = \sigma_1 - \sigma_3$ 的施加过程中，都让土样充分排水（将排水阀门开启），使土样中不产生孔隙水压力。故施加的应力就是作用于土样上的有效应力。此种常规三轴试验称为固结排水剪（CD）。

采用三轴压缩试验，土的受力状态以及孔隙水的影响比直剪试验更能接近实际情况，试验结果更为可靠，是测定土的抗剪强度的一种较为完善的方法。所以我国《建筑地基基础设计规范》（GB 50007—2011）规定：甲级建筑物应采用三轴压缩试验。对于可塑性黏性土与饱和度不大于 0.5 的粉土，可采用直剪试验。

6.3.3　无侧限抗压试验（三轴试验的一种特殊情况）

如图 6.18(a) 所示为无侧限抗压强度仪。试验时将圆柱形试样放入无侧限抗压强度仪中，在不加任何侧向压力的情况下施加垂直压力，直至使试件破坏为止，剪切破坏时试样所能承受的最大轴向压力 q_u 称为无侧限抗压强度。三轴试验时，如果对土样不施加周围压力，而只施加轴向压力，则土样剪切破坏的最小主应力 $\sigma_3=0$，最大主应力 $\sigma_1=q_u$，此时绘出的莫尔极限应力圆如图 6.18(b) 所示。q_u 称为土的无侧限抗压强度。

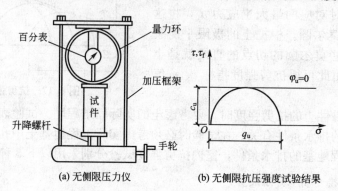

(a) 无侧限压力仪　　(b) 无侧限抗压强度试验结果

图 6.18　无侧限试验极限应力圆

对于饱和软黏土，可以认为 $\varphi=0$，此时其抗剪强度线与 σ 轴平行，且有 $c_u=q_u/2$。所以，可用无侧限抗压试验测定饱和软黏土的强度，该试验多在无侧限抗压仪上进行。

6.3.4　十字板剪切试验

室内抗剪强度试验要求取得原状土样，在取样、运送及制备过程中，这些原状土样特别是高灵敏度的软黏土样不可避免地受到扰动，含水量也难以保持，同时有些原状土样的获取也比较困难。因此，采用原位测定土的抗剪强度试验具有重要的意义。十字板剪切试验是在工地现场直接测试地基土抗剪强度的一种原位测试方法。

十字板剪切仪如图 6.19 所示。在现场试验时，先钻孔至需要试验的土层深度以上 750mm 处，然后将装有十字板的钻杆放入钻孔底部，并插入土中 750mm，施加扭矩使钻

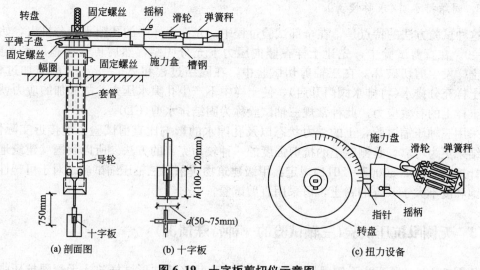

(a) 剖面图　　(b) 十字板　　(c) 扭力设备

图 6.19　十字板剪切仪示意图

杆旋转直至土体剪切破坏。土体的剪切破坏面为十字板旋转所形成的圆柱面。土的抗剪强度可按下式计算：

$$\tau_f = k_c(p_c - f_c) \tag{6-9a}$$

$$k_c = \frac{2R}{\pi D^2 h \left(1 + \dfrac{D}{3h}\right)} \tag{6-9b}$$

式中：k_c——十字板常数；

p_c——土发生剪切破坏时的总作用力，由弹簧秤读数求得（N）；

f_c——轴杆及设备的机械阻力，在空载时由弹簧秤事先测得（N）；

h、D——十字板的高度和直径（mm）；

R——转盘的半径（mm）。

十字板现场剪切试验为不排水剪切试验，其试验结果与无侧限抗压强度试验结果比较接近，即：

$$\tau_f \approx q_u/2 \tag{6-10}$$

十字板剪切试验的优点是不需钻取原状土样，对土的结构扰动较小。它适用于软塑状态的黏性土。

6.3.5 大型直剪试验

对于无法取得原状土样的土类，《建筑地基基础设计规范》（GB 50007—2011）采用现场大型直剪试验。该试验方法适用于测定边坡和滑坡的岩体软弱结合面、岩石和土的接触面、滑动面和黏性土、砂土、碎石土的混合层及其他粗颗粒土层的抗剪强度。由于大型直剪试验土样的剪切面面积较室内试验大得多，又在现场测试，因此它更能符合实际情况。有关大型直剪试验的设备及试验方法可参看有关土工试验专著。

6.3.6 饱和黏性土剪切试验方法的选择

工程实践和试验都表明，土的抗剪强度随排水固结状况的不同而变化。随着固结度的增加，饱和黏性土土颗粒之间的有效应力也随着增大。由于黏性土的抗剪强度公式 $\tau_f = \sigma\tan\varphi + c$ 中的第一项的法向应力应该采用有效应力 σ'，因此饱和黏性土的抗剪强度与土的固结程度密切相关。

不同性质的土层和加荷速率引起的排水固结状态是不一样的，如软土地基上快速修建建筑物，由于加荷速度快，土的渗透性差，则这种情况下土的强度和稳定性问题分析是基于不排水条件进行的；再如地基为粉土和粉质黏土薄层，上下都存在透水层（如砂土层）形成两面排水，在此条件下若施工周期较长的话，地基土能充分排水固结，则这种情况下的强度和稳定性问题分析是基于排水条件进行的。

在确定土的抗剪强度指标时，要求室内的试验条件能模拟实际工程中土体的排水固结状况。为了模拟土体在现场受剪时的排水固结条件，三轴压缩试验和直接剪切试验分别有三种不同试验方法，而且在理论上它们是两两相对应的。如当黏土层较厚、渗透性能较差、施工速度较快的工程的施工期和竣工期可采用不固结不排水剪试验（或快剪试验）的强度指标；如当黏土层较薄，渗透性较大，施工速度较慢工程的竣工期可采用固结不排水剪试验(固结快剪试验)的强度指标等。需要强调的是直剪试验中的"快"与"慢"仅是"不排水"与"排水"的等义词，是为了通过快和慢的剪切速率来解决土样的排水条件问题，而并不是解决剪切速率对强度的影响。

由于采用有效应力法及相应指标进行工程设计与计算，概念明确，指标稳定，该法是一种比较合理的方法。当用有效应力法进行工程设计时，应选用有效强度指标。有效强度指标可用直剪试验的慢剪、三轴压缩试验的固结排水剪和固结不排水剪等方法测定。

由于直剪和三轴压缩试验的优缺点，故直剪试验通常应用于一般工程，而三轴压缩试验则大多在重要工程中应用。具体采用哪种试验方法，要根据地基土的实际受力情况和排水条件而定。鉴于近年来国内房屋建筑施工周期缩短，结构荷载增长速率较快，因此验算施工结束时的地基短期承载力时，《建筑地基基础设计规范》(GB 50007—2011)建议采用不排水剪，以保证工程的安全。该规范还规定，对于施工周期较长，结构荷载增长速率较慢的工程，宜根据建筑物的荷载及预压荷载作用下地基的固结程度，采用固结不排水剪。

6.3.7　抗剪强度的两种表示方法

由于抗剪强度即是土体抵抗剪切破坏的极限能力，土体所受的法向应力与其抗剪强度的关系可以用库仑公式(抗剪强度公式)表示，抗剪强度与法向应力的关系有两种表示方法。

1. 总应力表示法

前面介绍的抗剪强度公式(6-1)和三轴剪切试验三种试验方法得出的抗剪强度公式，其中施加的 σ_3 和 $\Delta\sigma_1 = \sigma_1 - \sigma_3$ 都是总应力，没有体现出孔隙水压力 u 的大小，故将抗剪强度公式(6-1)称为总应力表示法。

2. 有效应力表示法

如果在室内三轴试验过程中，可以测得孔隙水压力 u (包括孔隙水压力为零)的数值，则抗剪强度的应力表示法可以改写为

$$\tau_f = c' + (\sigma - u)\tan\varphi' = c' + \sigma'\tan\varphi' \tag{6-11}$$

式中：φ'、c'——有效抗剪强度指标。

在一个实际工程中，当施加总应力后，一般情况下可以认为总应力是不变的常量，但是，超静孔隙水压力 u 是随着时间而逐渐变化的。因此，有效应力和抗剪强度也必然会随着时间而改变，即有 $\tau_f = f(\sigma', t)$。有效应力表示法用超静孔隙水压力 u 随时间的变化来反映土的抗剪强度的变化。由于 u 随时间的变化是连续的，因而，有效应力表示法可以求知土的抗剪强度随时间变化过程中的任一时刻的数值，所以，式(6-11)是反映土的抗剪强度随时间变化的普遍关系式。而总应力表示法则是用土的抗剪强度指标 c、φ 值的变化来反映土的抗剪强度随时间的变化，即 c、$\varphi = f(t)$。土的抗剪强度指标只有三种，如直剪试验的 φ_q、c_q(快剪)，φ_{cq}、c_{cq}(固结快剪)，φ_s、c_s(慢剪)和三轴剪切试验中的 φ_u、c_u(不固结不排水剪)，φ_{cu}、c_{cu}(固结不排水剪)和 φ_d、c_d(固结排水剪)，因而，总应力法只能得到抗剪强度随时间连续变化过程中的三个特定值，即初始值(不排水剪)、最终值(排水剪)和某一中间值(固结不排水剪)，给实际工程的应用带来很大的不便。

6.4 饱和黏性土的抗剪强度

6.4.1 应力历史对饱和黏性土的抗剪强度的影响

黏性土按应力历史分为正常固结土、超固结土和欠固结土。当饱和黏性土处于不同固结程度时其力学性质也不同，因而研究饱和黏性土的强度变化规律时必须考虑到土的应力历史的影响。不同应力历史状态下的土体，因其所受到的固结压力不一样，造成土的剪前孔隙比也不一样，这将对土的抗剪强度产生影响。

如图 6.20 所示说明，当土体受压时，可以经历初始压缩、卸压及再压缩过程。图 6.20(a)为 $\sigma\text{-}e$ 的关系，初始压缩曲线 abc 表示土体的正常固结情况，卸荷曲线 cef 和再压缩曲线 fgc' 表示超固结情况。

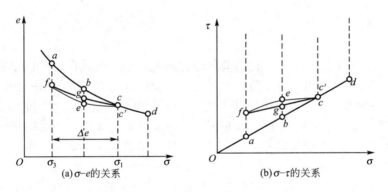

图 6.20 应力历史对抗剪强度的影响

图 6.20(b)为 $\sigma\text{-}\tau$ 的关系，初始压缩曲线 abc 表示正常固结土强度包线，曲线 cef 和曲线 fgc' 表示超固结土强度包线。由图可知，e、g、b 三点的 σ 值虽然都一样，但因受压经过不同(即应力历史)不同，e 点的抗剪强度大于 g 点，更大于 b 点的抗剪强度。abc、cef、fgc' 三线的 c、φ 值也不一样。一般说来，超固结土的强度要比正常固结土的高，这说明应力历史对黏性土的抗剪强度有一定影响。因此，考虑黏性土的抗剪强度时，要区分是正常固结土还是超固结土。在三轴试验中，若试样曾经受到的固结压力就是现有固结压力 σ_3，试样为正常固结。若试样曾经受到的固结压力大于现有固结压力 σ_3，则试样是超固结。

如图 6.21 所示反映了在进行不固结不排水剪试验时饱和黏性土的应力-应变关系。由图可知，正常固结土在剪切过程中随轴压$(\sigma_1-\sigma_3)$增大而土体积不断减少，类似松砂在剪切中的性状，出现剪缩现象。这是由于试样在不排水条件下受剪时孔隙水不能排出，剪应力引起孔隙水压力增加，使土体积发生压缩，结构变得更加密实。超固结土试样在不排水剪切时孔隙水压力发生短暂升高以后随剪应变增加而迅速下降，使试样体积膨胀，发生吸水，以至可能使孔隙水压力下降至零，甚至转为负值。

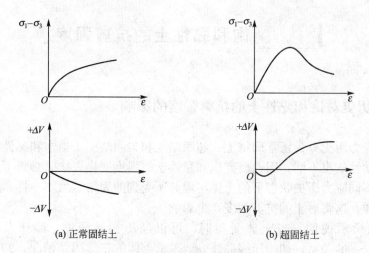

(a) 正常固结土　　　　　　　　　　　(b) 超固结土

图 6.21　饱和黏性土在不固结不排水剪试验中 $\sigma - \varepsilon (\Delta V - \varepsilon)$ 曲线

6.4.2　应力路径

土体内某点的应力状态可以用应力莫尔圆完整地表示，因此在加荷过程中，土体内某点的应力状态变化过程就可用一组莫尔圆来表示。土体内某点应力状态的变化，可用其某些特定平面上的应力状态的轨迹来反映。这些特定平面上的应力状态的轨迹即应力路径。采用不同的试验方法或不同的加荷方式对同一种土进行剪切试验，从试样开始剪切直至破坏的整个过程中，其应力变化过程是不一样的。这种不同的应力变化过程对土的力学性质将产生影响。

如图 6.22(a)所示一组莫尔应力圆表示常规三轴压缩试验中，在周围压力 σ_3 不变的情况下，增加竖向压力 $\Delta \sigma_1$ 至破坏的应力变化过程。这种表示方法在加荷复杂的条件下极易混淆。一般常用的特征应力点是莫尔圆上的最高顶点，其坐标用 (p, q) 表示，$p = (\sigma_1 + \sigma_3)/2$，$q = (\sigma_1 - \sigma_3)/2$，实际上 p、q 值就是土体内某点在最大剪应力平面上的法向应力和剪应力。按应力变化过程把应力点连接起来，并标上箭头指明应力状态发展的方向，就得到某个具体的应力路径，如图 6.22(b)所示。因此，应力路径是指土体内某点在加荷过程中的应力点的移动轨迹，它是反映土中某一点的应力状态变化过程的一种方法。

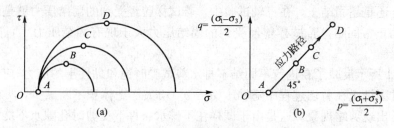

图 6.22　应力路径

土的加荷方式不同，其应力变化过程不同，应力路径也就不同。土中应力有总应力和有效应力之分，应力路径也有总应力路径(Total Stress Path，简写 TSP)，如图 6.23 所示和有效应力路径(Effective Stress Path，简写 ESP)。在三轴试验中保持周围压力 σ_3 不变，而逐步增加竖向压力 σ_1，试样破坏时的极限应力圆与抗剪强度包线相切于 B' 点 [图 6.23(a)]，而相应最大剪应力面上的应力路径为 AB 线 [图 6.23(b)]。如保持 σ_1 不变，逐步减小 σ_3，极限应力圆与抗剪强度包线相切于 C' 点，则应力路径为 AC。应力路径不同，土的强度指标不受影响，但其抗剪强度却随应力路径而有很大变化。当沿 AB 线加荷时，试样破坏面上的抗剪强度为 τ_{f1}，沿 AC 线加荷时，试样破坏面上的抗剪强度仅为 τ_{f2}，比 τ_{f1} 小。

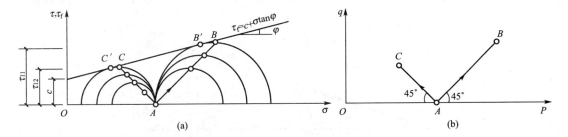

图 6.23　剪破面和最大剪应力面上的总应力路径

如图 6.24 所示表示在 p 或 $p'=(\sigma_1'+\sigma_3')/2$ 与 $q=(\sigma_1-\sigma_3)/2$ 坐标系中固结不排水剪试验的正常固结土和超固结土的应力路径。图 6.24(a)表示正常固结饱和黏性土在三轴固结不排水试验中的应力路径。图中 AB 为总应力路径，AB' 为有效应力路径，均起始于 A 点。在某一周围压力下固结稳定，随着竖向压力的逐渐增加，试样的总应力路径从 A 点逐渐向 B 点方向移动，直至剪切破坏时到达 B 点，AB 线与横坐标成 $45°$ 角。由于正常固结土在剪切过程中孔隙水压力为正值，有效应力路径由 A 点向 B' 点移动，直至剪切破坏时移至 B' 点。B 点和 B' 点高度相同，水平距离为 u_f。正常固结土的 K_f 和 K_f' 线都通过原点，与横坐标的夹角分别为 θ 和 θ'。

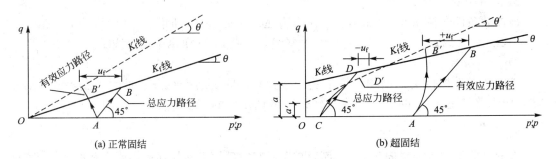

图 6.24　三轴压缩固结不排水剪中的应力路径

超固结饱和黏性土在三轴固结不排水试验中的应力路径如图 6.24(b)，由于超固结土有前期固结压力 p_c，若试样的周围压力(A 点)略小于 p_c(属弱超固结)，在固结稳定后再逐渐增大竖向压力，则试样总应力路径由 A 点向 B 点移动，直至剪切破坏移至 B 点，有效应力路径由 A 点向 B' 点移动，直至剪切破坏移至 B' 点。若试样的周围压力(C 点)远小于 p_c，此时试样属强超固结，在固结稳定后再逐渐加大竖向压力，试样总应力路径就会从 C 点向 D 点移动，直至试样破坏时移至 D 点，由于强超固结土接近剪切破坏时孔隙压力为负值，则有效应力路径由 C 点移向 D' 点(D' 点在 D 点右侧)，直至试样破坏时移至 D' 点。超固结土的 K_f 和 K_f' 线均不通过原点，与纵坐标的截距分别为 a 和 a'，与横坐标的夹角分别为 θ 和 θ'。

如果将三轴固结不排水试验的有效应力路径所确定的 K_f' 线和土的有效应力包线绘制在同一张图上，则可求得有效应力强度参数 c' 和 ϕ'，如图 6.25 所示。若以有效应力表示，则：

$$c' \cdot \cot\varphi' \cdot \tan\theta' = a' \qquad (6-12)$$

式中 θ'——K_f' 线与横坐标的夹角；

a'——K_f' 线在纵坐标上的截距，如果已知 K_f（或 K_f'）线，便可通过 a'、θ' 反算 c' 和 φ'。

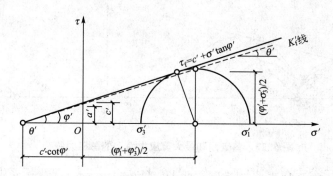

图 6.25　三轴压缩固结不排水剪中的应力路径

1. 几种典型加载条件下三轴试验的应力路径

1）三向等压

该加载条件应力增量 $\Delta\sigma_1$ 和 $\Delta\sigma_3$ 等量增加。此时，$\Delta p = \Delta\sigma_3$，$\Delta q = 0$，应力路径是 $q = 0$ 的水平直线，如图 6.26 中的直线①。应力圆是圆心位置不断增大的一系列点圆，应力路径不会和 K_f 线相交，试样不会破坏。

2）$\sigma_3 = \text{const}$

该加载条件保持 $\sigma_3 = \text{const}$ 不变，偏应力 $\Delta\sigma_1 = \sigma_1 - \sigma_3$ 不断增加。此时，$\Delta\sigma_3 = 0$，$\Delta\sigma_1 = \Delta\sigma$，$\Delta p = \Delta q = \Delta\sigma/2$，应力路径是 45°的斜线，如图 6.26 所示中的直线②。

3）$p = \text{const}$

该加载条件保持 σ_1 的增加量等于 σ_3 的减少量，即 $\Delta\sigma_1 = -\Delta\sigma_3$。此时，$\Delta p = 0$，$\Delta q = \Delta\sigma_1$，应力路径是 $p = c$ 的竖向直线，如图 6.26 所示中的直线③。

2. 直剪试验的应力路径

直剪试验是先施加法向应力 σ，而后在 σ 不变的条件下施加并逐渐增大剪应力 τ，直至破坏。预定剪切破坏面上的总应力路径如图 6.27 所示中折线 OAB，先是一条与横坐标重

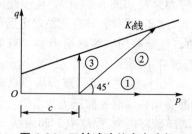

图 6.26　三轴试验总应力路径

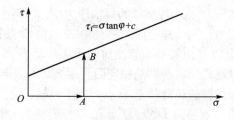

图 6.27　直剪试验的应力路径

合的水平线，A 点以后成为一竖直线，直至破坏点 B。根据 B 点的应力可以确定土的强度指标 c 和 φ。

6.4.3　排水条件对饱和黏性土的抗剪强度的影响

根据前期固结压力，沉积土层的固结状态可分为三类，即：正常固结、超固结和欠固结。在三轴压缩试验中，如果给试样所加的固结压力 σ_3（即周围压力）就是它受到过的最大固结压力（前期固结压力）p_c，则试样处于正常固结状态；如果给试样所加 σ_3 小于 p_c，试样就处于超固结状态。饱和黏性土的抗剪强度不仅受固结程度、排水条件的影响，而且还受到一定程度应力历史的影响。

常规三轴试验过程可分为两个阶段：第一阶段是固结阶段，即在压力室作用一定的水压，使试样在周围压力 σ_3 条件下处于各向等压状态；第二阶段是剪切阶段，即通过传力杆对试样施加竖向压力 $\Delta\sigma_1=\sigma_1-\sigma_3$ 至试样破坏。试验过程，试样处于排水或不排水状态，其孔隙水压力 u 和含水量 w 的变化见表 6-1。

表 6-1　试验过程中的孔隙水压力 u 及含水量 w 的变化

试验方法　　加荷情况	施加围压 σ_3	施加竖向压力 $\Delta\sigma_1$
不固结不排水剪（UU）	$u_1=\sigma_3$（不固结） $\omega_1=\omega_0$（含水量不变）	$u_2=A(\sigma_1-\sigma_3)$（不排水） $\omega_2=\omega_0$（含水量不变）
固结不排水剪（CU）	$u_1=0$（固结） $\omega_1<\omega_0$（含水量减小）	$u_2=A(\sigma_1-\sigma_3)$（不排水） $\omega_2=\omega_1$（含水量不变）
固结排水剪（CD）	$u_1=0$（固结） $\omega_1<\omega_0$（含水量减小）	$u_2=0$（排水） $\omega_2<\omega_1$（正常固结土排水） $\omega_2>\omega_1$（超固结土吸水）

注：此处所用符号是英文字的第一个字母：U 为不固结或不排水（Unconsolidation or undrained），C 为固结（consolidation），D 为排水（Drained）。

由于不同的试验方法在试验过程中控制的排水条件不同，因此，同一土样在不同试验方法中抗剪强度是不同的，所测的总应力强度指标也是各异的。

1. 不固结不排水剪

对于饱和黏土，不排水剪切试验所得出的抗剪强度包线基本上是一条水平线（图 6.28），$\varphi_u=0$，$c_u=(\sigma_1-\sigma_3)/2$。如图 6.28 所示中三个实线圆Ⅰ、Ⅱ、Ⅲ 分别表示三个土样在不同围压 σ_3 作用下进行 UU 试验的极限应力圆，虚线圆则表示极限有效应力圆。其中圆Ⅰ的 $\sigma_3=0$，相当于无侧限抗压强度试验。

试验结果表明，对同一组土样而言，在含水量不变的条件下，在不同的围压 σ_3 作用下，土样破坏时所得的极限主应力差 $(\sigma_1-\sigma_3)$ 恒为常数。因此图中各总应力圆直径相同，故抗剪强度包线为一条水平直线，从而有

$$\left.\begin{array}{l}\tau_f=c_u=\dfrac{1}{2}(\sigma_1-\sigma_3)\\[2mm]\varphi_u=0\end{array}\right\}\tag{6-13}$$

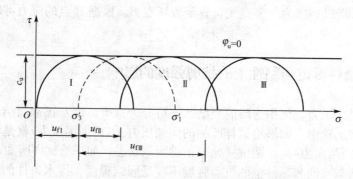

图 6.28　饱和黏性土不固结不排水剪试验结果

式中：c_u——土的不排水抗剪强度(kPa)。

φ_u——土的不排水内摩擦角(°)。

试验中若分别量测土样破坏时的孔隙水压力 u_f，并用有效应力表达试验成果，则无论围压如何变化，只能得到一个有效应力圆，且其直径与总应力圆的直径相等。这是因为在不排水条件下，土样在整个试验过程中的含水量和体积均保持不变，改变 σ_3 值只能引起孔隙水压力同等数值变化，而不能使土样中的有效应力发生改变，所以三个总应力圆具有同一有效应力圆，而且抗剪强度始终不变。无论是超固结土还是正常固结土，其 UU 试验的抗剪强度包线均是一条水平线，即 $\varphi_u = 0$。

不固结不排水剪试验所对应的实际工程条件相当于饱和软黏土中快速加荷时的应力状况。工程实践中，常采用不固结不排水抗剪强度来确定土的短期承载力以及评价土体的稳定性问题。

2. 固结不排水剪

在 CU 试验中，可以测得剪切过程中的孔隙水压力的数值，由此可求得有效应力。土样剪坏时的有效最大主应力 σ'_{1f} 和最小主应力 σ'_{3f} 分别为

$$\left.\begin{array}{l} \sigma'_{1f} = \sigma_{1f} - u_f \\ \sigma'_{3f} = \sigma_{3f} - u_f \end{array}\right\} \tag{6-14}$$

式中：σ_{1f}、σ_{3f}——土样剪坏时的最大、最小主应力；

u_f——土样剪坏时的孔隙水压力。

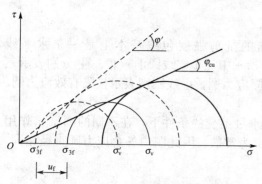

图 6.29　正常固结饱和黏性土的
固结不排水剪试验结果

对于正常固结土，其强度包线大多数为过坐标原点的直线，如图 6.29 所示中实斜线表示正常固结土的总应力强度包线。根据试样剪破时测得的孔隙水压力 u_f，可绘出图中虚斜线所示有效应力强度包线。由于 $\sigma'_1 = \sigma_1 - u_f$、$\sigma'_3 = \sigma_3 - u_f$，故有 $\sigma'_1 - \sigma'_3 = \sigma_1 - \sigma_3$，即有效应力圆直径与总应力圆直径相等，但位置不同，两者之间距离为 u_f。因为正常固结土试样在剪破时产生正的孔隙水压力，故有效应力圆在总应力圆左方。有效内摩擦角 φ' 比 φ_{cu} 大一倍左右。φ_{cu} 一般为 $10° \sim 25°$，c_{cu} 和 c'

都为零。

超固结土的固结不排水强度包线如图 6.30 所示。以前期固结压力 p_c 为界分成两部分。$\sigma_3 < p_c$（或 $\sigma_3' < p_c'$）为超固结部分，强度包线可近似地以直线 ab 表示，且不过坐标原点。$\sigma_3 > p_c$（或 $\sigma_3' > p_c'$）为正常固结部分，强度包线为直线段 bc，其延长线过坐标原点。超固结土的 $c' < c_{cu}$，$\varphi' > \varphi_{cu}$。

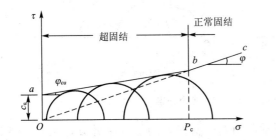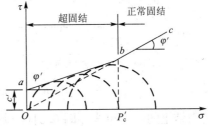

图 6.30　超固结饱和黏性土的固结不排水剪试验结果

固结不排水剪的总应力强度包线可表示为：
$$\tau_f = c_{cu} + \sigma \tan \varphi_{cu}$$
固结不排水剪的有效应力强度包线可表示为：
$$\tau_f = c' + \sigma' \tan \varphi'$$

工程中可根据现场土单元的 σ_3 的大小来选取土的抗剪强度指标。如果 $\sigma_3 < p_c$，用 ab 段的抗剪强度指标；如果 $\sigma_3 > p_c$，用 bc 段的抗剪强度指标。

例 6.3　一组 3 个饱和黏性土样的三轴固结不排水剪试验。3 个土样分别在 $\sigma_3 =$ 100kPa、200kPa 和 300kPa 下固结，剪切破坏时 3 个土样的大主应力分别为 $\sigma_{1f} = 210$kPa、390kPa 和 576kPa，剪切破坏时的孔隙水压力依次为 40kPa、95kPa 和 145 kPa。试求该饱和黏性土的总应力强度指标 c_{cu}、φ_{cu} 和有效强度指标 c'、φ'。

解： 三个总应力圆的半径和圆心坐标为
$$\frac{210 - 100}{2} = 55, \quad \left(\frac{210 + 100}{2} = 155, \ 0 \right)$$
$$\frac{390 - 200}{2} = 95, \quad \left(\frac{390 + 200}{2} = 295, \ 0 \right)$$
$$\frac{576 - 300}{2} = 138, \quad \left(\frac{576 + 300}{2} = 438, \ 0 \right)$$

对应的三个有效应力圆的半径与相应的总应力圆的半径相同，圆心坐标分别为：
$$(155 - 40 = 115, \ 0)$$
$$(295 - 95 = 200, \ 0)$$
$$(438 - 145 = 293, \ 0)$$

将上述三个总应力圆和有效应力圆分别画在 τ-σ 坐标系中，连接其各自三个圆的公切线，由其公切线在纵坐标上的截距大小及公切线与水平线夹角可得 c_{cu}、φ_{cu} 和 c'、φ' 分别为：$c_{cu} = 14.5$kPa；$\varphi_{cu} = 18°$；$c' = 5$kPa；$\varphi' = 27°48'$。

3. 固结排水剪（或慢剪）

正常固结土的强度包线也是过坐标原点的直线，如图 6.31(a)所示其原因与固结排水剪相似，即有 $c_d = 0$。φ_d 在 20°～40°之间。

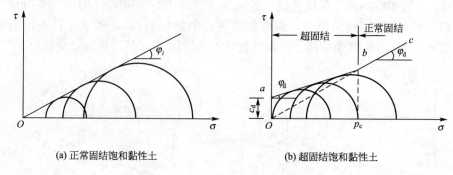

(a) 正常固结饱和黏性土　　　　　　　(b) 超固结饱和黏性土

图 6.31　固结排水(CD)剪试验结果

超固结土的强度包线如图 6.31(b)所示，当 $\sigma_3 < p_c$ 时，为超固结部分；土的强度包线为微弯的曲线，但可用近似的直线段 ab 代替；而 $\sigma_3 > p_c$，为正常固结部分，土的强度包线为一直线，其延长线通过坐标原点。

试验结果表明，固结排水剪得到的抗剪强度指标 c_d 和 φ_d 与固结不排水剪得到的有效抗剪强度指标 c' 和 φ' 很接近。所以常用 c'、φ' 来代替 c_d、φ_d，而不做费工费时的固结排水剪试验。

6.5 无黏性土的抗剪强度

无黏性土抗剪强度的主要影响因素是初始密实度，其状态可用初始孔隙比的大小来表示。一般来说，初始孔隙比越小，颗粒接触越紧密，颗粒间的滑动、滚动和咬合摩擦阻力就越大，其抗剪强度也就越大。如图 6.32 所示不同初始孔隙比的同一种砂土在相同周围压力 σ_3 下受剪时的应力-应变关系和体积变化。由图可见，密实的紧砂初始孔隙比较小，其应力-应变关系有明显的峰值。

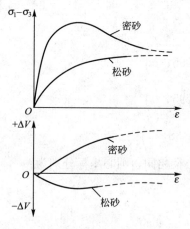

图 6.32　砂土受剪试的应力-应变和体积变化关系曲线

超过峰值后，随应变的增加应力逐步降低，呈应变软化型，其体积变化是开始稍有减少，继而增加（剪胀），这是由于较密实的砂土颗粒之间排列比较紧密，剪切时砂粒之间产生相对滚动，土颗粒之间的位置重新排列的结果。松砂的强度随轴向应变的增加而增大，应力-应变关系呈应变硬化型，对同一种土，紧砂和松砂的强度最终趋向同一值。松砂受剪其体积减小（剪缩），在高周围压力下，不论砂土的松紧如何，受剪时都将剪缩。

不同初始孔隙比的试样在同一压力下进行排水剪试验，可以得出初始孔隙比 e 与体积变化 $\Delta V/V$ 之间的关系，如图 6.33 所示，相应于体积变化为零的初始孔隙比

称为临界孔隙比 e_{cr}。在三轴试验中，临界孔隙比是与周围压力 σ_3 有关的，不同的 σ_3 可以得出不同的 e_{cr} 值。

如果饱和砂土的初始孔隙比 e_0 大于临界孔隙比 e_{cr}，在剪应力作用下由于剪缩必然使孔隙水压力增高，而有效应力降低，致使砂土的抗剪强度降低。当饱和松砂受到动荷载作用（例如地震），由于孔隙水来不及排出，孔隙水压力不断增加，就有可能使有效应力降低到零，因而使砂土像流体那样完全失去抗剪强度，这种现象称为砂土的液化，因此，临界孔隙比对研究砂土液化也具有重要意义。

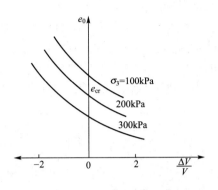

图 6.33　砂土的临界孔隙比

由于砂土的透水性强，在现场的受剪过程大多同于固结排水情况，因此，砂土的剪切试验，无论剪切速率如何，实际上都是排水剪切试验，所测得的内摩擦角接近于有效内摩擦角。因此，无黏性土的抗剪强度决定于有效法向应力和内摩擦角。

密实砂土的内摩擦角与初始孔隙比、土粒表面的粗糙度以及颗粒级配等因素有关。初始孔隙比小、土粒表面粗糙、级配良好的砂土，其内摩擦角较大。松砂的内摩擦角大致与干砂的天然休止角相等（天然休止角是指干燥砂土堆积起来所形成的自然坡角），可以在实验室用简单的方法测定。近年来的研究表明，无黏性土的强度性状也十分复杂，它还受各向异性、试样的沉积方法、应力历史等因素影响。

6.6 影响抗剪强度的主要因素

6.6.1 土的抗剪强度指标

土的抗剪强度指标 c 和 φ 是通过试验得出的，它们的大小反映了土的抗剪强度的高低。其中 $\tan\varphi = f$ 为土的内摩擦系数，$\sigma\tan\varphi$ 则为土的内摩擦力。库仑抗剪强度公式 $\tau_f = c + \sigma\tan\varphi$ 表明，土体的抗剪强度主要是由两部分组成的，一部分是剪切面上颗粒与颗粒接触面所产生的摩擦力；另一部分则是由颗粒之间的相互嵌入和连锁作用产生的咬合力。黏聚力 c 是由于黏土颗粒之间的胶结作用，结合水膜及分子引力作用等形成的，即摩擦强度 $\sigma\tan\varphi$ 和黏聚强度 c。按照库仑定律，对于某一种土，它们是作为常数来使用的。实际上，它们均随试验方法和土样的试验条件等的不同而发生变化，即使是同一种土，φ、c 值也不是常数。通常认为，对于无黏性土（粗粒土），由于土体颗粒较粗，颗粒的比表面积较小，其抗剪强度主要来源于粒间的摩擦阻力，土颗粒间没有黏聚强度，即 $c=0$。

1）摩擦强度

摩擦强度 $\sigma\tan\varphi$ 取决于剪切面上的法向正应力 σ 和土的内摩擦角 φ。粗粒土的内摩擦角涉及颗粒之间的相对移动，其物理过程包括如下两个组成部分：①滑动摩擦力，即是颗粒之间产生相互滑动时要克服由于颗粒表面粗糙不平而引起的滑动摩擦；②咬合摩擦力，即由于颗粒之间相互镶嵌、咬合、连锁作用及脱离咬合状态而移动所产生的咬合摩擦。

滑动摩擦力是由于颗粒接触面粗糙不平所引起的,其大小与颗粒的形状、矿物组成、土的级配等因素有关。咬合摩擦力是指相邻颗粒对于相对移动的约束作用。如图 6.34(a)所示为相互咬合着的颗粒排列。当土体内沿着某一剪切面而产生剪切破坏时,相互咬合着的颗粒必须从原来的位置被抬起 [如图 6.34(b)中颗粒 A],跨越相邻颗粒(颗粒 B),或者在尖角处将颗粒剪断(颗粒 C)然后才能移动。总之,先要破坏原来的咬合状态,一般表现为土体积的胀大,即所谓"剪胀"现象,才能达到剪切破坏。剪胀需要消耗部分能量,这部分能量需要由剪切力做功来补偿,即表现为内摩擦角的增大。土越密,磨圆度越小,咬合作用力越强,则内摩擦角越大。此外,在剪切过程中,土体中的颗粒重新排列,也要消耗掉或释放出一定的能量,这对于土的内摩擦角也有影响。

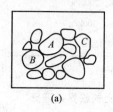
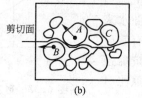

剪切面

(a)   (b)

图 6.34 土内的剪切面

综合以上分析,可以认为影响粗粒土内摩擦角的主要因素是:密度、粒径级配、颗粒形状、矿物成分等。

对于黏性土(细粒土),由于土的颗粒细微,颗粒的比表面积较小,颗粒表面存在着吸附水膜,土颗粒间可以在接触点处直接接触,也可以通过吸附水膜而间接接触,所以它的摩擦强度要比粗粒土复杂。除了由于土颗粒相互移动和咬合作用所引起的摩擦强度外,接触点处的颗粒表面,由于物理化学作用而产生吸引力,对土的摩擦强度也有影响。

2) 黏聚强度

黏性土(细粒土)的黏聚力 c 取决于土颗粒间的各种物理化学作用力,包括库仑力(静电力)、范德华力、胶结作用等。对黏聚力的微观研究是一个很复杂的问题,存在着各种不同的见解。前苏联学者把黏聚力 c 分成两部分,即原始黏聚力和固化黏聚力。原始黏聚力来源于土颗粒间的静电吸引力和范德华力。土颗粒间的距离越近,单位面积上土粒的接触点越多,则原始黏聚力越大。因此,对同一种土而言,其密度越大,原始黏聚力就越大。当土颗粒间相互离开一定距离以后,原始黏聚力才完全丧失。固化黏聚力决定于颗粒之间胶结物质的胶结作用。例如,土中存在的游离氯化物、铁盐、碳酸盐和有机质等。固化黏聚力除了与胶结物质的强度有关外,还随着时间的推移而逐渐加强。密度相同的重塑土的抗剪强度与原状土的抗剪强度有较大的区别。沉积年代越老的土,其抗剪强度越高。另外,地下水位以上的土,由于毛细水的张力作用,在土骨架间引起毛细压力。毛细压力也有联结土颗粒的作用。土颗粒越细,毛细压力越大。在黏性土中,毛细压力可达到一个大气压力以上。

无黏性土(粗粒土)的粒间分子力与重力相比可以忽略不计。一般观点认为,无黏性土不具有黏聚强度。但有时由于胶结物质的存在,粗粒土间也具有一定的黏聚强度。此外,非饱和的砂土,由于粒间受毛细压力的作用,含水量适当时也具有明显的黏聚作用,可以捏成团。但由于这是暂时性的,在工程中不能作为黏聚强度。

6.6.2 影响土的抗剪强度的因素

土的抗剪强度受到多种因素的影响,归纳起来,主要是土的性质和应力状态两个方面。具体分析如下。

1）土粒的矿物成分、形状和级配

无黏性土是粗粒土，其抗剪强度与土粒的大小、形状和级配有关，一般来说，土粒越大，形状越不规则，表面越粗糙，级配越好，则抗剪强度越高。而无黏性土土粒的矿物成分，无论是云母还是石英、长石，对其内摩擦角的影响都很小。

黏性土是细粒土，其土粒的矿物成分主要为鳞片状或片状的黏土矿物，通常为结合水所包围。黏土矿物的类型不同，其颗粒大小及相应的比表面数值不同，因而颗粒表面与水相互作用的能力（亲水性）不同，即颗粒外围的结合水膜厚度不同。由于结合水膜阻碍了土粒的真正接触，其厚度对黏粒晶体之间的电化学力（土的黏聚力）的传递和影响很大，所以黏性土土粒的矿物成分对其抗剪强度（主要是黏聚力）有显著的影响。

2）土的初始密度

土的抗剪强度一般随初始密度的增大而提高。这是因为：无黏性土的初始密度越大，则土粒间相互嵌入的连锁作用越强，受剪时须克服的咬合摩阻力就越大；而黏性土的初始密度越大，则意味着土粒间的间距越小，结合水膜越薄，因而原始黏聚力就越大。

3）含水率

尽管水分可以在无黏性土的粗颗粒表面产生润滑作用，使摩阻力略有降低，但试验研究表明，饱和状态时砂土的内摩擦角仅比干燥状态时小 $1°\sim2°$。因此，可以认为含水率对无黏性土的抗剪强度影响很小。

对黏性土来说，水分除在黏性土的较大土粒表面形成润滑剂而使摩阻力降低外，更为重要的是，土的含水率增加时，吸附于黏性土中细小土粒表面的结合水膜变厚，使土的黏聚力降低。所以，土的含水率对黏性土的抗剪强度有着重要影响，一般随着含水率的增加，黏性土的抗剪强度降低。

4）土的结构

当土的结构被破坏时，土粒间的联结强度（结构强度）将丧失或部分丧失，致使土的抗剪强度降低。由于无黏性土具有单粒结构，其颗粒较大，土粒间的分子吸引力相对很小，即颗粒间几乎没有联结强度，因此，土的结构对无黏性土的抗剪强度影响甚微；而黏性土具有蜂窝结构和絮状结构，其土粒间往往由于长期的压密和胶结等作用而得到联结强度，所以，土的结构对黏性土的抗剪强度有很大影响，但由于黏性土具有触变性，因扰动而削弱的强度经过静置又可得到一定程度的恢复。一般原状土的抗剪强度高于同密度和含水量的重塑土，所以施工时要注意保持黏性土的天然结构不被破坏，特别是开挖基槽更应保持持力层的原状结构不被扰动。

5）土的各向异性

土的各向异性表现在土结构本身的各向异性和由应力体系引起的各向异性两个方面。前者是因土颗粒在沉积过程中形成了一定方向的排列，以及土层在宏观上存在不均匀性所致，即决定于土的生成条件；后者则取决于土的原位应力条件。土结构本身的各向异性将使土体在不排水剪切时，由于大主应力方向的改变而导致土的强度等力学性质发生变化。同时，应力的各向异性也致使土在破坏时所需的剪应力增量不同，所以，土的各向异性对抗剪强度的影响是土结构本身的各向异性和应力体系的各向异性这两方面综合作用的结果。

各向异性对土的强度的影响，通过采用不同方向切取的试样进行试验来确定。试验结果表明，剪切面与层面平行时的强度和剪切面与层面垂直时的强度可能相差较大，且强度随剪切面与层面的夹角 θ 的改变而变化，如图 6.35 所示。土的这种各向异性强度，在具有各向异性的土体的稳定性分析中应引起注意，如图 6.36 所示。由于沿破坏面各点的剪切面与层面的夹角不同，同时各点的主应力条件也不同，因此破坏面上各点的各向异性有较大差别，这对安全系数的数值有明显的影响。

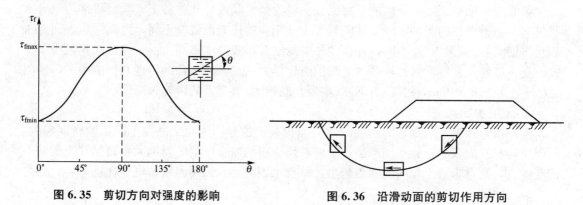

图 6.35　剪切方向对强度的影响　　　　图 6.36　沿滑动面的剪切作用方向

6）土的应力历史

土的受压过程所造成的土体的应力历史不同，对土的抗剪强度也有影响，如图 6.37 所示。图 6.37(a)表示孔隙比与有效应力的关系曲线；图 6.37(b)则表示抗剪强度与有效应力的关系曲线。天然土层根据前期固结压力 p_c 可分为正常固结土、超固结土和欠固结土 3 类，现假设有正常固结土和超固结土两个土层，在现有地面以下同一深度 z 处的现有固结压力相同，均为 $\sigma_c' = \gamma' z$，但由于它们经历的应力历史不同，在压缩曲线上将处于不同的位置，如图 6.37 中的 1 点和 2 点所示。由图可见，正常固结土和超固结土在相同的有效应力下剪切破坏，得到的抗剪强度是不同的，超固结土的强度(2 点)大于正常固结土的

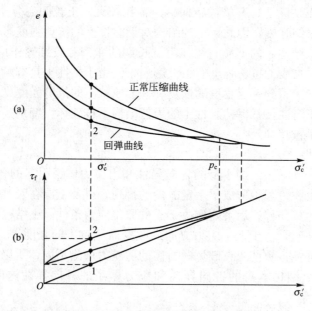

图 6.37　应力历史对土体强度的影响

强度(1点)。这是因为超固结土在应力历史上受过比现有压力 σ_c' 大的有效压力 p_c 的压密，其孔隙比 e 较相同压力 σ_c' 的正常固结土小，这意味着超固结土的颗粒密度比相同压力 σ_c' 的正常固结土大，因而土中摩阻力和黏聚力较大。

7) 孔隙水压力的影响

根据有效应力原理，作用于试样剪切面上总应力等于有效应力与孔隙水压力之和。孔隙水压力由于作用在土中自由水上，不会产生土粒之间的内摩擦力，只有作用在土的颗粒骨架上的有效应力，才能产生土的内摩擦强度。因此，土的抗剪强度应为有效应力的函数，库仑公式应改为 $\tau_f = (\sigma - u)\tan\varphi' + c'$，然而，在剪切试验中试样内的有效应力(或孔隙水压力)将随剪切前试样的固结程度和剪切中的排水条件而异。因此，同一种土，如试验条件不同，那么，即使剪切面上的总应力相同，也会因土中孔隙水是否排出与排出的程度，也即有效应力的数值不同，使试验结果的抗剪强度不同。因而在土工工程设计中所需要的强度指标试验方法必须与现场的施工加荷实际相符合。目前，为了近似地模拟土体在现场可能受到的受剪条件，而把剪切试验按固结和排水条件的不同分为不固结不排水剪、固结不排水剪和固结排水剪三种基本试验类型。但是直剪仪的构造却无法做到任意控制土样是否排水。在试验中，便通过采用不同的加荷速率来达到排水控制的要求，即采用快剪、固结快剪和慢剪三种试验方法。

8) 土的残余强度

图 6.6 中的曲线②是密砂受排水剪切过程中应力-应变的关系曲线。从图中不难看出有应力峰值出现。在应力峰值后，若密砂的剪切变形继续发展，其对应的偏应力将不断降低。当变形很大时，应力趋于稳定值，该稳定的应力值称为残余强度。松砂受排水剪切，偏应力一直升高，不会出现应力峰值。所以，虽然它最后也达到同样的稳定应力值，但不能称为残余强度。

残余强度有其应用的实际意义。天然滑坡的滑动面或断层面，土体由于多次滑动而经历相当大的变形。在分析其稳定性时，应该采用其残余强度。在某些裂隙黏土中，经常会发生渐进性的破坏，即部分土体因应力集中先达到应力的峰值强度，而后，其应力减小，从而引起四周土体应力的增加，它们也相继达到应力峰值强度，这样的破坏区将逐步扩展。在这种情况下，破坏的土体变形很大，应该采用残余强度进行分析。

6.6.3 抗剪强度指标的选用

土体稳定分析成果的可靠性，在很大程度上取决于抗剪强度试验方法和抗剪强度指标的正确选择。因为，试验方法所引起的抗剪强度的差别往往超过不同稳定分析方法之间的差别。

与总应力法和有效应力法相对应，应该分别采用总应力强度指标或有效应力强度指标。当土体内的超静孔隙水压力能通过计算或其他方法确定时，宜采用有效应力法。当土体内的超静孔隙水压力难以确定时，才使用总应力法。采用总应力法时，应该按照土体可能的排水固结情况，分别用不固结不排水强度(快剪强度)或固结不排水强度(固结快剪强度)。固结排水强度实际上就是有效应力抗剪强度，用于有效应力分析法中，抗剪强度指标的测定和应用见表 6-2。

表 6 - 2 抗剪强度指标的测定和应用

控制稳定的时期	强度计算方法	土类		使用仪器	试验方法与代号	强度指标	试样起始状态
施工期	有效应力法	无黏性土		直剪仪	慢剪	c', φ'	填土用填筑含水率和填筑密度的土，地基用原状土
				三轴仪	排水剪(CD)		
		黏性土	饱和度 <80%	直剪仪	慢剪		
				三轴仪	不固结不排水剪测孔隙压力(UU)		
			饱和度 >80%	直剪仪	慢剪		
				三轴仪	固结不排水剪测孔隙水压力(CU)		
	总应力法	黏性土	渗透系数 <10^7 cm/s	直剪仪	快剪	c_u, φ_u	
			任何渗透系数	三轴仪	不固结不排水剪(UU)		
稳定渗流期和水库水位降落期	有效应力法	无黏性土		直剪仪	慢剪	c', φ'	填土用填筑含水率和填筑密度的土，地基用原状土，但要预先饱和
				三轴仪	固结排水剪(CD)		
		黏性土		直剪仪	慢剪		
				三轴仪	固结不排水剪测孔隙水压力(CU)		
水库水位降落期	总应力法	黏性土		三轴仪	固结不排水剪测孔隙水压力(CU)	c_{cu}, φ_{cu}	

本 章 小 结

(1) 土的强度理论是研究地基承载力、边坡稳定及土压力计算的基础。土的抗剪强度是指土能抵抗剪切变形与破坏的极限能力。土的破坏大多数是剪切破坏。

(2) 在试验的基础上，库仑提出了土的抗剪强度。黏聚力、内摩擦角称为抗剪强度指标，它们反映土的抗剪强度变化的规律。土的抗剪强度与土受力后的排水固结状况有关。

(3) 土中剪应力等于抗剪强度时，是土趋于破坏的临界状态，称为极限平衡状态。摩尔包线表示土体受到不同应力作用达到极限状态时，滑动面上法向应力与剪应力的关系。由库仑公式表示摩尔包线的土体强度理论称为摩尔-库仑强度理论。通过土体中某点达到极限平衡状态的基本方程，可以方便地判断出土体是否发生剪切破坏及破坏面的位置。

(4) 测定土的抗剪强度指标的试验称为剪切试验。土的剪切试验既可在实验室进行，也可在现场进行原位测试。

(5) 土的抗剪强度指标测定方法，要根据施工状态和地基土性质来确定。

(6) 影响土抗剪强度的因素主要包括土粒的矿物成分、形状和级配，土的初始密度，含水率，土的结构，土的各向异性，土的应力历史，孔隙水压力及土的残余强度等。

习　题

一、选择题

1. 土体的强度破坏是（　　）。
　　A. 压坏　　　　　　　B. 拉坏　　　　　　　C. 剪坏

2. 饱和黏性土，在同一竖向压力 p 作用下进行快剪、固结快剪和慢剪，（　　）所得到的强度最大。
　　A. 快剪　　　　　　B. 固结快剪　　　　　C. 慢剪

3. 现场十字板试验得到的强度与室内（　　）测得的强度相当。
　　A. 快剪　　　　　　B. 固结快剪　　　　　C. 慢剪

4. 在直剪试验中，若其应力-应变曲线没有峰值时，剪切破坏的标准如何确定（　　）。
　　A. 取最大值
　　B. 取应变为 1/15～1/10 时的强度
　　C. 取应变为 1/25～1/20 时的强度

5. 三个饱和土样进行三轴不固结不排水试验，其围压 σ_3 分别为 50kPa、100 kPa、150 kPa，最终测得的强度有何差别（　　）。
　　A. σ_3 越大，强度越大
　　B. σ_3 越大，孔隙水压力越大，强度越小
　　C. 与 σ_3 无关，强度相似

6. 土的强度主要是与土中（　　）有关。
　　A. 总应力　　　　B. 孔隙水应力　　　　C. 有效应力

二、简答题

1. 土的抗剪强度指标有哪些？抗剪强度指标受哪些因素影响？
2. 土的极限平衡条件是什么？
3. 直剪试验和三轴压缩试验各有什么优缺点？
4. 土的抗剪强度是不是一个定值？
5. 土中达到极限平衡状态是否地基已经破坏？
6. 试从天然地基应力状态角度说明通常进行三轴固结不排水试验时，先施加等向固结压力 σ_3 是否合理，为什么？
7. 试根据有效应力原理在强度问题中的应用的基本概念，分析三轴压缩的三种不同试验方法中土样孔隙压力和含水率变化的情况。

三、计算题

1. 某土样的抗剪强度指标 $c=20$kPa，$\varphi=18°$。试确定该土样的剪切破坏面及最大剪应力面。
2. 土样的内摩擦角 $\varphi=26°$，黏聚力 $c=40$kPa，若土样所受小主应力 $\sigma_3=120$kPa，则土样剪切破坏时的大主应力为多少？
3. 已知土中某一点 $\sigma_1=380$kPa，$\sigma_3=210$kPa，土的内摩擦角 $\varphi=25°$，黏聚力 $c=36$kPa。

试问该点处于什么状态。

4. 对某饱和黏土进行无侧限抗压强度试验，测得该土样无侧限抗压强度为 $q_u = 82kPa$。试求该土样的抗剪强度 τ_f 以及抗剪强度指标 c 和 φ。

5. 有一试样的有效应力抗剪强度参数 $c' = 0$，$\varphi' = 20°$，进行常规不排水三轴试验，三轴室压力 $\sigma_3 = 210kPa$，破坏时测得孔隙水压力 $u = 140kPa$，试问破坏时剪切面上的抗剪强度、应力圆的直径、有效大主应力、最大总主应力、增加的轴压各为多少？假定 $c = 0$，求破坏时总应力强度参数 φ 为多少？

第**7**章
土压力理论

【教学目标与要求】

● 概念及基本原理

【掌握】静止土压力、主动土压力和被动土压力的概念；郎肯土压力和库仑土压力的基本原理。

【理解】了解各类挡土结构土压力的分布形式；库尔曼图解法的基本理论。

● 计算理论及计算方法

【掌握】静止土压力的计算；郎肯主动与被动土压力的计算方法；库仑主动土压力与被动土压力的计算方法；分析郎肯土压力理论与库仑土压力理论的区别与联系。

【理解】了解库尔曼图解法确定土压力方法；熟悉几种特殊情况下的库仑土压力的计算。

导入案例

案例一：自嵌式挡墙在小区水岸的应用（图 7.1）

挡土墙是指支承路基填土或山坡土体、防止填土或土体变形失稳的构造物。近十余年来，新式柔性结构挡土体系广泛用于园林景观、高速公路、立交桥和护坡、小区水岸等，比传统的混凝土和砂浆砌块片石挡墙更容易施工，并且美观、耐久。按照结构形式，挡土墙分为：重力式挡土墙、锚定式挡土墙、薄壁式挡土墙、加筋土挡土墙等。按照墙体材料，挡土墙分为：石砌挡土墙、混凝土挡土墙、钢筋混凝土挡土墙、钢板挡土墙等。传统模块式挡墙是指挡土仅通过自重和挡墙模块单元的黏结来抵御外部不稳定力的结构。加筋土挡墙是指多层土工合成钢筋材料通过大量加筋土加固成模块式挡墙的模块，由单元组合而成。自嵌式挡墙主要在河流水利工程中应用，从结构上来讲，属于加筋土挡土墙，按照材料分类，属于混凝土挡土墙。总的来说，垒块是由混凝土材料建造的，土工格栅钢筋网分担应力，配合锚固棒，令自嵌式挡墙整体十分稳定。

案例二：生态网格挡土墙在公路中的应用（图 7.2）

挡土墙在公路中的应用，主要是用来支承路基填土或山坡土体，防止填土或土体变形失稳的构造物，在公路建设中经常出现。目前在公路中应用较多的挡土墙类型之一是生态格网挡土墙，该挡土墙内干垒石料随着时间的推移，石料之间的空隙会被泥土充填，植被根系深深扎入石块之间的泥土中，形成一个紧密结合的柔性结构，与传统的浆砌片石及混凝土防护相比，更具有"生态型"、"景观性"，对基础要求低等许多优点，更符合现今的公路设计新理念。

图 7.1　自嵌式挡墙在某小区水岸的应用

图 7.2　生态网格挡土墙在某公路中的应用

7.1　概　　述

在水利、电力、交通以及房屋建筑等工程中常见的挡土结构物(或称挡土墙)，如支撑土坡的挡土墙、堤岸挡土墙、地下室侧墙和拱桥桥台等，如图 7.3 所示。它的作用都是用来挡住墙后的填土并承受来自填土的侧向压力——土压力。在挡土结构物设计及验算时，必须计算土压力的大小、方向、分布规律和合力作用点。

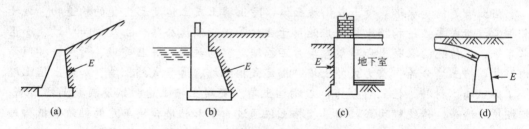

图 7.3　挡土墙的几种类型

根据研究，影响土压力的大小和分布的因素很多，除了与土的性质有关外，还和墙体的位移方向、位移量、土体与结构物间的相互作用以及挡土结构物类型有关。

7.1.1　土压力的分布

挡土结构类型对土的分布有很大影响，挡土墙按其刚度及变形特点大致可分为刚性挡土墙、柔性挡土墙和临时支撑 3 类。

1. 刚性挡土墙

一般指用砖、石或混凝土所筑成的断面较大的挡土墙。由于刚度大，墙体在侧向土压力作用下，仅能发生整体平移或转动，墙身的挠曲变形则可忽略。对于这种类型的挡土墙，墙背受到的土压力呈线性(三角形或梯形)分布，最大压力强度发生在底部，类似于静水压力分布(图7.4)。

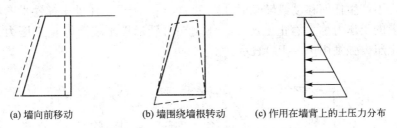

(a) 墙向前移动　　　(b) 墙围绕墙根转动　　　(c) 作用在墙背上的土压力分布

图7.4　刚性挡土墙墙背上的土压力分布

2. 柔性挡土墙

当挡土结构物自身在土压力作用下发生挠曲变形时，则结构变形将影响土压力的大小和分布，称这种类型的挡土结构物为柔性挡土墙。例如，在深基坑开挖中，为支护坑壁而打入土中的锚桩墙即属于柔性挡土墙。这时作用在墙身上的土压力为曲线分布，计算时可简化为直线分布，如图7.5所示。

3. 临时支撑

基坑的坑壁围护有时还可采用由横板、立柱和横撑组成的临时支撑系统，如图7.6(a)所示。其施工过程和变位条件的影响，作用于支撑上的土压力分布与前述两种类型的挡墙又有所不同。由于支撑系统的铺设都是基坑开挖过程中由上而下，边挖、边铺、边撑，分层进行的，因此，当在挖坑顶部放置了第一根横撑后，再向下开挖，至第二根横撑安置以前，在侧向土压力作用下，立柱的变化受顶部横撑的限制，只能发生绕顶部向坑内的转动。这种变化条件使得支撑上部的土压力会增加，而下部土压力会降低。作用在支撑上的土压力分布呈抛物线形，最大土压力不是发生在基底，而是在中间某一高处［图7.6(b)］。

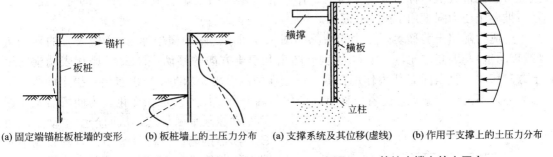

(a) 固定端锚桩板桩墙的变形　(b) 板桩墙上的土压力分布　　(a) 支撑系统及其位移(虚线)　(b) 作用于支撑上的土压力分布

图7.5　柔性挡土墙上的土压力分布　　　　　**图7.6　基坑支撑上的土压力**
(注：实线代表实际土压力，虚线代表计算土压力)

7.1.2　土压力类型

在影响土压力的诸多因素中，墙体位移方向和位移量的大小是最主要的因素，决定着所发生的土压力的性质和大小。根据挡土墙的位移情况，可分为以下三种性质的土压力。

1）静止土压力 p_0

当挡土墙具有足够的截面，并且建立在坚实的地基上（如岩基），挡土墙在墙后填土的推力作用下，不产生任何移动或转动时［图 7.7(a)］，墙后土体处于弹性平衡状态，此时，作用于墙背上的土压力称为静止土压力。作用在每延米挡土墙上静止土压力的合力用 E_0 表示，静止土压力强度用 p_0(kPa) 表示。

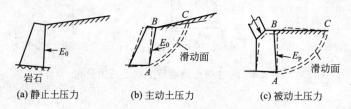

(a) 静止土压力　　(b) 主动土压力　　(c) 被动土压力

图 7.7　作用在挡土墙上的三种土压力

2）主动土压力 p_a

如果墙基可以变形，墙在土压力作用下产生向着离开填土方向的移动或绕墙根的转动时［图 7.7(b)］，墙后土体因在侧面所受限制的放松而有下滑趋势。为阻止其下滑，土内潜在滑动面上剪应力增加，从而使作用在墙背上的土压力减小。当墙的移动或转动达到某一数量时，滑动面上的剪应力等于土的抗剪强度，墙后土体达到主动极限平衡状态，发生一般为曲线形的滑动面 AC，这时作用在墙上的土推力达到最小值，称为主动土压力。作用在每延米挡土墙上主动土压力的合力用 E_a 表示，主动土压力强度用 p_a(kPa) 表示。

3）被动土压力 p_p

当挡土墙在外力作用下向着填土方向移动或转动时（如拱桥桥台），墙后土体受到挤压，有上滑趋势，如图 7.7(c)所示。为阻止其上滑，土内剪应力反向增加，使得作用在墙背上的土压力加大。直到墙的移动量足够大时，滑动面上的剪应力又等于抗剪强度，墙后土体达到被动极限平衡状态，土体发生向上滑动，滑动面为曲面 AC，这时作用在墙上的土抗力达到最大值，称为被动土压力。作用在每延米挡土墙上被动土压力的合力用 E_p 表示，被动土压力强度用 p_p(kPa) 表示。

土压力随挡土墙移动而变化的情况如图 7.8 所示。图中横坐标 Δ/H 代表墙的移动量（或转动量）与墙高之比，$+\Delta/H$ 代表墙向离开填土方向的移动，$-\Delta/H$ 则代表墙朝向填土方向移动；纵坐标 E 代表作用在墙上的土压力的合力。从图中可以看出：挡土墙所受压力大小并不是一个常数，随着位移量的变化，墙上所受压力值也在变化。为使墙后土体达到主动极限平衡状态，从而产生主动土压力 E_a，所需的墙体位移量很小，对密砂或中密砂来说其值只需 0.1%～0.5%，这样大小的位移在一般挡土墙中是容易发生的。因此，设计这种位移形式的挡土墙所受的土压力时，可以用主动土压力 E_a。从图中也可以看出，产生被动土压力 E_p 则要比产生主动土压力 E_a 困难得多，其所需的位移量很大，Δ/H 大致要达到 1%～5%，比达到主动土压力状态的位移量大十倍。显然，这样大的位移量

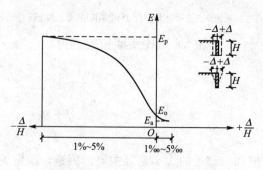

图 7.8　墙体位移与土压力关系曲线

在一般工程建筑中是不容许发生的，因为在墙后土体发生破坏之前，建构物可能已先破坏。因此，在估计挡土墙能抵抗多大外力作用而不发生滑动时，只能利用被动土压力的一部分，如$(0.25\sim0.33)E_p$，或以静止土压力 E_0 代替。

7.2　静止土压力计算

如前所述，当挡土墙完全没有侧向位移、偏转和自身弯曲变形时，作用在其上的土压力即为静止土压力，如岩石地基上的重力式挡土墙，或上下端有顶、底板固定的重力式挡土墙，实际变形极小，就会产生静止土压力。这时，墙后土体应处于侧限压缩应力状态，与土的自重应力状态相同，因此可用计算自重应力的方法来确定静止土压力的大小。

7.2.1　静止土压力的强度 p_0

如图 7.9(a)所示为半无限土体中 z 深度处一点的应力状态，已知其水平面和竖直面都是主应力面，所以，作用于该土单元上的竖直向主应力就是自重应力 $\sigma_{cz}=\sigma_v=\gamma z$，水平向自重应力 $\sigma_h=K_0\sigma_v=K_0\gamma z$。设想用一垛墙代替墙背左侧的土体，若该墙的墙背垂直光滑（无摩擦剪应力），则代替后，右侧土体中的应力状态并没有改变，墙后土体仍处于侧限应力状态 [图 7.9(b)]，σ_v 仍然是土的自重应力，只不过 σ_h 由原来表示土体内部的应力，现在变成土对墙的压力，按定义即为静止土压力的强度 p_0，故

$$p_0=K_0\gamma Z \tag{7-1}$$

式中：K_0——土的静止土压力系数，其值可通过室内的或原位的静止侧压力试验测定，如图 7.9(c)所示。

若将处在静止土压力时的应力状态用莫尔圆表示在 τ-σ 坐标上，则如图 7.9(d)所示。可以看出，这种应力状态离破坏包线还很远，属于弹性平衡应力状态。

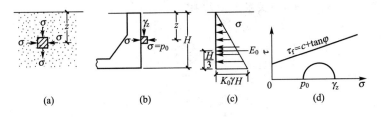

(a)　　　　(b)　　　　(c)　　　　(d)

图 7.9　静止土压力计算

7.2.2　静止土压力分布及总土压力

由式(7-1)可知，静止土压力的强度 p_0 沿墙高呈三角形分布；若墙高为 H，则作用于单位长度墙上的总静止土压力 E_0 为

$$E_0=\frac{1}{2}K_0\gamma H^2 \tag{7-2}$$

E_0 的作用点应在墙高的 $1/3$ 处 [图 7.9(c)]。

7.2.3 关于静止土压力系数 K_0

K_0 值的大小可根据试验测定，也可根据经验公式计算。研究证明，K_0 除了与土性及密度有关外，还与应力历史有关。下列经验公式可供估算 K_0 值使用。

对于无黏性及正常固结黏性土：

$$K_0 = 1 - \sin\varphi' \tag{7-3}$$

式中：φ'——土的有效内摩擦角。

显然，对这类土，K_0 值均小于 1.0。

对于超固结黏性土：

$$(K_0)_{OC} = (K_0)_{NC} \cdot OCR^m \tag{7-4}$$

式中：$(K_0)_{OC}$——超固结土的 K_0 值；

$(K_0)_{NC}$——正常固结土的 K_0 值；

OCR——超固结比；

m——经验系数，一般可取 $m=0.41$。

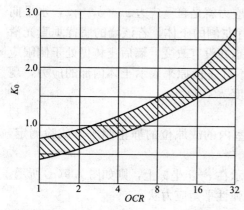

图 7.10　K_0 与超固结比 OCR 的关系

如图 7.10 所示代表超固结比 OCR 与 K_0 值范围的关系，可以看出，对于 OCR 较大的超固结土，K_0 值大于 1，即静止土压力大于竖向压力，在压实填土中，有可能发生这种情况。在工程设计中，若墙后填土为松砂，K_0 一般采用 0.4，密砂采用 0.7，黏土采用 0.5。

计算主动和被动土压力有两种不同的方法，这两种方法分别是库仑和朗肯在 19 世纪提出来的，是土压力计算中两个著名的古典土压力理论，下面两节分别介绍这两种土压力理论。

7.3 朗肯土压力理论

7.3.1 基本原理

英国学者朗肯研究自重应力作用下，半无限土体内各点的应力从弹性平衡状态发展为极限平衡状态的条件，于 1857 提出计算挡土墙土压力的理论，由于其概念明确、方法简便，至今仍被广泛应用。其分析方法如下。

1）朗肯主动极限平衡状态

如图 7.11(a)和图 7.12(a)所示为具有水平表面的半无限土体。如前所述，当土体静止不动时，深度 z 处土单元体的应力为 $\sigma_v = \gamma z$，$\sigma_h = K_0\sigma_v = K_0\gamma z$，可用图 7.11(b)和 7.12(b)的应力圆①表示。若以某一竖直光滑面 mn 代表挡土墙墙背，用以代替 mn 左侧的土体面而不影响右侧土体中的应力状态，则当 mn 面向左侧平移时，右侧土体中的水平应力 σ_h 将逐渐减小，而 σ_v 保持不变。因此，应力圆的直径逐渐加大，当侧向位移至 $m'n'$，其量已足够大，以至于应力圆与土体的抗剪强度包线相切，如图 7.11(b) 中的圆②，表示土体达到主动极限平衡状态，这时 $m'n'$ 后面的土体进入破坏状态，图 7.11(a) 所示，土体中的抗剪强度已全部发挥出来，使得作用在墙上的土压力 σ_h 达到最小值，即为主动土压力 p_a。以后，即使墙再继续移动，土压力也不会进一步减小。

2) 朗肯被动极限平衡状态

相反，若 mn 面在外力作用下向填土方向移动，挤压土体，σ_h 将逐渐增加，土中剪应力最初减小，后来又逐渐反向增加，直至剪应力增加到土的抗剪强度时，应力圆又和强度包线相切，达到被动极限平衡状态，如图 7.12(b) 中的圆③所示。这时，作用在 $m''n''$ 面上的土压力达到最大值，即为被动土压力 p_p，土体破坏后，即使 $m''n''$ 再继续移动，土压力也不会进一步增大。

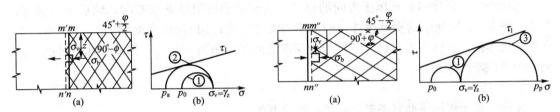

图 7.11 朗肯主动极限平衡状态　　　　图 7.12 朗肯被动极限平衡状态

下面讨论符合朗肯理论边界条件的两种挡土墙土压力的计算方法。

7.3.2 水平填土面的朗肯土压力

若忽略墙背与填土之间的摩擦作用，即假定墙背与填土之间的摩擦角 $\delta=0$，对于挡土墙墙背垂直，墙后填土面水平的情况，相当于图 7.11 与 7.12 中的 mn 面，作用于其上的土压力大小可用朗肯理论计算。

1. 主动土压力

根据前述分析可知，当墙后填土达主动极限平衡状态时，作用于任意 z 深度处土单元上的竖直应力 $\sigma_v=\gamma z$，应是大主应力 σ_1，而作用在墙背的水平向土压力 p_a 应是小主应力 σ_3。因此，利用第 6 章所述的极限平衡条件下 σ_1 与 σ_3 的关系，即可直接求出主动土压力的强度 p_a。

1) 无黏性土

无黏性土处于极限平衡状态，σ_1 与 σ_3 之间的关系为 $\sigma_3=\sigma_1\tan^2(45°-\varphi/2)$，将 $\sigma_3=p_a$，$\sigma_1=\gamma z$ 代入，可得

$$p_a=\gamma z\tan^2\left(45°-\frac{\varphi}{2}\right)=\gamma z K_a \tag{7-5}$$

式中：K_a——朗肯主动土压力系数，$K_a=\tan^2(45°-\varphi/2)$。

p_a 的作用方向垂直于墙背，沿墙高呈三角形分布。若墙高为 H，则作用于单位墙长度上的总土压力为 E_a，为

$$E_a = \frac{1}{2} \gamma H^2 K_a \qquad\qquad (7-6)$$

E_a 垂直于墙背，作用点在距离墙底 $H/3$ 处 [图 7.13(a)]。

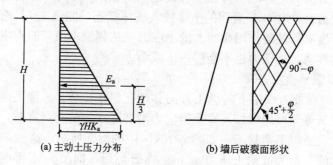

(a) 主动土压力分布　　　　(b) 墙后破裂面形状

图 7.13　无黏性土主动土压力

当墙绕墙根发生向离开填土方向的移动，达到主动极限平衡状态时，墙后土体破坏，形成如图 7.13(b)所示的滑动楔体，滑动面与大主应力作用面(水平角)夹角 $\alpha = 45° + \varphi/2$。在滑动楔体内，土体均发生破坏，两组破裂面之间的夹角为 $90° - \varphi$，滑动楔体以外的土则仍处于弹性平衡状态。

2) 黏性土

黏性土处于极限平衡状态时，σ_1 与 σ_3 的关系为

$$\sigma_3 = \sigma_1 \tan^2\left(45° - \frac{\varphi}{2}\right) - 2c \cdot \tan\left(45° - \frac{\varphi}{2}\right)$$

将 $\sigma_3 = p_a$，$\sigma_1 = \gamma z$ 代入式(7.7)，得

$$p_a = \gamma z \tan^2\left(45° - \frac{\varphi}{2}\right) - 2c \cdot \tan\left(45° - \frac{\varphi}{2}\right) = \gamma z K_a - 2c\sqrt{K_a} \qquad (7-7)$$

式(7-7)说明，黏性土的主动土压力由两部分组成：第一项为土重产生的土压力 $\gamma z K_a$，是正值，随深度呈三角形分布；第二项为黏结力 c 引起的土压力 $2c\sqrt{K_a}$，是负值，起减少土压力的作用，其值是常量，不随深度变化 [图 7.14(b)]。两项之和使得墙后土压力在 z_0 深度以上出现负值，即拉应力，但实际上墙和填土之间没有抗拉强度，故拉应力的存在会使填土和墙背脱开，出现 z_0 深度的裂缝，如图 7.14(d)所示。因此，在 z_0 以上可以认为土压力为零；z_0 以下，土压力强度按三角形 abc 分布，如图 7.14(c)所示。z_0 位置可令式(7-7) $p_a = 0$ 求出。

$$z_0 = \frac{2c}{\gamma\sqrt{K_a}} \qquad\qquad (7-8)$$

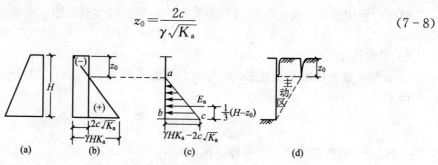

(a)　　　(b)　　　(c)　　　(d)

图 7.14　黏性土主动土压力分布

总主动土压力 E_a 应为三角形 abc 之面积，即

$$E_a = \frac{1}{2}\gamma H^2 K_a - 2cH\sqrt{K_a} + \frac{2c^2}{\gamma}\qquad(7-9)$$

E_a 作用点则处于墙底以上 $(H-z_0)/3$ 处。

2. 被动土压力

当墙后土体达到被动极限平衡状态时，水平压力比竖直压力大，故竖直应力 $\sigma_v = \gamma z$ 应为小主应力，作用在墙背的水平土压力 p_p 则为大主应力 σ_1。

1) 无黏性土

无黏性土处于极限平衡状态时，根据 σ_1 与 σ_3 之间的关系，$\sigma_1 = \sigma_3 \tan^2(45° + \varphi/2)$，将 $\sigma_1 = p_p$，$\sigma_3 = \gamma z$ 代入，可得

$$p_p = \gamma z \tan^2\left(45° + \frac{\varphi}{2}\right) = \gamma z K_p\qquad(7-10)$$

式中，K_p——朗肯被动土压力系数，$K_p = \tan^2(45° + \varphi/2)$。

p_p 的作用力方向垂直于墙背，沿墙高呈三角形分布。若墙高为 H，则作用于单位墙长度上的总土压力 E_p 为

$$E_p = \frac{1}{2}\gamma H^2 K_p\qquad(7-11)$$

E_p 垂直于墙背，作用点在距离墙底 $H/3$ 处，见图 7.15(a)。到达被动极限平衡状态时，墙后土体破坏，形成的滑动楔体如图 7.15(b)所示，滑动面与小主应力作用面(水平面)之间的夹角 $\alpha = 45° - \varphi/2$，两组破裂面之间的夹角则为 $90° + \varphi$。

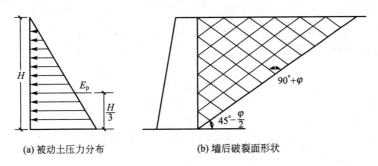

(a) 被动土压力分布   (b) 墙后破裂面形状

图 7.15 无黏性土被动土压力

2) 黏性土

黏性土处于极限平衡状态时，σ_1 与 σ_3 的关系为

$$\sigma_1 = \sigma_3 \tan^2\left(45° + \frac{\varphi}{2}\right) + 2c \cdot \tan\left(45° + \frac{\varphi}{2}\right)\qquad(7-12)$$

可得黏性填土作用于墙背上的被动土压力强度 p_p

$$p_p = \gamma z \tan^2\left(45° + \frac{\varphi}{2}\right) + 2c \cdot \tan\left(45° + \frac{\varphi}{2}\right) = \gamma z K_p + 2c\sqrt{K_p}\qquad(7-13)$$

E_p 的作用力方向垂直于墙背，作用点位于梯形面积重心上。

由式(7-13)可知，黏性填土的被动土压力也由两部分组成，叠加后，其压力强度 p_p 沿墙高成梯形分布，如图 7.16 所示。总被动土压力为

$$E_p = \frac{1}{2}\gamma H^2 K_p + 2cH\sqrt{K_p} \qquad (7-14)$$

例 7.1 某重力式挡土墙高 $H=5$m，墙背垂直光滑，墙后填黏性土，填土面水平，填土性质指标如图 7.17 所示。试分别求出作用于墙上的静止、主动及被动土压力的大小及分布。

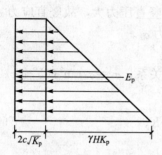
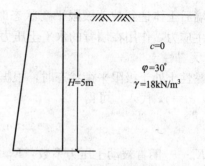

图 7.16 黏性土被动土压力分布   **图 7.17 填土性质指标**

解：计算土压力系数 K。

静止土压力系数

$$K_0 = 1 - \sin\varphi' = 1 - \sin 30° = 0.5$$

主动土压力系数

$$K_a = \tan^2(45° - \varphi/2) = \tan^2(45° - 15°) = 0.333$$

被动土压力系数：

$$K_p = \tan^2(45° + \varphi/2) = \tan^2(45° + 15°) = 3.000$$

3）计算墙底处土压力强度 p

静止土压力强度

$$p_0 = K_0\gamma z = 0.5 \times 18 \times 5 = 45\text{kPa}$$

主动土压力强

$$p_a = K_a\gamma z = 0.333 \times 18 \times 5 = 29.97\text{kPa}$$

被动土压力强度

$$p_p = K_p\gamma z = 3.0 \times 18 \times 5 = 270\text{kPa}$$

4）计算单位墙长度上的总土压力 E

总静止土压力

$$E_0 = \frac{1}{2}\gamma H^2 K_0 = \frac{1}{2} \times 18 \times 5^2 \times 0.5 = 112.5\text{kN/m}$$

总主动土压力

$$E_a = \frac{1}{2}\gamma H^2 K_a = \frac{1}{2} \times 18 \times 5^2 \times 0.333 = 74.93\text{kN/m}$$

总被动土压力

$$E_p = \frac{1}{2}\gamma H^2 K_p = \frac{1}{2} \times 18 \times 5^2 \times 3.0 = 675\text{kN/m}$$

三者比较可以看出，$E_a < E_0 < E_p$。

5）土压力强度分布图

土压力强度分布［图 7.18］。总土压力作用点均在距墙底 $H/3=5/3=1.67m$ 处。

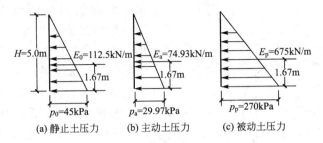

图 7.18 土压力强度分布

3．几种常见土压力计算

1）无限斜坡面的朗肯土压力计算

（1）土中一点应力状态的分析。假设半无限土体具有与水平面成 β 角的倾斜表面，如图 7.19(a) 所示。今以竖直面 mn 代表挡土墙墙背，以代替 mn 左侧土体而不改变右侧土体中的应力状态，则土体在竖直面上的应力即为作用于挡土墙背 mn 上的土压力。现分析紧靠 mn 面上的土中任意深度 z 处一菱形土单元的应力状态。该土单元由两个与地表平行的斜面 ac、bd 和两个竖直面 ab，cd 所组成，两组平面间夹角为 $90°-\beta$，［图 7.19(b)］。

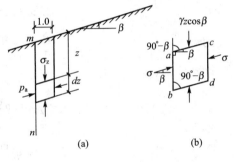

图 7.19 有倾斜表面的半无限土体中单元体的应力状态

由于是半无限土体，在自重作用下，地表下相同深度 z 处，这种土单元的应力状态都应是一样的：即在其斜面上作用有相等的竖直应力 σ_z，其数值等于单位斜面积上土柱的自重 $\gamma z \cos\beta$；在土单元的竖直面上则作用有大小相等的应力 σ。分析单元体的静力平衡条件，作用于单元体上的竖向应力大小相等、方向相反、相互平衡，因而作用于单元两个侧面上的应力 σ 的方向必定平行于坡面。由于 σ_z 和 σ 并不垂直于其作用面，故它们不是主应力。这样，作用于该土单元上的应力，除了侧向应力的 σ 大小待求外，其余均已确定。当墙向外离开填土方向移动时，σ 不断减小，直至土单元达到主动极限平衡状态，这时的 σ 即为土主动压力 p_a。同样地当墙向里朝填土方向移动时，σ 不断增大，直至达到被动极限平衡状态，这时的 σ 即为被动土压力 p_p。朗肯用分析方法建立了当土单元达到主动和被动极限平衡状态时，竖直应力 σ_z 与侧向应力 σ 的关系，从而得出了作用于竖直墙背上的土压力强度 p_a 和 p_p 的公式，但公式推导较繁。下面将介绍一种图解法，可以得出同样的土压力计算结果，但却比分析法来得简便。

（2）应力圆法求解无黏性土主动土压力。根据代表一点应力状态的莫尔圆，在到达极限平衡状态时应与土的抗剪强度包线 $\tau_f = \sigma \tan\varphi$ 相切的原理，即可求出主动土压力强度 p_a。其具体作图步骤如下：①在水平 σ 轴的上下两侧分别画出与水平轴成 β 角的直线 OL 与 OL'（图 7.20）。②在 OL 线上取线段 $OA = \sigma_z = \gamma z \cos\beta$，则 A 点代表图 7.19 中土单元单位斜面上的应力，包含法向应力和剪应力。因此 A 点必定在代表该单元应力状态的应力圆上。③在 σ 轴上找圆心 E，作应力圆，令其既通过 A 点，又与抗剪强度包线相切（图7.20），这个应力圆就是该单元体处于极限平衡状态时的应力圆。④应力圆交 OL' 线于 B 点，图中 $\triangle AOD$ 为等腰三角形，圆周角 $\angle ODA = 90° - \beta$。因此 B 点代表单元竖直面上的应力 σ，也即土压力 p_a，其值等于图7.20中 $\overline{OB}$ 线段长度。

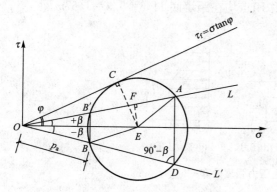

图7.20 应力圆法推求朗肯土压力公式

根据图7.20所示的应力圆几何关系，不难推求主动土压力 p_a 与 σ_z 的关系式。从图中可知：

$$\frac{p_a}{\sigma_z} = \frac{\overline{OB}}{\overline{OA}} = \frac{\overline{OF} - \overline{B'F}}{\overline{OF} + \overline{AF}}$$

因 $\overline{OF} = \overline{OE}\cos\beta$，又

$$\overline{B'F} = \overline{AF} = \sqrt{\overline{AE}^2 - \overline{EF}^2} = \sqrt{\overline{CE}^2 - \overline{EF}^2}$$
$$= \overline{OE}\sqrt{\sin^2\varphi - \sin^2\beta} = \overline{OE}\sqrt{\cos^2\beta - \cos^2\varphi}$$

则

$$\frac{p_a}{\sigma_z} = \frac{\cos\beta - \sqrt{\cos^2\beta - \cos^2\varphi}}{\cos\beta + \sqrt{\cos^2\beta - \cos^2\varphi}}$$

已知 $\sigma_z = \gamma z \cos\beta$，故

$$p_a = \gamma z \cos\beta \frac{\cos\beta - \sqrt{\cos^2\beta - \cos^2\varphi}}{\cos\beta + \sqrt{\cos^2\beta - \cos^2\varphi}} \tag{7-15}$$

令

$$K_a' = \cos\beta \frac{\cos\beta - \sqrt{\cos^2\beta - \cos^2\varphi}}{\cos\beta + \sqrt{\cos^2\beta - \cos^2\varphi}} \tag{7-16}$$

则

$$p_a = \gamma z K_a' \tag{7-17}$$

可以看出，当 $\beta = 0$ 时：

$$K_a' = \frac{1 - \sin\varphi}{1 + \sin\varphi} = \tan^2\left(45° - \frac{\varphi}{2}\right) = K_a$$

若墙高为 H，则作用于墙上的总主动土压力为

$$E_a = \frac{1}{2}\gamma H^2 K_a' \tag{7-18}$$

用同样方法也可得出被动土压力强度 p_p 为

$$p_p = \gamma z \cos\beta \frac{\cos\beta + \sqrt{\cos^2\beta - \cos^2\varphi}}{\cos\beta - \sqrt{\cos^2\beta - \cos^2\varphi}} \tag{7-19}$$

$$K_p' = \cos\beta \frac{\cos\beta + \sqrt{\cos^2\beta - \cos^2\varphi}}{\cos\beta - \sqrt{\cos^2\beta - \cos^2\varphi}} \tag{7-20}$$

$$p_p = \gamma z K_p' \tag{7-21}$$

若墙高为 H，则作用于墙上的总被动土压力为

$$E_p = \frac{1}{2}\gamma H^2 K_p' \tag{7-22}$$

上述公式只适用于 $c = 0$ 的无黏性土，且 $\beta < \varphi$。对于 $c \neq 0$ 的黏性土，虽然也可用图解

法求 p_a 和 p_p，但得不出像式(7-18)和式(7-22)这样简单的结果。

2）填土表面作用着均布荷载 q

（1）主动土压力。对无黏性土，如图 7.21 所示，则 $\sigma_1 = \gamma z + q$，作用在地面下 z 深度处墙背上的主动土压力强度为

$$p_a = (\gamma z + q)\tan^2\left(45° - \frac{\varphi}{2}\right) = K_a(\gamma z + q)$$

(7-23a)

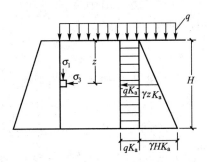

图 7.21 填土表面作用着均布荷载

可见，这时的主动土压力由两部分组成：一是由均布荷载引起的，与深度无关，沿墙高呈矩形分布；二是由土自重引起的，与深度成正比，沿墙高呈三角形分布。于是作用在墙背上的总的主动土压力为梯形分布图的面积，即

$$E_a = \frac{1}{2}\gamma H^2 K_a + qHK_a$$

(7-23b)

E_a 作用在梯形的形心处。

对黏性土，主动土压力由三部分组成：第一部分是由土自重引起的压力，沿墙高呈三角形分布；第二部分是由黏聚力引起的拉力，与深度 z 无关，沿墙高呈矩形分布；第三部分是由均布荷载引起，与深度无关，沿墙高呈矩形分布。

此时主动土压力强度为

$$p_a = \gamma z K_a + qK_a - 2c\sqrt{K_a}$$

(7-24)

令 $p_a = 0$，得

$$\gamma z_0 + q = \frac{2c}{\sqrt{K_a}}$$

$$z_0 = \frac{2c}{\gamma\sqrt{K_a}} - \frac{q}{\gamma}$$

(7-25)

若受拉力区高度 $z_0 < 0$，即均布荷载引起的土压力使填土中不出现拉力区，则主动土压力为梯形分布，如图 7.22(a)所示。总的土压力为阴影梯形的面积，即

$$E_a = \frac{1}{2}\gamma z H^2 K_a + qHK_a - 2cH\sqrt{K_a}$$

(7-26)

E_a 的作用点在梯形的形心处。

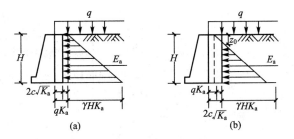

图 7.22 主动土压力的分布

若受拉区高度 $z_0 > 0$，由于土不能承受拉力，在 z_0 深度内由内聚力引起的拉力只能起到抵消由土自重引起的压力作用。于是作用在墙背面上的主动土压力应为三角形分布，如图 7.22(b) 中下部成阴影的三角形所示。总主动土压力为该阴影三角形的面积，即

$$E_a = \frac{1}{2} \gamma (H - z_0)^2 K_a \qquad (7-27)$$

(2) 被动土压力。在挡土墙向填土挤压时，对无黏黏土，$\sigma_3 = \gamma z + q$，被动土压力强度为

$$p_p = \sigma_1 = (\gamma z + q) \tan^2 \left(45° + \frac{\varphi}{2} \right) = (\gamma z + q) K_p \qquad (7-28)$$

可见，这时的被动土压力由两部分组成：一是由均布荷载引起的，与深度无关，沿墙高呈矩形分布；二是由土自重引起的，与深度成正比，沿墙高呈三角形分布，见图 7.23。于是作用在墙背上总的被动土压力为梯形分布图的面积，即

$$E_p = \frac{1}{2} \gamma H^2 K_p + q H K_p \qquad (7-29)$$

E_p 作用在梯形形心处。

对于黏性土，被动土压力强度为

$$p_p = \sigma_1 = (\gamma z + q) \tan^2 \left(45° + \frac{\varphi}{2} \right) + 2c \cdot \tan \left(45° + \frac{\varphi}{2} \right)$$

$$= (\gamma z + q) K_p + 2c \sqrt{K_p} \qquad (7-30)$$

总的被动土压力为梯形的面积，如图 7.24 所示，其大小为

$$E_p = \frac{1}{2} \gamma z H^2 K_p + q H K_p + 2c H \sqrt{K_p} \qquad (7-31)$$

E_p 作用在梯形形心处。

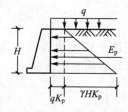

图 7.23 无黏性土被动土压力分布

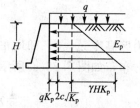

图 7.24 黏性土被动土压力分布

3) 墙后填土分层

若墙后填土是由不同土层形成的，如图 7.25 所示，应考虑填土性质不同对土压力的影响。现以图中两层无黏性填土的主动压力为例。如果两层填土的内摩擦角 φ 不同，则土压力分布图在两层填土的交接面处发生突变，在交接面以上的土压力强度为

$$p_a = \gamma_1 H_1 K_{a1} \qquad (7-32)$$

在交接面以下的土压力强度为

$$p_a = \gamma_1 H_1 K_{a2} \qquad (7-33)$$

式中：K_{a1}，K_{a2}——第一层与第二层填土的主动土压力系数。

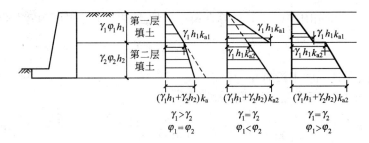

图 7.25 墙后填土分层

4）填土中浸水

当墙后填土浸水时，如图 7.26 所示，既要考虑地下水位以下的填土由于浮力作用有效重力减轻引起的土压力的减小，还要考虑水对墙背的压力作用。以无黏性填土为例，地下水位以上（图中 AB 段）的计算与无水时相同，即 B 点的土压力为

$$(p_a)_B = \gamma H_1 K_a \qquad (7-34)$$

式中：H_1——地下水位以上填土高度。

在地下水位以下（图中 BC 段）土的重度改为浮重度 γ'，若水下 K_a 值不变，则 C 点的土压力为

$$(p_a)_C = \gamma H_1 K_a + \gamma' H_2 K_a \qquad (7-35)$$

式中：H_2——地下水位以下填土高度。

总的主动土压力由图中压力分布图的面积求得，即

$$E_a = \frac{1}{2}\gamma H_1^2 K_a + \gamma H_1 H_2 K_a + \frac{1}{2}\gamma' H_2^2 K_a \qquad (7-36)$$

作用在墙背面的水压力为

$$E_w = \frac{1}{2}\gamma_w H_2^2 \qquad (7-37)$$

式中：γ_w——水的重度。

土压力与水压力的总和为

$$E = E_a + E_w = \frac{1}{2}\gamma H_1^2 K_a + \gamma H_1 H_2 K_a + \frac{1}{2}\gamma' H_2^2 K_a + \frac{1}{2}\gamma_w H_2^2 \qquad (7-38)$$

例 7.2 如图 7.27 所示的挡土墙，高 5m，墙后填土由两层组成，填土表面有 30kPa 的均布荷载。试计算作用在墙上的总的主动土压力和作用点的位置。

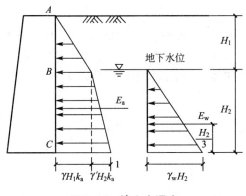

图 7.26 填土中浸水

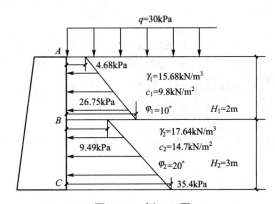

图 7.27 例 7.2 图

解：由于 $c_1 > 0$，先由式(7.25)计算在第一层填土中土压力强度为零的深度：

$$z_0 = \frac{2c_1}{\gamma_1\sqrt{K_{a1}}} - \frac{q}{\gamma_1} = \frac{2 \times 9.8}{15.68 \times \tan 40°} - \frac{30}{15.68} = -0.42\text{m}$$

$z_0 < 0$，所以在第一层中没有拉力区。

在第二层填土中土压力强度为零的深度为

$$z_0' = \frac{2c_2}{\gamma_2\sqrt{K_{a2}}} - \frac{q + \gamma_1 H_1}{\gamma_2} = \frac{2 \times 14.7}{17.64 \cdot \tan 35°} - \frac{30 + 15.68 \times 2}{17.64} = -1.10\text{m}$$

$z_0 < 0$，所以在第二层中也没有拉力区。

第一层与第二层的主动土压力都可以用式(7.24)计算，即 A 点的主动土压力为

$$p_{a1} = qK_{a1} - 2c_1\sqrt{K_{a1}} = 30 \times \tan^2 40° - 2 \times 9.8\tan 40° = 4.68\text{kPa}$$

B 点交界面以上的主动土压力为

$$p_{a2} = \gamma_1 H_1 K_{a1} + qK_{a1} - 2c_1\sqrt{K_{a1}} = (15.68 \times 2 + 30) \times \tan^2 40° - 2 \times 9.8 \times \tan 40° = 26.75\text{kPa}$$

交界面以下的主动土压力为

$$p_{a3} = \gamma_1 H_1 K_{a2} + qK_{a2} - 2c_2\sqrt{K_{a2}} = (15.68 \times 2 + 30) \times \tan^2 35° - 2 \times 14.7 \times \tan 35° = 9.49\text{kPa}$$

C 点的主动土压力为

$$P_{a4} = (\gamma_1 H_1 + \gamma_2 H_2 + q)K_{a2} - 2c_2\sqrt{K_{a2}}$$
$$= (15.68 \times 2 + 17.64 \times 3 + 30)\tan^2 35° - 2 \times 14.7\tan 35° = 35.42\text{kPa}$$

于是，第一层总的主动土压力为

$$E_{a1} = \frac{4.68 + 26.75}{2} \times 2 = 31.43\text{kN/m}$$

第二层的总的主动土压力为

$$E_{a2} = \frac{9.49 + 35.42}{2} \times 3 = 67.37\text{kN/m}$$

整个墙的总主动土压力

$$E_a = 31.43 + 67.37 = 98.8\text{kN/m}$$

E_a 的作用点在 A 点以上的距离为

$$y = \frac{31.43 \times (3.0 + 0.78) + 67.37 \times 1.24}{98.8} = 2.05\text{m}$$

7.4 库仑土压力理论

库仑土压力理论是法国的库仑(C. A. Coulomb，1776)根据挡土墙墙后土体处于极限平衡状态并形成一滑动楔体，由分析该土楔体的静力平衡条件而得出的土压力计算理论。其基本假设是：①土楔体的滑裂面为一通过墙踵的平面；②墙后填土为无黏性土($c = 0$)；③滑动土楔体被视为刚体。

7.4.1 无黏性土的土压力

1) 主动土压力

如图 7.28(a)所示为一挡土墙，墙背俯斜，与竖直线夹角为 α，填土表面与水平面的

夹角为 β，墙背与土体的摩擦角为 δ。在土压力作用下，如挡土墙向离开土体方向平移或转动而使其后土体达到极限平衡状态，则土体将沿着破裂面 BC 与墙背 AB 形成一滑动土楔体 ABC，破裂面 BC 与水平面的夹角为 θ。取单位墙长，则作用于滑动土楔体 ABC 上的力有：

（1）土楔体的自重 W，其值等于三角形土楔体 ABC 的面积乘以土的重度 γ，作用方向竖直向下。

（2）破裂面 BC 上的反力 R，该力为滑裂面上的切向摩擦力与法向反力的合力，其大小未知，它与破裂面 BC 的法线之间的夹角等于土的内摩擦角 φ，并位于法线下侧。

（3）墙背对土楔体的反力 E，即为墙背对土楔体的切向摩擦力与法向反力的合力，该力的方向与墙背的法线成 δ 角，δ 角为墙背与填土之间的摩擦角（或称为外摩擦角），并位于法线下侧，与反力 E 大小相等、方向相反的作用力就是墙背上的土压力。

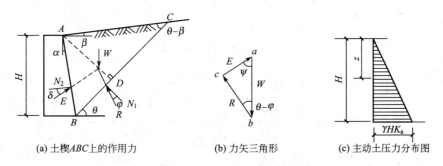

(a) 土楔 ABC 上的作用力　　(b) 力矢三角形　　(c) 主动土压力分布图

图 7.28　按库仑理论求主动土压力

土楔体在以上三力作用下处于静力平衡状态，因此必构成一闭合的力矢三角形，如图 7.28(b) 所示，按正弦定律可得：

$$E=W\frac{\sin(\theta-\varphi)}{\sin[180°-(\theta-\varphi+\psi)]}=W\frac{\sin(\theta-\varphi)}{\sin(\theta-\varphi+\psi)} \tag{7-39}$$

式中，$\psi=90°-\alpha-\delta$。

土楔自重

$$W=\triangle ABC\cdot\gamma=\frac{1}{2}\overline{BC}\cdot\overline{AD}\cdot\gamma \tag{7-40}$$

在 ABC 中，由正弦定理可得：

$$\overline{BC}=\overline{AB}\frac{\sin(90°-\alpha+\beta)}{\sin(\theta-\beta)}=H\frac{\cos(\alpha-\beta)}{\cos\alpha\sin(\theta-\beta)} \tag{7-41}$$

由直角三角形 ADB 可得：

$$AD=AB\cos(\theta-\alpha)=H\frac{\cos(\theta-\alpha)}{\cos\alpha} \tag{7-42}$$

将式(7-41)和式(7-42)代入式(7-40)，再将式(7-40)代入式(7-39)可得

$$E=\frac{1}{2}\gamma H^2\frac{\cos(\alpha-\beta)\cos(\theta-\alpha)\sin(\theta-\varphi)}{\cos^2\alpha\sin(\theta-\beta)\sin(\theta-\varphi+\psi)} \tag{7-43}$$

式中，当其他参数给定时，E 只是 θ 的函数，即 $E=f(\theta)$。由不同的 θ 值，可得到不同的 E 值，E 的最大值即为墙背的主动土压力值，其对应的 θ 角为真正滑裂面的倾角。为此，可令 $\mathrm{d}E/\mathrm{d}\theta=0$，求得 θ 值后，再代回式(7-43)，即得作用于墙背上主动土压力的合

力为

$$E_a = \frac{1}{2} \gamma H^2 K_a \qquad (7-44)$$

$$K_a = \frac{\cos^2(\varphi - \alpha)}{\cos^2\alpha\cos(\alpha+\delta)\left[1+\sqrt{\dfrac{\sin(\varphi+\delta)\sin(\varphi-\beta)}{\cos(\alpha+\delta)\cos(\alpha-\beta)}}\right]^2} \qquad (7-45)$$

式中：K_a——库仑主动土压力系数，可按式(7-45)计算或查表7-1确定；

γ，φ——填土的重度和内摩擦角；

α——墙背与竖直线之间的夹角，以竖直线为准，逆时针为正，也称俯斜〔图7.25 (a)〕，顺时针为负，也称仰斜；

β——墙后填土的倾角，水平面以上为正，水平面以下为负；

δ——墙背与填土之间的摩擦角，可由试验确定，当无试验资料时，也可按 表7-2取值。

表7-1 主动土压力系数 K_a 值

δ	α	β \\ φ	15°	20°	25°	30°	35°	40°	45°	50°
0°	0°	0°	· 0.589	0.490	0.406	0.333	0.271	0.217	0.172	0.132
		10°	0.704	0.569	0.462	0.374	0.300	0.238	0.186	0.142
		20°		0.888	0.573	0.441	0.344	0.267	0.204	0.154
		30°				0.750	0.436	0.318	0.235	0.172
	10°	0°	0.652	0.560	0.478	0.407	0.343	0.288	0.238	0.194
		10°	0.784	0.655	0.550	0.461	0.384	0.318	0.261	0.211
		20°		1.015	0.685	0.548	0.444	0.360	0.291	0.231
		30°				0.925	0.566	0.433	0.337	0.262
	20°	0°	0.736	0.648	0.569	0.498	0.434	0.375	0.322	0.274
		10°	0.896	0.768	0.663	0.572	0.492	0.421	0.358	0.302
		20°		1.205	2.834	0.688	0.576	0.484	0.405	0.337
		30°				1.169	0.740	0.586	0.474	0.358
	−10°	0°	0.540	0.433	0.344	0.270	0.209	0.158	0.117	0.083
		10°	0.644	0.500	0.389	0.301	0.229	0.171	0.125	0.088
		20°		0.785	0.482	0.353	0.261	0.190	0.136	0.094
		30°				0.614	0.331	0.226	0.155	0.104
	−20°	0°	0.497	0.380	0.287	0.212	0.153	0.106	0.070	0.043
		10°	0.595	0.439	0.323	0.234	0.166	0.114	0.074	0.045
		20°		0.707	0.401	0.271	0.188	0.125	0.080	0.047
		30°				0.498	0.239	0.147	0.090	0.051

(续)

δ	α	β \ φ	15°	20°	25°	30°	35°	40°	45°	50°
10°	0°	0°	0.533	0.477	0.373	0.309	0.253	0.204	0.163	0.127
		10°	0.664	0.531	0.431	0.350	0.282	0.225	0.177	0.136
		20°		0.897	0.549	0.420	0.326	0.254	0.195	0.148
		30°				0.762	0.423	0.306	0.226	0.166
	10°	0°	0.603	0.520	0.448	0.348	0.326	0.275	0.230	0.189
		10°	0.759	0.626	0.524	0.440	0.369	0.307	0.253	0.206
		20°		1.064	0.674	0.534	0.432	0.351	0.284	0.227
		30°				0.969	0.564	0.427	0.332	0.258
	20°	0°	0.695	0.615	0.543	0.478	0.419	0.365	0.316	0.271
		10°	0.890	0.752	0.646	0.558	0.482	0.414	0.354	0.300
		20°		1.308	0.844	0.687	0.573	0.481	0.403	0.337
		30°				1.268	0.758	0.594	0.478	0.388
	−10°	0°	0.477	0.385	0.309	0.245	0.191	0.146	0.109	0.078
		10°	0.590	0.455	0.354	0.275	0.211	0.159	0.166	0.082
		20°		0.773	0.450	0.328	0.242	0.177	0.127	0.088
		30°				0.605	0.313	0.212	0.146	0.098
	−20°	0°	0.427	0.330	0.252	0.188	0.137	0.096	0,064	0.039
		10°	0.529	0.388	0.286	0.209	0.149	0.103	0.068	0.041
		20°		0.675	0.364	0.248	0.170	0.114	0.073	0.044
		30°				0.475	0.220	0.135	0.082	0.047
15°	0°	0°	0.518	0.434	0.363	0.301	0.248	0.201	0.160	0.125
		10°	0.656	0.522	0.423	0.343	0.227	0.222	0.174	0.135
		20°		0.914	0.546	0.415	0.323	0.251	0.194	0.147
		30°				0.777	0.422	0.305	0.225	0.165
	10°	0°	0.592	0.511	0.441	0.378	0.323	0.273	0.228	0.189
		10°	0.760	0.623	0.520	0.437	0.366	0.305	0.252	0.206
		20°		1.103	0.679	0.535	0.432	0.351	0.284	0.228
		30°				1.005	0.571	0.430	0.334	0.260
	20°	0°	0.690	0.611	0.540	0.476	0.419	0.366	0.317	0.273
		10°	0.904	0.757	0.649	0.560	0.484	0.416	0.357	0.303
		20°		1.383	0.862	0.697	0.579	0.486	0.408	0.341
		30°				1.341	0.778	0.606	0.487	0.395

（续）

δ	α	β\φ	15°	20°	25°	30°	35°	40°	45°	50°
15°	−10°	0°	0.458	0.371	0.298	0.237	0.186	0.142	0.106	0.076
		10°	0.576	0.442	0.344	0.267	0.205	0.155	0.114	0.081
		20°		0.776	0.441	0.320	0.237	0.174	0.125	0.087
		30°				0.607	0.308	0.209	0.143	0.097
	−20°	0°	0.405	0.314	0.240	0.180	0.132	0.093	0.062	0.038
		10°	0.509	0.372	0.275	0.201	0.144	0.100	0.066	0.040
		20°		0.667	0.352	0.239	0.164	0.110	0.071	0.042
		30°				0.470	0.214	0.131	0.080	0.046
20°	0°	0°			0.357	0.297	0.245	0.199	0.160	0.125
		10°			0.419	0.340	0.275	0.220	0.174	0.135
		20°			0.547	0.414	0.322	0.251	0.193	0.147
		30°				0.798	0.425	0.306	0.225	0.166
	10°	0°			0.438	0.377	0.322	0.273	0.229	0.190
		10°			0.521	0.438	0.367	0.306	0.254	0.208
		20°			0.690	0.540	0.436	0.354	0.286	0.230
		30°				1.051	0.582	0.437	0.338	0.264
	20°	0°			0.543	0.479	0.422	0.370	0.321	0.277
		10°			0.659	0.568	0.490	0.423	0.363	0.309
		20°			0.891	0.715	0.592	0.496	0.417	0.349
		30°				1.434	0.807	0.624	0.501	0.406
	−10°	0°			0.291	0.232	0.182	0.140	0.105	0.076
		10°			0.337	0.262	0.202	0.153	0.113	0.080
		20°			0.437	0.316	0.233	0.171	0.124	0.086
		30°				0.614	0.306	0.207	0.142	0.096
	−20°	0°			0.231	0.174	0.128	0.090	0.061	0.038
		10°			0.266	0.195	0.140	0.097	0.064	0.039
		20°			0.344	0.233	0.160	0.108	0.069	0.042
		30°				0.468	0.210	0.129	0.079	0.045

表 7-2 挡土墙墙背与土体之间的摩擦角 δ

挡土墙情况	摩擦角 δ	挡土墙情况	摩擦角 δ
墙背平滑、排水不良	$(0 \sim 0.33)\varphi$	墙背很粗糙、排水良好	$(0.5 \sim 0.67)\varphi$
墙背粗糙、排水不良	$(0.33 \sim 0.5)\varphi$	墙背与土体间不可能滑动	$(0.67 \sim 1.0)\varphi$

为求得土压力强度沿墙高的分布式，可将 E_a 对 z 求导，即得

$$p_a = \frac{\mathrm{d}E_a}{\mathrm{d}z} = \frac{\mathrm{d}}{\mathrm{d}z}\left(\frac{1}{2}\gamma z^2 K_a\right) = \gamma z K_a \tag{7-46}$$

由式(7-46)可知，主动土压力强度沿墙高呈三角形分布，如图7.28(c)所示，其合力的作用点在离墙底 $H/3$ 处，方向与墙背法线的夹角为 δ，或与水平面成 $\alpha+\delta$ 角。

可以证明，当墙背直立、光滑，且填土面水平（$\alpha=\delta=\beta=0$）时，库仑总主动土压力公式(7-44)与朗肯总主动土压力公式完全相同，可见朗肯主动土压力是库仑主动土压力的一个特例。

2）被动土压力

如挡土墙在外力作用下向土体方向移动，直至墙后土体达到极限平衡状态而沿破裂面 BC 向上滑动，如图7.29(a)所示，此时作用于滑动土楔体上的力仍为三个：即土楔体 ABC 的自重 W；滑裂面 BC 上的反力 R，其作用方向在 BC 面法线的上方；墙背 AB 对土楔体的反力 E，作用方向也在墙背法线的上方。由三力的静力平衡，按照与求主动土压力相同的方法，可得库仑被动土压力计算公式为

$$E_p = \frac{1}{2}\gamma H^2 K_p \tag{7-47}$$

$$k_p = \frac{\cos^2(\varphi+\alpha)}{\cos^2\alpha\cos(\alpha-\delta)\left[1-\sqrt{\dfrac{\sin(\varphi+\delta)\sin(\varphi+\beta)}{\cos(\alpha-\delta)\cos(\alpha-\beta)}}\right]^2} \tag{7-48}$$

式中：K_p——被动土压力系数；

其余符号同前。

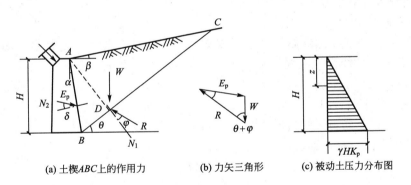

(a) 土楔 ABC 上的作用力   (b) 力矢三角形   (c) 被动土压力分布图

图7.29 按库仑理论求被动土压力

由式(7-48)可知，被动土压力强度为：

$$p_p = \frac{\mathrm{d}E_p}{\mathrm{d}z} = \frac{\mathrm{d}}{\mathrm{d}z}\left(\frac{1}{2}\gamma z^2 K_p\right) = \gamma z K_p \tag{7-49}$$

被动土压力强度沿墙高也呈三角形分布，如图7.29(c)所示，土压力合力的作用点在距墙底 $H/3$ 处，方向与墙背的法线成 δ 角且在其上侧。

当墙背直立、光滑，且填土面水平（$\alpha=\delta=\beta=0$）时，库仑总被动土压力公式(7-47)与朗肯总被动土压力公式完全相同。

例7.3 已知某挡土墙高4m，墙背俯斜 $\alpha=10°$，填土面坡角 $\beta=20°$，填土重度 $\gamma=17\mathrm{kN/m^3}$，$\varphi=30°$，$c=0$，填土与墙背的摩擦角 $\delta=10°$。试求库仑主动土压力的大小、分

布及作用点位置。

解：根据 $\alpha=10°$，$\beta=20°$，$\delta=10°$，$\varphi=30°$，由式(7-44)计算或查表7-1得主动土压力系数 $K_a=0.534$。由式(7-46)可得主动土压力强度为

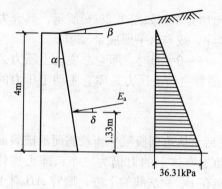

在墙顶　$p_a=\gamma z K_a=0$

在墙底　$p_a=\gamma z K_a=17\times4\times0.534=36.312\text{kPa}$

据此可绘出土压力强度分布图，如图 7.30 所示。

主动土压力的合力为：

$$E_a=\frac{1}{2}\gamma H^2 K_a=\frac{1}{2}\times17\times4^2\times0.534=72.62\text{kN/m}$$

土压力合力作用点在距墙底 $H/3=4/3=1.33\text{m}$ 处，与墙背法线成 10° 度夹角。应注意土压力强度分布图只表示大小，不表示作用方向。

图 7.30　例 7.3

对于墙后为黏性土的土压力计算可参考《建筑地基基础设计规范》（GB 50007—2011）所推荐的公式。

7.4.2　库尔曼图解法

前述库仑土压力理论只适用于墙后填土为无黏性土($c=0$)及填土面为平面的情况，当填土为黏性土($c\neq0$)及填土面为折线、曲线或填土面有荷载时，该方法便不适用，这时可用库尔曼图解法求得作用于墙背的土压力。

1) 基本原理

如图 7.31(a)所示，BD 面与水平面成 φ 角，称为自然坡面；过 B 点作 BL 线与墙背 AB 成($\varphi+\delta$)角，此线称为基线，基线 BL 与自然坡面 BD 的夹角为 $\psi=90°-\alpha-\delta$；任选一破裂面 BC，它与水平面夹角为 θ。在 BC 与 BD 之间作一直线 MN 与基线 BL 平行，则构成一三角形 BMN，且有：$\angle MNB=\psi$，$\angle NBM=\theta-\varphi$。对任选的破裂面 BC，作用于滑动土楔体 ABC 上的力矢三角形如图 7.31(b) 所示，图中，$\angle cab=\psi$，$\angle abc=\theta-\varphi$，可知△$BMN$ 相似于△abc，则得：

$$\frac{E}{W}=\frac{MN}{BN}$$

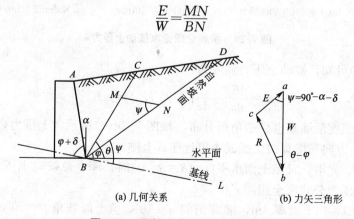

(a) 几何关系　　　　　(b) 力矢三角形

图 7.31　图解法求主动土压力原理

因此，若 BN 按某一比例尺表示滑动土体的自重 W，则 MN 将按同样的比例尺代表相应的土压力 E。为了求得真正的土压力 E_a，可在墙背 AB 和自然坡面 BD 之间选定若干个不同的破裂面 BC_1、BC_2、…如图 7.32 所示，并按上述方法求得相应于 M 的各点 m_1、m_2、…和相应于 N 的各点 n_1、n_2、…，m_1n_1、m_2n_2、…分别代表 BC_1、BC_2、…各假定破裂面的土压力 E_1、E_2、…，将 m_1、m_2、…各点联成曲线，平行于 BD 作曲线的切线，过切点 m 作一直线平行于 BL，它与 BD 线的交点为 n，则 mn 代表主动土压力 E_a 的大小。

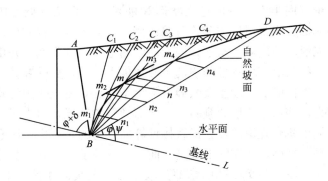

图 7.32　库尔曼图解法求主动土压力

2）作图步骤

用库尔曼图解法求主动土压力的步骤如下（图 7.32）。

（1）按比例绘出挡土墙与填土面的剖面图。

（2）通过 B 点作自然坡面 BD，使 BD 与水平线的夹角为 φ。

（3）通过 B 点作基线 BL，使 BL 与 BD 的夹角为 $\psi=90°-\alpha-\delta$。

（4）在墙背 AB 和自然坡面 BD 之间任意选定破裂面 BC_1、BC_2、…，分别求出土楔体 ABC_1、ABC_2、…的自重 W_1、W_2、…，按某一适当的比例尺作 $Bn_1=W_1$、$Bn_2=W_2$、…，过 n_1、n_2、…分别作平等于 BL 的平行线与 BC_1、BC_2、…交于点 m_1、m_2、…。

（5）将 m_1、m_2、…各点连成曲线，并作该曲线的切线使之平行于 BD，过切点 m 作平行于 BL 的直线与 BD 交于 n 点，则按相应的比例关系求得 mn 的大小即为主动土压力 E_a。

（6）连接 Bm 并延长交地面于 C 点，则 BC 面即为所求的真正破裂面。

同理，用库尔曼图解法也可求得被动土压力 E_p，只是 E_p 和反力 R 的偏角都分别在墙背面和破裂面法线的上侧。

土压力合力的作用点可近似按以下方法确定：按上述方法确定真正破裂面后，然后求出滑动土楔体的重心，过重心作平行于真正破裂面的平行线与墙背交于一点，该点即为土压力合力的作用点，其作用方向与墙背法线成 δ 角。

对于填土面有荷载的情况，在计算土楔体自重时加上其上地面荷载即可，然后按上述方法作图。

7.4.3　朗肯与库仑土压力理论的讨论

前面几节内容所介绍的土压力计算，是经典力学内容，其实质是土的抗剪强度理论的应用，实际上土压力的大小和分布远比上述三种类型的土压力复杂。正如本章开头所述的，土压力是土体与挡土结构物相互作用的结果，其大小及分布受土体性质、挡土结构类型及其位移等诸多因素的影响，因此有必要对土压力的计算问题进行讨论，从而使读者在实际运用中更便于把握。

朗肯土压力理论和库仑土压力理论分别根据不同的假设，以不同的分析方法计算土压力，只有在最简单的情况下（$\alpha=0$，$\beta=0$，$\delta=0$），用这两种理论计算的结果才相同，否则便得出不同的结果。

朗肯土压力理论应用半空间中的应力状态和极限平衡理论的概念比较明确，公式简单，对于黏性土和无黏性土都可以用公式直接计算，故在工程中得到广泛的应用。但其常须假设墙背直立、光滑、墙后填土水平，因而使应用范围受到限制，并由于该理论忽略了墙背与填土之间摩擦的影响，使计算的主动土压力偏大，而计算的被动土压力偏小。

库仑土压力理论根据墙后滑动土楔的静力平衡条件推导得土压力计算公式，考虑了墙背与土之间的摩擦力，并可用于墙背倾斜、填土面倾斜的情况，但由于该理论假设填土是无黏性土，因此不能用库仑理论的原公式直接计算黏性土的土压力。库仑理论假设墙后填土破坏时，破裂面是一平面，而实际上却是一曲面，试验证明，在计算主动土压力时，只有当墙背的斜度不大，墙背与填土间的摩擦角较小时，破裂面才接近于一个平面，因此，计算结果与按曲线滑动面计算的有出入。在通常情况下，这种偏差在计算主动土压力时约为 2%～10%，可以认为已满足实际工程所要求的精度；但在计算被动土压力时，由于破裂面接近于对数的螺线，因此计算结果误差较大，有时可达 2～3 倍，甚至更大。

7.5 几种特殊情况下的库仑土压力计算

7.5.1 车辆荷载作用下的土压力计算

在桥台或挡土墙设计时，应考虑车辆荷载引起的土压力。在《公路桥涵设计通用规范》(JTG D60—2004)中，对车辆荷载（包括汽车、履带车和挂车）引起的土压力计算方法作出了具体规定。其计算原理是按照库仑土压力理论，把填土破坏棱体（即滑动土楔）范围内的车辆荷载，用一个均布荷载（或换算成等代均布土层）来代替，然后用库仑土压力公式计算（图 7.33）。

计算时首先确定破坏棱体的长度 l_0，忽略车辆荷载对滑动面的影响，按没有车辆荷载时的式(7-50)～式(7-52)计算滑动面的倾角 $\cot\alpha$ 值。

墙背俯斜时（即 $\varepsilon>0$）：

$$\cot\alpha=-\tan(\varphi+\delta+\varepsilon)+\sqrt{[\cot\varphi+\tan(\varphi+\delta+\varepsilon)][\tan(\varphi+\delta+\varepsilon)-\tan\varepsilon]} \tag{7-50}$$

墙背仰斜时（即 $\varepsilon<0$）：

$$\cot\alpha=-\tan(\varphi+\delta-\varepsilon)+\sqrt{[\cot\varphi+\tan(\varphi+\delta-\varepsilon)][\tan(\varphi+\delta-\varepsilon)+\tan\varepsilon]} \tag{7-51}$$

墙背竖直时（$\varepsilon=0$）：

$$\cot\alpha=-\tan(\varphi+\delta)+\sqrt{[\cot\varphi+\tan(\varphi+\delta)][\tan(\varphi+\delta)]} \tag{7-52}$$

然后用下面相应的公式求 l_0 值：

墙背俯斜时

$$l_0 = H(\tan\varepsilon + \cot\alpha) \tag{7-53}$$

式中：H——挡土墙高度；

ε，α——分别为墙背倾角及滑动面的倾角。

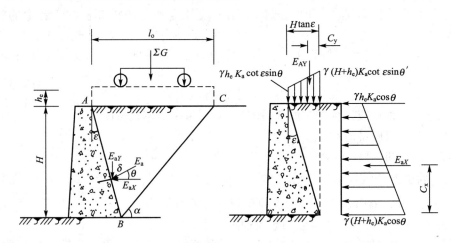

图 7.33 车辆荷载引起的土压力计算

作用在破坏棱体范围内的车辆荷载，可用式(7-54)换算成厚度为 h_e 的等代均布土层，如图 7.33 所示。

$$h_e = \frac{\sum G}{B l_0 \gamma} \tag{7-54}$$

式中：γ——填土容重(kN/m^3)；

B——桥台的计算宽度或挡土墙的计算长度(m)，见下述规定；

l_0——桥台或挡土墙后填土的破坏棱体长度(m)；

$\sum G$——布置在计算面积内的车辆轮上的重力(kN)。

在《公路桥涵设计通用规范》(JTG D60—2004)中，对桥台的计算宽度或挡土墙的计算长度作如下规定。

(1) 桥台的计算宽度为桥台横向全宽。

(2) 挡土墙的计算长度，可按以下四种情况取用，如图 7.34 所示。

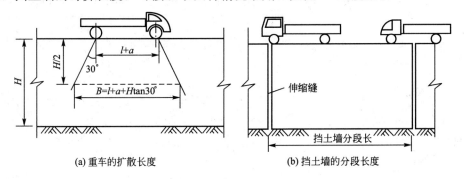

(a) 重车的扩散长度 (b) 挡土墙的分段长度

图 7.34 挡土墙计算长度 B 的计算

① 汽车-10 级或汽车-15 级作用时，取挡土墙分段长度，但不大于 15m。

② 汽车-20 级作用时，取重车扩散长度。当挡土墙分段长度在 10m 以下时，扩散长度不超过 10m；当挡土墙分段长度在 10m 以上时，扩散长度不超过 15m。

③ 汽车超过-20 级作用时，取重车的扩散长度，但不超过 20m。

④ 平板挂车或履带车作用时，取挡土墙分段长度和车辆扩散长度两者中的较大者，但不大于 15m。

汽车重车、平板挂车或履带车的扩散长度 B(m)，可按式(7-55)计算，如图 7.34(a) 所示。

$$B = l + a + H\tan30°\tag{7-55}$$

式中：l——汽车重车或平板挂车的前后轴轴距（履带车为零）(m)；

$\quad a$——车轮或履带着地长度(m)；

$\quad H$——挡土墙高度(m)。

车轮上的重力 $\sum G$ 按下述规定计算。

(1) 桥台为 $B \times l_0$ 面积内可能布置的车轮上的重力。

(2) 挡土墙计算时，汽车荷载的布置规定如下。

① 纵向：当取用挡土墙分段长度时，为分段长度内可能布置的车轮；当取用 1 辆重车的扩散长度时为一辆重车。

② 横向：破坏棱体长度 l_0 范围内可能布置的车轮。车辆外侧车轮中线距路面、安全带边缘的距离为 0.5m。

(3) 平板挂车或履带车荷载在纵向只考虑 1 辆。横向破坏棱体长度 l_0 范围内可能布置的车轮或履带。车辆外侧车轮或履带中线距路面、安全带边缘的距离为 1.0m。

当求得等代土层厚度 h_e 后，可按式(7-56)计算作用在墙上的主动土压力 E_a 值，如图 7.33 所示。

$$E_a = \frac{1}{2}\gamma H(H+2h_e)K_a$$
$$E_{aX} = E_a\cos\theta$$
$$E_{aY} = E_a\sin\theta\tag{7-56}$$

式中：θ——E_a 与水平线间的夹角，$\theta = \delta + \varepsilon$；

$\quad K_a$——主动土压力系数，由表 7-1 查得。

E_{aX} 和 E_{aY} 的分布图形(图 7.33)，其作用点分别位于各分布图形的形心处，可按式(7-57)、(7-58)计算：

E_{aX} 的作用点距墙脚 B 点的竖直距离 C_X 为：

$$C_X = \frac{H}{3} \cdot \frac{H+3h_e}{H+2h_e}\tag{7-57}$$

E_{aY} 的作用点距墙脚点 B 的水平距离 C_Y 为：

$$C_Y = \frac{d}{3} \cdot \frac{d+3d_1}{d+2d_1}\tag{7-58}$$

式中：$d = H\tan\varepsilon$，$d_1 = h_e\tan\varepsilon$。

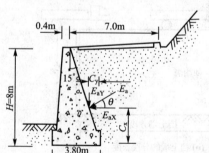

图 7.35　某公路路肩挡土墙

例 7.4　某公路路肩挡土墙如图 7.35 所示。计算作用在每延米长挡土墙上由于汽车荷载引起的主

动土压力 E_a 值。

计算资料：已知路面宽度7m；荷载为汽车－15级；填土重度 $\gamma=18\text{kN/m}^3$，内摩擦角 $\varphi=35°$，黏聚力 $c=0$，挡土墙高 $H=8\text{m}$，墙背摩擦角 $\delta=2/3\varphi$，伸缩缝间距为10m。

解：（1）求破坏棱体长度 l_0。挡土墙墙背俯斜，$\varepsilon=15°$，由式(7-53)计算：

$$l_0=H(\tan\varepsilon+\cot\alpha)$$

其中，$\cot\alpha$ 可按式(7-50)计算，即

$$\cot\alpha=-\tan(\varphi+\delta+\varepsilon)+\sqrt{[\cot\varphi+\tan(\varphi+\delta+\varepsilon)][\tan(\varphi+\delta+\varepsilon)]-\tan\varepsilon}$$
$$=-\tan73.3°+\sqrt{(\cot35°+\tan73.3°)(\tan73.3°-\tan15°)}=0.487$$

则

$$l_0=8\times(\tan15°+0.487)=6.04\text{m}$$

（2）求挡土墙的计算长度 B。按规定汽车－15级时，取挡土墙的分段长度。已知挡土墙的分段长（即伸缩缝间距）为10m，小于15m，故取 $B=10\text{m}$。

（3）求汽车荷载的等代均布土层厚度 h_e。

从图7.36(a)可见，$l_0=6.04\text{m}$ 时，在 l_0 长度范围内可布置两列汽车－15级加重车，而在墙长度方向，因取 $B=10\text{m}$，故可知布置1辆加重车和1个标准车的前轴，见图7.36(b)。所以在 $B\times l_0$ 面积内可布置的汽车车轮的重力 $\sum G$ 为：

$$\sum G=2\times(70+130+50)=500\text{kN}$$

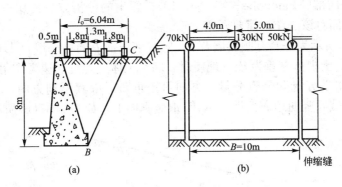

图7.36 $B\times l_0$ 面积内汽车荷载的布置

h_e 值可由式(7-54)求得：

$$h_e=\frac{\sum G}{Bl_0r}=\frac{500}{10\times6.04\times18}=0.46\text{m}$$

（4）求主动土压力 E_a。

由式(7-56)知 $E_a=\frac{1}{2}\gamma H(H+2h_e)K_a$

已知 $\varphi=35°$，$\varepsilon=15°$，$\delta=2\varphi/3$，$\beta=0$，由表7-1查得主动土压力系数 $K_a=0.372$，则

$$E_a=\frac{1}{2}\times18\times8\times(8+2\times0.46)\times0.372=238.9\text{kN/m}$$

已知 $\theta=\delta+\varepsilon=23.3+15=38.3°$，则

$$E_{aX}=E_a\cos\theta=238.9\times\cos38.3°=187.5\text{kN/m}$$

$$E_{aY} = E_a \sin\theta = 238.9 \times \sin 38.3° = 148.1 \text{kN/m}$$

E_{aX} 和 E_{aY} 的作用点位置，可由式(7-57)和式(7-58)计算：

$$C_X = \frac{H}{3} \cdot \frac{H+3h_e}{H+2h_e} = \frac{8 \times (8+3 \times 0.46)}{3 \times (8+2 \times 0.46)} = 2.80 \text{m}$$

$$d = H \tan\varepsilon = 8 \times \tan 15° = 2.14 \text{m}$$

$$d_1 = h_e \tan\varepsilon = 0.46 \times \tan 15° = 0.12 \text{m}$$

$$C_Y = \frac{d}{3} \cdot \frac{d+3d_1}{d+2d_1} = \frac{2.14 \times (2.14+3 \times 0.12)}{3 \times (2.14+2 \times 0.12)} = 0.75 \text{m}$$

7.5.2　地震时的土压力计算

地震时作用在挡土墙上的土压力称为动土压力。地震产生过大的侧向动土压力可使挡土结构物破坏，故有必要计算出作用于挡土结构物上的动土压力。动土压力的确定是一个较复杂的问题，它不仅与地震的强度有关，还与地基土、挡土结构及墙后填土等的振动特性有关。目前国内外工程实践中多用拟静力法进行地震土压力计算，即以静力条件下的库仑土压力理论为基础，考虑竖向和水平方向地震加速度的影响，对原库仑土压力公式加以修正，其中物部-冈部(Mononobe - Okabe，1926)提出的分析方法使用较为普遍，通称为物部-冈部法，下面对该法作一简要介绍。

如图 7.37(a)所示为一具有倾斜墙背 α、倾斜填土面 β 的挡土墙，ABC 为无地震情况下的滑动土楔体，土楔体自重为 W。地震时，墙后土体受地震加速度作用产生惯性力。地震加速度可分为水平分量和竖直分量，方向可正可负，取其不利方向。水平地震惯性力 $K_h W$ 取朝向挡土墙，竖向地震惯性力 $K_v W$ 取竖直向上，如图 7.37(b)所示。

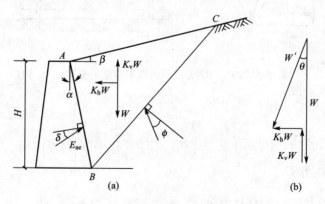

图 7.37　地震时滑动土楔体受力分析

$$K_h = \frac{\text{地震加速度的水平分量}}{\text{重力加速度}\ g}，\text{称为水平向地震系数}$$

$$K_v = \frac{\text{地震加速度的竖直分量}}{\text{重力加速度}\ g}，\text{称为竖向地震系数}$$

其中将这两个惯性力当成静载与土楔体自重 W 组成合力 W'，则 W' 与铅直线的夹角为 θ，θ 称为地震偏角，可知

$$\theta = \arctan\left(\frac{K_{\mathrm{h}}}{1-K_{\mathrm{v}}}\right) \tag{7-59}$$

$$W' = (1-K_{\mathrm{v}})W\sec\theta \tag{7-60}$$

若假定在地震条件下，土的内摩擦角 φ 与墙背摩擦角 δ 均不改变，则墙后滑动土楔体的平衡力系如图 7.38(a) 所示。可以看出，该力系图与原库仑理论力系图的差别仅在于 W' 方向与垂直方向倾斜了 θ 角。为了直接利用库仑公式计算 W' 作用下的土压力 E_{ae}，物部-冈部提出了将墙背及填土均逆时针旋转 θ 角的方法，见图 7.38(b)，而使 W' 仍处于竖直方向。由于这种转动并未改变平衡力系中 [图 7.38(c)] 三力间的相互关系，所以不会影响对 E_{ae} 的求解，只需将原挡土墙及填土的边界参数加以修改即可，令

$$\beta' = \beta + \theta$$

$$\alpha' = \alpha + \theta$$

$$H' = \overline{AB}\cos(\alpha+\theta) = H\frac{\cos(\alpha+\theta)}{\cos\alpha} \tag{7-61}$$

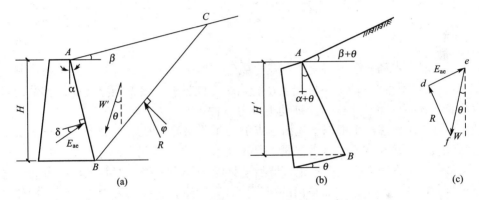

图 7.38 物部-冈部法求地震土压力

另外，由式(7.60)可知，土楔体的重度应为 $\gamma' = \gamma(1-K_{\mathrm{v}})\sec\theta$。

用变换后的新参数 β'，α'，H'，γ' 代替库仑主动土压力公式中的 β，α，H 和 γ，整理后可得地震条件下的动主动土压力为

$$E_{\mathrm{ae}} = \frac{1}{2}(1+K_{\mathrm{v}})\gamma H^2 K_{\mathrm{ae}} \tag{7-62}$$

其中

$$K_{\mathrm{ae}} = \frac{\cos^2(\varphi-\alpha-\theta)}{\cos\theta\cos^2\alpha\cos(\alpha+\theta+\delta)\left[1+\sqrt{\dfrac{\sin(\varphi+\delta)\sin(\varphi-\beta-\theta)}{\cos(\alpha-\delta)\cos(\alpha+\beta+\delta)}}\right]^2} \tag{7-63}$$

式中：K_{ae}——考虑了地震影响的主动土压力系数。式(7-62)常称为物部-冈部动主动土压力公式。

从式(7-63)可以看出，若 $\varphi-\beta-\theta<0$，则 K_{ae} 没有实数解，这意味着不满足平衡条件，因此，回填土的极限坡角应满足 $\beta\leqslant\varphi-\theta$。

按物部-冈部公式，墙后动土压力分布仍为三角形，作用点在距墙底 $1/3H$ 处。但有理论分析和实测资料表明，作用点的位置高于 $1/3H$，约在 $(1/3\sim1/2)H$ 之间，且随水平地震作用强度的增大而提高。

我国《水工建筑物抗震设计规范》（DL 5073—2000)建议的动主动土压力计算公式为按式(7-64)"+"、"-"号计算结果取大值：

$$E_{ae}=\left[q\frac{\cos\alpha}{\cos(\alpha-\beta)}H+\frac{1}{2}\gamma H^2\right]\left(1\pm\frac{\xi\alpha v}{g}\right)K_{ae} \qquad (7-64)$$

式中　q——填土表面均布荷载；

K_{ae}——同式(7-63)，其中，θ 为地震系数角，$\theta=\arctan\dfrac{\xi\alpha_h}{g-\xi\alpha_h}$；

ξ——计算系数，动力法计算地震作用效应时取 1.0，拟静力法一般取 0.25，钢筋混凝土结构取 0.35；

α_v——竖向设计地震加速度代表值；

α_h——水平向设计地震加速度代表值；

其余符号同前。

本 章 小 结

(1) 挡土墙在水利、电力、交通以及房屋建筑等工程中广泛应用。挡土墙按其刚度及变形特点可分为刚性挡土墙、柔性挡土墙和临时支撑三类。根据挡土墙的位移情况，土压力分为静止土压力、主动土压力和被动土压力三种。

(2) 郎肯土压力理论是根据土体内各点的应力为极限平衡状态的条件推导出来的，它适用于墙背直立、填土水平、墙背光滑的情况下。

(3) 库仑土压力理论是根据挡土墙墙后土体处于极限平衡状态并形成一滑动楔体，由分析该土楔体的静力平衡条件而得出的土压力计算理论。其基本假设是：①土楔体的滑裂面为一通过墙踵的平面；②墙后填土为无黏性土($c=0$)；③滑动土楔体被视为刚体。

(4) 朗肯土压力理论和库仑土压力理论分别根据不同的假设，以不同的分析方法计算土压力，只有在最简单的情况下($\alpha=0$，$\beta=0$，$\delta=0$)，用这两种理论计算的结果才相同，否则便得出不同的结果。

习 题

一、填空题

1. 根据挡土墙的位移情况，可分为_____、_____和_____三种性质的土压力。

2. 库仑土压力理论基本假设是_____、_____和_____。

3. 库仑土压力理论只适用于墙后填土为无黏性土($c=0$)及填土面为平面的情况，当填土为黏性土($c\neq0$)及填土面为折线、曲线或填土面有荷载时，该方法便不适用，这时可用_____求得作用于墙背的土压力。

4. 由于郎肯土压力理论忽略了墙背与填土之间摩擦的影响，使计算的主动土压力偏_____，而计算的被动土压力偏_____。

二、选择题

1. 如果挡土墙发生一定的位移，使土体达到主动极限平衡状态，这时作用在墙背上的土压力是（   ）。
    A. 静止土压力   B. 主动土压力   C. 被动土压力

2. 地下室外墙面上的土压力应按（   ）计算。
    A. 静止土压力   B. 主动土压力   C. 被动土压力

3. 按郎肯土压力理论计算挡土墙背面上的主动土压力时，墙背是（   ）。
    A. 大主应力平面   B. 小主应力平面   C. 滑动面

4. 符合郎肯条件，挡土墙后填土发生主动破坏时，滑动面的方向（   ）。
    A. 与大主应力面夹角为 $45°+\frac{\varphi}{2}$ B. 与大主应力面夹角为 $45°-\frac{\varphi}{2}$
    C. 为 $45°$

5. 若挡土墙的墙背竖直且光滑，墙后填土水平，黏聚力 $c=0$，采用朗肯解和库仑解，得到的主动土压力差异有（   ）。
    A. 郎肯解大   B. 库仑解大   C. 相同

6. 三种土压力的相对大小为：被动土压力＞静止土压力＞主动土压力。是否这三种土压力都是极限状态的土压力？如果不是，（   ）土压力是属于弹性状态的土压力。
    A. 被动土压力是弹性状态
    B. 主动土压力是弹性状态
    C. 静止土压力是弹性状态

7. 挡土墙的墙背与填土的摩擦角 δ 按库仑主动土压力计算的结果影响有（   ）。
    A. δ 越大，土压力越小
    B. δ 越大，土压力越大
    C. 与土压力大小无关，仅影响土压力作用方向。

三、判断题

1. 库仑土压力理论假定土体的滑裂面是平面，计算结果对主动土压力偏差较小，而被动土压力偏差较大。（   ）

2. 墙背外摩擦角变小，则土压力也小。（   ）

3. 库仑土压力理论的计算公式是根据滑动土体各点的应力均处于极限平衡状态而导出的。（   ）

4. 土压力强度分布形式只表示土压力大小，并不代表实际作用于墙背上的土压力方向。（   ）

5. 黏聚力 c 引起的土压力为 $2c\sqrt{K_a}$，是负值，起较小的土压力作用，其值是变量，随深度变化而变化。（   ）

四、简答题

1. 何谓静止土压力、主动土压力及被动土压力？三者的大小关系如何？各自的挡土墙位移方向怎样？

2. 静止土压力属于哪一种平衡状态？它与主动土压力及被动土压力状态有何不同？

3. 朗肯土压力理论与库仑土压力理论的基本原理有何异同之处？有人说"朗肯土压力理论是库仑土压力理论的一种特殊情况"，你认为这种说法是否确切？

4. 朗肯土压力理论的假设条件是什么？忽略墙背与土体之间的摩擦力对土压力的计算结果有什么影响？

5. 库尔曼图解法的作图步骤有哪些？

五、计算题

1. 某重力式挡土墙高 5m，墙背垂直、光滑，墙后填土面水平，填土的重度 $\gamma=19\mathrm{kN/m^3}$，$\varphi=20°$，$c=10\mathrm{kPa}$。试用朗肯土压力理论，求主动土压力沿墙高的分布及总主动土压力的大小和作用点位置。

2. 挡土墙高 4m，墙背倾斜角 $\alpha=20°$，填土面倾角 $\beta=20°$，填土与墙背的摩擦角 $\delta=15°$，填土的重度 $\gamma=20\mathrm{kN/m^3}$，$\varphi=25°$，$c=0$。试用库仑土压力理论计算：（1）主动土压力沿墙高的分布；（2）主动土压力的大小、方向和作用点位置。

3. 某挡土墙高 5m，墙背垂直、光滑，墙后填土面水平，其上作用有连续均布荷载 $q=30\mathrm{kPa}$，填土的重度 $\gamma=18.0\mathrm{kN/m^3}$，$\varphi=20°$，$c=15\mathrm{kPa}$。试用朗肯土压力理论计算主动土压力。

4. 某挡土墙高 6m，墙背垂直、光滑，填土面水平，填土分两层，第一层为砂土，第二层为黏性土，各土层的物理力学指标如图 7.39 所示。试用朗肯土压力理论求主动土压力 E_a，并绘出主动土压力沿墙高的分布图。

5. 某挡土墙的墙背垂直、光滑，墙高 6.0m，墙后填土面水平，填土分为两层，其物理力学性质指标如图 7.40 所示，地下水位在填土表面下 4m 处，填土表面作用有 $q=30\mathrm{kPa}$ 的连续均布荷载。试用朗肯土压力理论求作用在墙上的主动土压力 E_a、水压力 E_w 及总的侧压力。

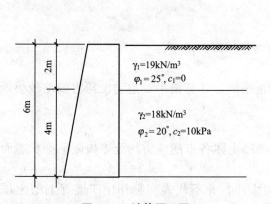

图 7.39　计算题 4 图

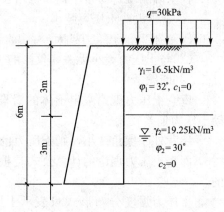

图 7.40　计算题 5 图

第 8 章
土坡的稳定分析

【教学目标与要求】

● **概念及基本原理**

【掌握】土坡稳定安全系数；均质黏性土坡失稳的破坏形态；摩擦圆法。

● **计算理论及计算方法**

【掌握】无黏性土坡稳定分析基本原理；黏性土坡稳定分析的基本原理；简单条分法及毕肖普条分法的计算原理。

【理解】最危险圆弧滑动面圆心位置的确定；杨布条分法稳定分析基本原理及计算方法。

导入案例

案例一：基隆北二高公路山体滑坡事故(图8.1)

2010年4月25日下午2：38左右，基隆市附近的"北二高"高速公路一侧边坡发生了严重的山体崩滑灾害，厚达五层楼的土石滑塌，当场掩埋至少7人以及长200m左右的公路路段。此次滑坡发生前，当地并没有发生强降水和地震，而其发生规模巨大，滑动速度较快，滑坡(包括堆积体)长约324m，宽约200m，平均厚度约15m，其总体积约$65\times10^4 m^3$，属于一次较为少见的大规模公路边坡失稳破坏案例。

案例二：陕西子洲县双湖峪镇双湖峪村石沟山体滑坡事故(图8.2)

2010年3月10日凌晨1时30分左右，陕西子洲县双湖峪镇双湖峪村石沟发生山体滑坡事故。崩塌土体约$9\times10^4 m^3$，十余户人家房屋被压垮，44人被埋，其中10人不幸遇难。

图8.1　基隆北二高公路
山体滑坡事故

图8.2　陕西子洲县双湖峪镇双湖峪村
石沟山体滑坡事故

8.1 土坡稳定分析的意义

　　边坡(slope)指具有倾斜坡面的岩土体。工程上的土坡包括天然土坡和人工土坡，由地质作用自然形成的边坡，如山坡、江河的岸坡等称为天然边坡，天然边坡的稳定性由组成坡体的工程地质条件、水文地质条件和岩土体力学性质决定。经过人工挖、填形成的坡面，如基坑、渠道、土石坝、路堤等的边坡，通常称为人工边坡，其稳定性受土的性质、施工程序、地下水条件等决定。按照岩土体边坡的材料性质，边坡还可以分为土坡、岩坡以及岩土混合边坡。边坡的外形结构如图8.3所示。

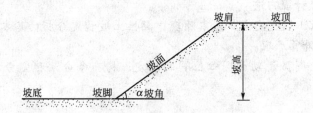

图 8.3　边坡的外形结构

　　土坡滑动失稳的原因通常是剪应力增大或者抗剪强度降低两类因素综合作用的结果。

　　可能引起剪应力增大的各种因素包括：

　　(1) 浸水或其他外荷载使边坡土体重度增加。

　　(2) 开挖使斜坡变陡。

　　(3) 其他外部荷载、爆破、地震引起的冲击或震动荷载。

　　(4) 渗流力作用等。

　　可能致使土体性质变化和应力导致抗剪强度降低的各种因素有：

　　(1) 孔隙水压力增加。

　　(2) 冲击或振动荷载或周期性荷载。

　　(3) 岩土体自身的风化作用。

　　(4) 干裂、冻融和软化因素等。

　　土坡的失稳形态与当地的工程地质条件有关。在非均质土层中，如果土坡下面有软弱层，则滑动面很大部分将通过软弱土层，形成曲折的复合滑动面，如图8.4(a)所示；如果土坡位于倾斜的岩层面上，则滑动面往往沿岩层面产生，如图8.4(b)所示。

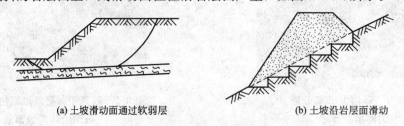

(a) 土坡滑动面通过软弱层　　　　　　　　(b) 土坡沿岩层面滑动

图 8.4　非均质土中的滑动面

在工程实践中，分析土坡稳定的目的是要检验所设计的土坡断面是否安全合理。边坡过陡可能发生坍塌，边坡过缓则会使土方量增加。土坡的稳定安全度用稳定安全系数 K 表示，它是指土的抗剪强度与土坡中可能滑动面上产生的剪应力之间的比值，即 $K = \tau_f / \tau$。

土坡稳定分析是一个比较复杂的问题，因为尚有一些不定因素有待研究，如滑动面形式的确定，按实际情况合理地取用土的抗剪强度参数，土的非均匀性及土坡内有水渗流时的影响等。

8.2 无黏性土坡的稳定分析

8.2.1 无渗流作用时的无黏性土坡

在分析由砂、卵石、砾石等组成的无黏性土土坡稳定时，根据实际观测，同时为了计算简便起见，一般均假定滑动面是平面。

如图 8.5 所示均质无黏性土简单土坡，已知土坡高度为 H，坡角为 β，重度为 γ，土的抗剪强度 $\tau_f = \sigma \tan\varphi$。若假定滑动面是通过坡脚 A 的平面 AC，AC 的倾角为 α，则可计算滑动土体 ABC 沿 AC 面上滑动的稳定安全系数 K 值。

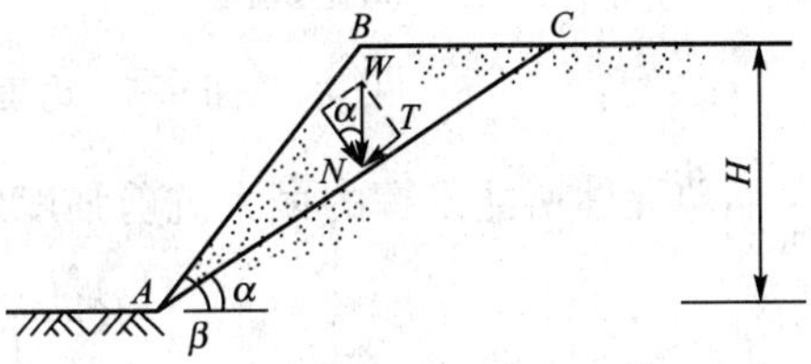

沿土坡长度方向截取单位长度土坡，作为平面应变问题分析。已知滑动土体 ABC 的重力 W 为：

图 8.5 均质无黏性土的土坡稳定计算

$$W = \gamma S_{\triangle ABC}$$

式中：γ——土的重度；

$S_{\triangle ABC}$——单位长度土体 ABC 的体积。

W 在滑动面 AC 上的法向分力 N 及正应力 σ 为：

$$N = W\cos\alpha$$

$$\sigma = \frac{N}{AC} = \frac{W\cos\alpha}{AC}$$

W 在滑动面 AC 上的切向分力 T 及剪应力 τ 为：

$$T = W\sin\alpha$$

$$\tau = \frac{T}{AC} = \frac{W\sin\alpha}{AC}$$

则土坡的稳定安全系数为：

$$K = \frac{\tau_f}{\tau} = \frac{\sigma\tan\varphi}{\tau} = \frac{\dfrac{W\cos\alpha}{AC} \cdot \tan\varphi}{\dfrac{W\sin\alpha}{AC}} = \frac{\tan\varphi}{\tan\alpha} \tag{8-1}$$

从式(8-1)及图 8.5 可见，当 $\alpha = \beta$ 时，稳定安全系数最小，也即此时土坡面上的一层土是最容易滑动的。因此，无黏性土的土坡稳定安全系数为：

$$K = \frac{\tan\varphi}{\tan\beta} \tag{8-2}$$

一般要求为 $K > 1.25 \sim 1.30$。

8.2.2 有渗流作用时的无黏性土土坡

当土坡内部有水发生渗流时，如水库蓄水或水位突然下降，都会使土体受到一定的渗流力作用，对土坡稳定性带来不利影响。此时在坡面上渗流逸出处以下取一单元体。它除了本身重力外，还受到渗流力 J 的作用，如图8.6(b)所示。因渗流方向与坡面平行，渗流力的方向也与坡面平行，此时使土单元体下滑的剪切力为：

$$T + J = W\sin\alpha + J$$

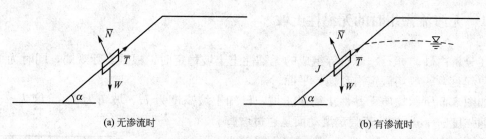

(a) 无渗流时　　　　　　　　　　　　(b) 有渗流时

图 8.6　均质无黏性土的土坡稳定计算

而单元体所能发挥的最大抗剪强度仍为 $\tau_f = W\cos\alpha\tan\varphi$，于是稳定安全系数就变为：

$$K = \frac{\tau_f}{T+J} = \frac{W\cos\alpha\tan\varphi}{W\sin\alpha+J}$$

对单位土体来说，当直接用渗流力来考虑渗流影响时，土体自重就是浮重度 γ'，而渗流力为 $J = i\gamma_w$，因为是顺坡出流，水力梯度 $i = \sin\alpha$，于是上式即可写成：

$$K = \frac{\gamma'\cos\alpha\tan\varphi}{(\gamma'+\gamma_w)\sin\alpha} = \frac{\gamma'\tan\varphi}{\gamma_{sat}\tan\alpha} \tag{8-3}$$

式中：γ_{sat}——土的饱和重度。

式(8-3)与式(8-1)相比，安全系数相差 γ'/γ_{sat} 倍，此值接近于 $1/2$，因此，当坡面有顺坡渗流作用时，无黏性土无限边坡的稳定安全系数降低将近一半左右。

8.3 黏性土坡的稳定分析

黏性土由于颗粒之间存在黏结力，发生滑坡时是整块土体向下滑动的，坡面上任一单元体的稳定条件不能用来代表整个边坡的稳定条件。

均质黏性土的土坡失稳破坏时，其滑动面常常是曲面，通常可近似地假定为圆弧滑动面。圆弧滑动面一般有以下三种形式：

(1) 圆弧滑动面通过坡脚 B 点 [图8.7(a)]，称为坡脚圆。

(2) 圆弧滑动面通过坡面上 E 点 [图8.7(b)]，称为坡面圆。

(3) 圆弧滑动面通过坡脚以外的 A 点 [图8.7(c)]，称为中点圆。

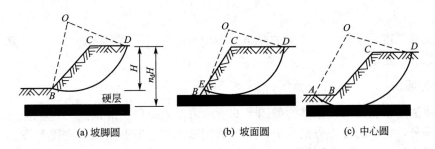

图 8.7　均质黏性土土坡的 3 种圆弧滑动面

上述三种圆弧滑动面的产生，与土坡的坡角大小、土的强度指标以及土中硬层的位置等因素有关。

采用圆弧滑动面进行土坡稳定分析，首先由瑞典工程师彼德森（Petterson，1916）提出，此后费伦纽斯（Fellenius，1927）和泰勒（Taylor，1948）又做了研究和改进。他们提出的分析方法可以分为两种：①土坡圆弧滑动按整体稳定分析法，主要适用均质简单土坡，所谓简单土坡是指土坡上、下两个土面是水平的，坡面 BC 是一平面，如图 8.7 所示；②用条分法分析土坡稳定，条分法对非均质土坡、土坡外形复杂、土坡部分在水下时均适用。

8.3.1　黏性土边坡稳定分析基本原理

1. 基本概念

土坡稳定分析采用圆弧滑动面的方法习惯上也称为瑞典圆弧滑动法。分析图 8.8 所示均质简单土坡，若可能的圆弧滑动面为 AD，其圆心为 O，半径为 R，分析时在土坡长度方向截取单位长度土坡，按平面问题进行分析。滑动土体 $ABCDA$ 的重力为 W，它是促使土坡滑动的力；沿着滑动面 AD 上分布的土的抗剪强度 τ_f 是抵抗土坡滑动的力。将滑动力 W 及抗滑力 τ_f 分别对圆心 O 取矩，可得滑动力矩 M_s 及稳定力矩 M_r 为：

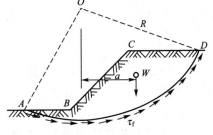

$$M_s = Wa \qquad (8-4)$$

$$M_r = \tau_f \hat{L} R \qquad (8-5)$$

图 8.8　土坡的整体稳定分析

式中：W——滑动体 $ABCDA$ 的重力（kN）；

　　　a——W 对 O 点的力臂（m）；

　　　τ_f——土的抗剪强度，按库仑定律 $\tau_f = c + \sigma\tan\varphi$（kPa）；

　　c、φ——土的黏聚力和内摩擦角；

　　　$\hat{L}$——滑动圆弧 AD 的长度（m）；

　　　R——滑动圆弧面的半径（m）。

土坡滑动的稳定安全系数 K 也可以用稳定力矩 M_r 与滑动力矩 M_s 的比值表示，即：

$$K = \frac{M_r}{M_s} = \frac{\tau_f \hat{L} R}{Wa} \qquad (8-6)$$

由于土的抗剪强度沿滑动面 AD 上的分布是不均匀的，因此直接按式(8-6)计算土坡的稳定安全系数有一定的误差。

2. 摩擦圆法

摩擦圆法由泰勒提出，他认为如图8.9所示滑动面 AD 上的抵抗力包括土的摩阻力及黏聚力两部分，它们的合力分别为 F 及 C。假定滑动面上的摩阻力首先得到发挥，然后才由土的黏聚力补充。下面分别讨论作用在滑动土体 $ABCDA$ 上的3个力。

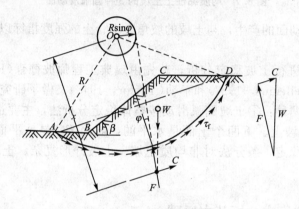

图 8.9　摩擦圆法

第一个力是滑动土体的重力 W，它等于滑动土体 $ABCDA$ 的面积与土的重度的乘积，其作用点位于滑动土体面积的形心处。因此，W 的大小和作用线都是已知的。

第二个力是作用在滑动面 AD 上黏聚力的合力 C。为了维持土坡的稳定，沿滑动面 AD 上分布的需要发挥的黏聚力为 c_1，可以求得黏聚力的合力 C 及其对圆心的力臂 x 分别为：

$$C = c_1 \cdot \overline{AD} \qquad (8-7)$$

$$x = \frac{AD}{\overline{AD}} \cdot R$$

式中：AD、$\overline{AD}$——AD 的弧长和弦长。

所以 C 的作用线是已知的，但其大小未知(因为 c_1 是未知值)。

第三个力是作用在滑动面 AD 上的法向力及摩擦力的合力，用 F 表示。泰勒假定 F 的作用线与圆弧 AD 的法线成 φ 角，也即 F 与圆心 O 点处半径为 $R\sin\varphi$ 的圆(称摩擦圆)相切，同时 F 还一定通过 W 与 C 的交点。因此，F 的作用线是已知的，其大小未知。

根据滑动土体 $ABCDA$ 上的3个作用力 W、F、C 的静力平衡条件，可以从图8.9所示力三角形中求得 C 值，由式(8-7)可求得维持土体平衡时滑动面上所需要发挥的黏聚力 c_1 值。则土体的稳定安全系数 K 为：

$$K = \frac{c}{c_1} \qquad (8-8)$$

以上求出的 K 是任意假定的某个滑动面所对应的抗滑安全系数，而实际工程中要求的是与最危险滑动面相对应的最小安全系数。为此通常需要假定一系列滑动面，进行多次试算。

3. 最危险圆弧滑动面圆心的确定方法

1) 费伦纽斯确定最危险滑动面圆心的方法

(1) 土的内摩擦角 $\varphi=0°$。费伦纽斯提出当土的内摩擦角 $\varphi=0°$ 时，土坡的最危险圆弧滑动面通过坡脚，其圆心为 D 点，如图 8.10 所示。D 点是由坡脚 B 及坡顶 C 分别作 BD 及 CD 线的交点，BD 与 CD 线分别与坡面及水平面成 β_1 及 β_2 角。β_1 及 β_2 角与土坡坡角 β 有关，可由表 8-1 查得。

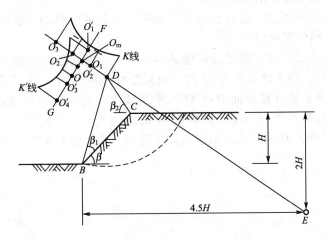

图 8.10 确定最危险滑动面圆心的位置

表 8-1 β_1 及 β_2 数值表

土坡坡度(竖直∶水平)	坡角 β	β_1	β_2
1∶0.58	60°	29°	40°
1∶1	45°	28°	37°
1∶1.5	33°41′	26°	35°
1∶2	26°34′	25°	35°
1∶3	18°26′	25°	35°
1∶4	14°02′	25°	37°
1∶5	11°19′	25°	37°

(2) 土的内摩擦角 $\varphi>0°$。费伦纽斯提出这时最危险滑动面也通过坡脚，其圆心在 ED 的延长线上，如图 8.10 所示，其中 E 点的位置距坡脚 B 点的水平距离为 $4.5H$，φ 值越大，圆心越向外移。计算时从 D 点向外延伸取几个试算圆心 O_1、O_2、…，分别求得其相应的滑动安全系数 K_1、K_2、…，绘 K 值曲线可得到最小安全系数值 $K_{\min}$，其相应的圆心 O_m 即为最危险滑动面的圆心。

实际上土坡的最危险滑动面圆心位置有时并不一定在 ED 的延长线上，而可能在其左右附近，因此圆心 O_m 可能并不是最危险滑动面的圆心，这时可以通过 O_m 点作 DE 线的垂线 FG，在 FG 上取几个试算滑动面的圆心 O_1'、O_2'、…，求得其相应的滑动稳定安全系数 K_1'、K_2'、…，绘得 K' 值曲线，相应于 $K_{\min}'$ 值的圆心 O 才是最危险滑动面的圆心。

2）泰勒的分析方法

从上述可见，根据费伦纽斯提出的方法，虽然可以把最危险滑动面的圆心位置缩小到一定范围，但其试算工作量还是很大的。泰勒对此作了进一步的研究，提出了确定均质简单土坡稳定安全系数的图表。

泰勒认为圆弧滑动面的 3 种形式与土的内摩擦角 φ 值、坡角 β 以及硬层埋藏深度等因素有关。泰勒经过大量计算分析后提出：

（1）当 $\varphi > 3°$ 时，滑动面为坡脚圆，其最危险滑动面圆心位置，可根据 φ 及 β 角值，从图 8.11 中的曲线查得 θ 及 α 值作图求得。

（2）当 $\varphi = 0°$ 且 $\beta > 53°$ 时，滑动面也是坡脚圆，其最危险滑动面圆心位置，同样可从图 8.11 中的 θ 及 α 值作图求得。

（3）当 $\varphi = 0°$ 且 $\beta < 53°$ 时，滑动面可能是中点圆，也有可能是坡脚圆或坡面圆，它取决于硬层的埋藏深度。当土体高度为 H 时，硬层的埋藏深度为 $n_d H$ ［图 8.12（a）］。若滑动面为中点圆，则圆心位置在坡面中点 M 的铅直线上，且与硬层相切，如图 8.12（a）所示，滑动面与土面的交点为 A，A 点距坡脚 B 的距离为 $n_x H$，n_x 值可根据 n_d 及 β 值由图 8.12（b）查得。若硬层埋藏较浅，则滑动面可能是坡脚圆或坡面圆，其圆心位置需通过试算确定。

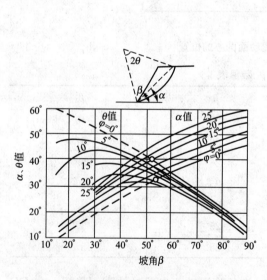

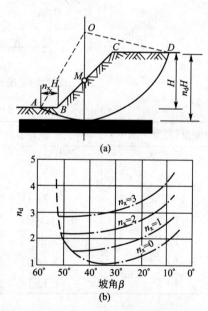

图 8.11　按泰勒方法确定最危险滑动面圆心
（$\varphi > 3°$ 或 $\varphi = 0°$ 且 $\beta > 53°$ 时）

图 8.12　按泰勒方法确定最危险滑动面圆心位置
（$\varphi = 0°$ 且 $\beta < 53°$ 时）

泰勒提出在土坡稳定分析中共有 5 个计算参数，即土的重度 γ、土坡高度 H、坡角 β 以及土的抗剪强度指标 c、φ，若知道其中 4 个参数时就可以求出第 5 个参数。为了简化计算，泰勒把 3 个参数 c、γ、H 组成 1 个新的参数 N_s，称为稳定因数，即：

$$N_s = \frac{\gamma H}{c} \tag{8-9}$$

通过大量计算可以得到 N_s 与 φ 及 β 间的关系曲线，如图 8.13 所示。在图 8.13（a）中，给出了 $\varphi = 0°$ 时稳定因数 N_s 与 β 的关系曲线；在图 8.13（b）中，给出了 $\varphi > 0°$ 时稳定因数

N_s 与 β 的关系曲线，从图中可以看到，当 $\beta<53°$ 时滑动面形式与硬层埋藏深度 $n_d H$ 值有关。

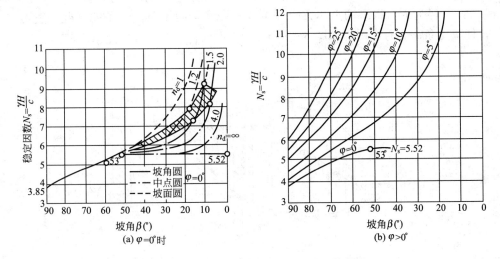

图 8.13 泰勒的稳定因数 N_s 与坡脚 β 的关系

泰勒分析简单土坡的稳定性时，假定滑动面上土的摩阻力首先得到充分发挥，然后才由土的黏聚力补充。因此，在求得满足土坡稳定时滑动面上所需要的黏聚力 c_1 后，与土的实际黏聚力 c 进行比较，即可求得土坡的稳定安全系数。

例 8.1 某黏性土简单土坡，已知土坡高度 $H=8\text{m}$，坡角 $\beta=45°$，土的性质 $\gamma=19.6\text{kN/m}^3$，$\varphi=10°$，$c=25\text{kPa}$。试用泰勒的稳定因数曲线计算土坡的稳定安全系数。

解：当 $\varphi=10°$，$\beta=45°$ 时，由图 8.13(b)查得 $N_s=9.2$。由式(8-8)可求得此时滑动面上所需要的黏聚力 c_1 为：

$$c_1=\frac{\gamma H}{N_s}=\frac{19.4\times8}{9.2}=16.9\text{kPa}$$

土坡稳定安全系数 K 为：

$$K=\frac{c}{c_1}=\frac{25}{16.9}=1.48$$

应该看到，上述安全系数的意义与前述不同，前面是指土的抗剪强度与剪应力之比；在本例中对土的内摩擦角 φ 而言，其安全系数是 1.0，而黏聚力 c 的安全系数是 1.48，两者不一致。若要求 c、φ 值具有相同的安全系数，则需采用试算法确定。

8.3.2 简单条分法

从前面分析知道，由于圆弧滑动面上各点的法向应力不同，因此土的抗剪强度各点也不相同，这样就不能直接应用式(8-6)计算土坡稳定安全系数。而泰勒的分析方法是在对滑动面上的抵抗力大小及方向作了一些假定的基础上，才得到分析均质简单土坡稳定的计算图表。它对于非均质的土坡或比较复杂的土坡(如土坡形状比较复杂、土坡上有荷载作用、土坡中有水渗流时等)均不适用。费伦纽斯提出的条分法是解决这一问题的基本方法，至今仍得到广泛应用，该方法称为简单条分法，又称为瑞典圆弧条分法。

1. 基本原理

如图 8.14 所示土坡，取单位长度土坡按平面问题计算。设可能滑动面是一圆弧 AD，圆心为 O，半径为 R。将滑动土体 $ABCDA$ 分成许多竖向土条，土条的宽度一般可取 $b=0.1R$，任一土条 i 上的作用力如图 8.14 所示。

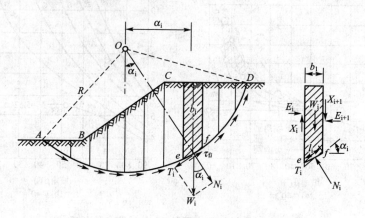

图 8.14　用条分法计算土坡稳定

土条的重力 W_i，其大小、作用点位置及方向均为已知。

滑动面 ef 上的法向力 N_i 及切向反力 T_i（假定 N_i、T_i 作用在滑动面 ef 的中点），它们的大小均未知。

土条两侧的法向力 E_i、E_{i+1} 及竖向剪切力 X_i、X_{i+l}，其中 E_i 和 X_i 可由前一个土条的平衡条件求得，而 E_{i+1} 和 X_{i+1} 的大小未知，E_{i+1} 的作用点位置也未知。

由此可以看到，作用在土条 i 的作用力中有 5 个未知数，但只能建立 3 个平衡方程，故为静不定问题。为了求得 N_i、T_i 值，必须对土条两侧作用力的大小和位置作适当的假定。瑞典条分法不考虑土条两侧的作用力，即假设 E_i 和 X_i 的合力等于 E_{i+1} 和 X_{i+1} 的合力，同时它们的作用线也重合，因此土条两侧的作用力相互抵消。这时土条 i 仅有作用力 W_i、N_i 及 T_i，根据平衡条件可得：

$$N_i = W_i \cos\alpha_i$$
$$T_i = W_i \sin\alpha_i$$

滑动面 ef 上土的抗剪强度为：

$$\tau_{fi} = \sigma_i \tan\varphi_i + c_i = \frac{1}{l_i}(N_i \tan\varphi_i + c_i l_i) = \frac{1}{l_i}(W_i \cos\alpha_i \tan\varphi_i + c_i l_i)$$

式中：α_i——土条 i 滑动面的法线（即半径）与竖直线的夹角；

　　　l_i——土条 i 滑动面 ef 的弧长；

　c_i、φ_i——滑动面上的黏聚力及内摩擦角。

土条 i 上的作用力对圆心 O 产生的滑动力矩 M_s 及稳定力矩 M_r，分别为：

$$M_s = T_i R = W_i R \sin\alpha_i$$
$$M_r = \tau_{fi} l_i R = (W_i \cos\alpha_i \tan\varphi_i + c_i l_i) R$$

整个土坡相应与滑动面 AD 时的稳定系数为：

$$K = \frac{M_r}{M_s} = \frac{R \sum_{i=1}^{n}(W_i \cos\alpha_i \tan\varphi_i + c_i l_i)}{R \sum_{i=1}^{n} W_i \sin\alpha_i} \qquad (8-10)$$

对于均质土坡，$c_i = c$、$\varphi_i = \varphi$ 则得：

$$K = \frac{M_r}{M_s} = \frac{\tan\varphi \sum_{i=1}^{n} W_i \cos\alpha_i + c\hat{L}}{\sum_{i=1}^{n} W_i \sin\alpha_i} \qquad (8-11)$$

式中：$\hat{L}$——滑动面 AD 的弧长；

n——土条分条数。

2. 最危险滑动面圆心位置的确定

上面是对于某一个假定滑动面求得的稳定安全系数，因此需要试算许多个可能的滑动面，相应于最小安全系数的滑动面即为最危险滑动面。确定最危险滑动面圆心位置的方法，同样可以利用前述费伦纽斯或泰勒的经验方法。

3. 成层土边坡与坡顶超载时安全系数求解

若边坡由不同土层组成，如图 8.15 所示，式(8-9)仍适用，但应用时应注意：
(1) 在计算土条重量时应分层计算，然后叠加，如土条 i 有 m 层土，则
$$W_i = b_i(\gamma_1 h_{1i} + \gamma_2 h_{2i} + \cdots + \gamma_{mi} h_{mi})$$

(2) 黏聚力 c 和内摩擦角 φ 应按土条 i 所处滑动面所在土层位置采用相应的数值。因此，对于成层土边坡，稳定安全系数可写成：

$$K = \frac{\sum_{i=1}^{n}\left[c_i l_i + b_i(\gamma_{1i} h_{1i} + \gamma_{2i} h_{2i} + \cdots + \gamma_{mi} h_{mi})\cos\alpha_i \tan\varphi_i\right]}{\sum_{i=1}^{n} b_i(\gamma_1 h_{1i} + \gamma_2 h_{2i} + \cdots + \gamma_m h_{mi})\sin\alpha_i} \qquad (8-12)$$

如果在边坡的坡顶或坡面上作用着超载 q，如图 8.16 所示。则只要将超载分别加到相关土条的重量中即可，此时边坡的稳定安全系数为：

$$K = \frac{\sum_{i=1}^{n}\left[c_i l_i + (W_i + qb_i)\cos\alpha_i \tan\varphi_i\right]}{\sum_{i=1}^{n}(W_i + qb_i)\sin\alpha_i} \qquad (8-13)$$

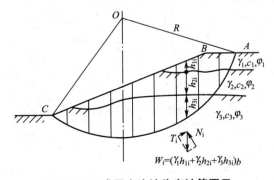

图 8.15 成层土边坡稳定计算图示

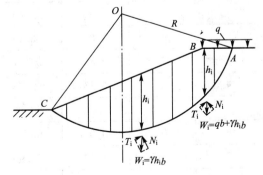

图 8.16 坡顶有超载稳定计算图示

对于边坡部分浸水以及考虑地震作用引起的边坡稳定问题，可参考相关资料。

例 8.2 某土坡如图 8.17 所示，已知土坡高度 $H=6$m，坡脚 $\beta=55°$，土的重度 $\gamma=18.6$kN/m³，土的内摩擦角 $\varphi=12°$，黏聚力 $c=16.7$kPa。试用条分法验算土坡的稳定安全系数。

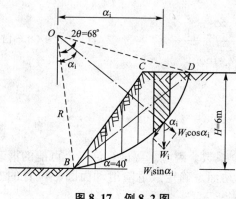

图 8.17 例 8.2 图

解：（1）按比例绘出土坡的剖面图（图 8.17）。按泰勒经验方法确定最危险滑动面圆心位置。当 $\varphi=12°$、$\beta=55°$时，可知土坡的滑动面是坡脚圆，其最危险滑动面圆心位置，可从图 8.11 中的曲线得到 $\alpha=40°$，$\theta=34°$，由此作图求得圆心 O。

（2）将滑动土体 $BCDB$ 划分成竖直土条。滑动圆弧 BD 的水平投影长度为：$H\cot\alpha=6\times\cot40°=7.15$m，把滑动土体划分成 7 个土条，从坡脚 B 开始编号，把 1～6 条的宽度 b 均取为 1m，第 7 条宽度取 1.15m。

（3）计算各土条滑动面中点与圆心的连线同竖直线的夹角 α_i 值。可按下式计算：

$$\sin\alpha_i=\frac{a_i}{R}$$

$$R=\frac{d}{2\sin\theta}=\frac{H}{2\sin\alpha\sin\theta}=\frac{6}{2\sin40°\cos34°}=8.35\text{m}$$

式中：a_i——土条 i 的滑动面中点与圆心 O 的水平距离；

R——圆弧滑动面 BD 的半径；

d——BD 弦的长度；

θ、α——求圆心位置时的参数，其意义（图 8.11）。

将求得的各土条值列于表 8-2 中。

（4）从图中量取各土条的中心高度 h_i，计算各土条的重力 $W_i=\gamma b_i h_i$ 及 $W_i\sin\alpha_i$、$W_i\cos\alpha_i$ 的值，将结果列于表 8-2。

表 8-2 土坡稳定计算结果

土条编号	土条宽度 b_i(m)	土条中心高 b_i(m)	土条重力 W_i(kN)	α_i(°)	$W_i\sin\alpha_i$ (kN)	$W_i\cos\alpha_i$ (kN)	$\overline{L}$/(m)
1	1	0.60	11.16	9.5	1.84	11.00	
2	1	1.80	33.48	16.5	9.51	32.10	
3	1	2.85	53.01	23.8	21.39	48.50	
4	1	3.75	69.75	31.8	36.56	59.41	
5	1	4.10	76.26	40.1	49.12	58.33	
6	1	3.05	56.73	49.8	43.33	36.62	
7	1.15	1.50	27.90	63.0	24.86	12.67	
				合计	186.60	258.63	9.91

(5) 计算滑动面圆弧长度 $\hat{L}$。

$$\hat{L} = \frac{\pi}{180} 2\theta R = \frac{2\pi \times 34 \times 8.35}{180} = 9.91\text{m}$$

(6) 按式(8-10)计算土坡的稳定安全系数 K。

$$K = \frac{M_r}{M_s} = \frac{\tan\varphi \sum_{i=1}^{7} W_i \cos\alpha_i + c\hat{L}}{\sum_{i=1}^{7} W_i \sin\alpha_i} = \frac{258.63 \times \tan 12° + 16.7 \times 9.91}{186.6} = 1.18$$

8.3.3 毕肖普条分法

用条分法分析土坡稳定问题时,任一土条的受力情况是一个静不定问题。为了解决这一问题,瑞典条分法假定不考虑土条间的作用力,这样得到的稳定安全系数一般偏小。在工程实践中,为了改进条分法的计算精度,许多人都认为应该考虑土条间的作用力,以求得比较合理的结果。目前已有许多解决问题的办法,其中毕肖普(Bishop,1955)提出的简化方法比较合理实用。

同样以图8.14所示土坡为例,前面已经指出任一土条 i 上的受力条件是一个静不定问题,土条 i 上有5个作用力是未知的,故属二次静不定问题。毕肖普在求解时补充了两个假设条件:①忽略土条间竖向剪切力 X_i 及 X_{i+1} 作用;②对滑动面上的切向力 T_i 的大小做了规定。

根据土条 i 的竖向平衡条件可得:

$$W_i - X_i + X_{i+1} - T_i \sin\alpha_i - N_i \cos\alpha_i = 0$$
$$W_i + (X_{i+1} - X_i) - T_i \sin\alpha_i = N_i \cos\alpha_i \tag{8-14}$$

若土坡的稳定安全系数为 K,则土条 i 滑动面上的抗剪强度 τ_{fi} 也只发挥了一部分,毕肖普假设已发挥的抗剪强度 τ_{fi} 与滑动面上的切向力 T_i 相平衡,即:

$$T_i = \tau_{fi} l_i = \frac{1}{K}(N_i \tan\varphi_i + c_i l_i) \tag{8-15}$$

将式(8-15)代入式(8-14)得:

$$N_i = \frac{W_i + (X_{i+1} - X_i) - \dfrac{c_i l_i}{K}\sin\alpha_i}{\cos\alpha_i + \dfrac{1}{K}\tan\varphi_i \sin\alpha_i} \tag{8-16}$$

由式(8-10)知土坡的稳定安全系数 K 为:

$$K = \frac{M_r}{M_s} = \frac{\sum_{i=1}^{n}(N_i \tan\varphi_i + c_i l_i)}{\sum_{i=1}^{n} W_i \sin\alpha_i} \tag{8-17}$$

将式(8-16)代入式(8-17)得:

$$K = \frac{\sum_{i=1}^{n} \dfrac{[W_i + (X_{i+1} - X_i)]\tan\varphi_i + c_i l_i \cos\alpha_i}{\cos\alpha_i + \dfrac{1}{K}\tan\varphi_i \sin\alpha_i}}{\sum_{i=1}^{n} W_i \sin\alpha_i} \tag{8-18}$$

由于(式8-17)中 X_{i+1}、X_i 是未知的，故求解尚有困难。毕肖普假定土条间竖向剪切力均略去不计，即 $(X_{i+1}-X_i)=0$，则式(8-18)可简化为：

$$K = \frac{\sum_{i=1}^{n} \frac{1}{m_{ai}} W_i \tan\varphi_i + c_i l_i \cos\alpha_i}{\sum_{i=1}^{n} W_i \sin\alpha_i} \qquad (8-19)$$

其中：

$$m_{ai} = \cos\alpha_i + \frac{1}{K} \tan\varphi_i \sin\alpha_i \qquad (8-20)$$

式(8-19)就是简化毕肖普法计算土坡稳定安全系数的公式，由于式中 m_{ai} 也包含 K 值，因此式(8-19)须用迭代法求解，即先假定一个 K 值，按式(8-20)求得 m_{ai} 值，代入式(8-19)中求出 K 值。若此值与假定值不符，则用此 K 值重新计算 m_{ai} 求得新的 K 值，如此反复迭代，直至假定的 K 值与求得的 K 值相近，为了方便计算，将式(8-20)中的 m_{ai} 值制成曲线(图8.18)，可按 α_i 及 $\tan\varphi_i/K$ 值直接查得 m_{ai} 值。

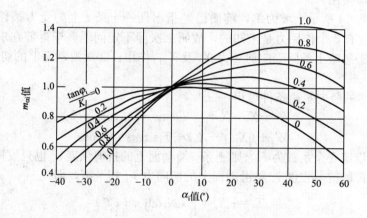

图 8.18 m_{ai} 值曲线

例 8.3 用简化毕肖普条分法计算例 8.2 土坡的稳定安全系数。

解： 土坡的最危险滑动面圆心 O 的位置以及土条划分情况均与例 8.2 相同，按式(8-19)计算各土条的有关各项列于表 8-3 中。

表 8-3 土坡稳定计算表

土条编号	$\alpha_i/(°)$	L_i (m)	土条重力 W_i (kN)	$W_i\sin\alpha_i$ (kN)	$W_i\cos\alpha_i$ (kN)	$c_i l_i \cos\alpha_i$	m_{ai}		$\frac{1}{m_{ai}}W_i\tan\varphi_i + c_i l_i\cos\alpha_i$	
							$K=1.20$	$K=1.19$	$K=1.20$	$K=1.19$
1	9.5	1.01	11.16	1.84	11.0	16.64	1.016	1.016	18.71	18.71
2	16.5	1.05	33.48	9.51	32.1	16.81	1.009	1.010	23.72	23.69
3	23.8	1.09	53.01	21.39	48.5	16.66	0.986	0.987	28.33	28.30
4	31.8	1.18	69.75	36.56	59.41	16.73	0.945	0.945	33.45	33.45

（续）

土条编号	$\alpha_i/(°)$	$L_i(\mathrm{m})$	土条重力 $W_i(\mathrm{kN})$	$W_i\sin\alpha_i$ (kN)	$W_i\cos\alpha_i$ (kN)	$c_i l_i \cos\alpha_i$	m_{ai}		$\dfrac{1}{m_{ai}}W_i\tan\varphi_i + c_i l_i \cos\alpha_i$	
							$K=1.20$	$K=1.19$	$K=1.20$	$K=1.19$
5	40.1	1.31	76.26	49.12	58.33	16.73	0.879	0.880	37.47	37.43
6	49.8	1.56	56.73	43.33	36.62	16.82	0.781	0.782	36.98	36.93
7	63.0	2.68	27.90	24.86	12.67	20.31	0.612	0.613	42.89	42.82
合计			186.60						221.55	221.33

第一次试算假定稳定安全系数 $K=1.20$，计算结果列于表 8-3，可按式（8-19）求得稳定安全系数

$$K = \frac{\sum\limits_{i=1}^{n}\dfrac{1}{m_{ai}}W_i\tan\varphi_i + c_i l_i \cos\alpha_i}{\sum\limits_{i=1}^{n}W_i\sin\alpha_i} = \frac{221.55}{186.6} = 1.187$$

第二次试算假定 $K=1.19$，计算结果列于表 8-3，可得

$$K = \frac{221.33}{186.6} = 1.186$$

计算结果与假定接近，故得土坡的稳定安全系数 $K=1.19$。

8.3.4 杨布条分法

在前面的介绍中，无黏性边坡滑动面一般为平面，均质黏性边坡滑动面一般为圆弧面。实际工程计算中，对级配良好的碾压土坝、土石坝坝坡稳定计算，均采用圆弧滑动分析。但当边坡中存在明显的软弱夹层时，如在心墙坝中沿心墙面的滑动、填方边坡地基中有软弱夹层、或在层面倾斜的岩面上填筑土堤、挖方中遇到裂隙比较发育的岩土体或有老滑坡体等，此时滑坡将在软弱层中发生，其滑动破坏面将与圆柱面相差甚远，圆弧滑动分析的瑞典条分法和毕肖普条分法不再适用，运用杨布法可以解决此类问题。

1. 杨布法基本假设和受力分析

如图 8.19（a）所示土坡，已知其滑动面为 ABCD，将滑动土体分成许多竖向土条，其中任一土条 i 上的作用力如图 8.19（b）所示。如前面所述，其受力情况也是二次静不定问题，杨布在求解时也给出两个假定条件：第一个与毕肖普的相同，认为滑动面上的切向力等于滑动面上土所发挥的抗剪强度 τ_{fi}，即 $T_i = \tau_{fi} l_i = \dfrac{1}{K}(N_i\tan\varphi_i + c_i l_i)$，第二个假定是给出土条两侧法向力 E 的作用点位置。经分析表明，E 的作用点位置对土坡稳定安全系数的影响较小，故通常假定其作用点在土条底面以上 $\dfrac{1}{3}$ 高度处。

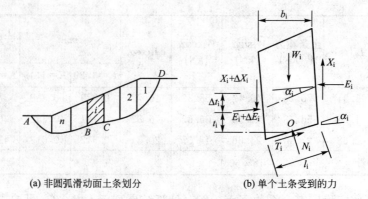

(a) 非圆弧滑动面土条划分   (b) 单个土条受到的力

图 8.19　杨布非圆弧滑动面计算图

2. 杨布法土坡稳定安全系数计算公式

对每一土条取竖直方向力的平衡：

$$W_i + (X_i + \Delta X_i) - X_i - N_i \cos\alpha_i - T_i \sin\alpha_i = 0$$

$$N_i = \frac{(W_i + \Delta X_i)}{\cos\alpha_i} - T_i \tan\alpha_i \tag{8-21}$$

对每一土条取水平方向力的平衡：

$$E_i - (E_i + \Delta E_i) + N_i \sin\alpha_i - T_i \cos\alpha_i = 0$$

$$\Delta E_i = N_i \sin\alpha_i - T_i \cos\alpha_i \tag{8-22}$$

式中的符号意义 [图 8.19(b)]

将式(8-21)代入式(8-22)得：

$$\Delta E_i = (W_i + \Delta X_i) \tan\alpha_i - \frac{T_i}{\cos\alpha_i} \tag{8-23}$$

根据杨布的第一个假定条件知：

$$T_i = \frac{1}{K}(N_i \tan\varphi_i + c_i l_i) \tag{8-24}$$

联立式(8-21)及式(8-24)求得：

$$T_i = \frac{1}{K}\left[(W_i + \Delta X_i)\tan\varphi_i + c_i b_i\right]\frac{1}{m_{\alpha i}} \tag{8-25}$$

其中，$m_{\alpha i} = \cos\alpha_i + \frac{1}{K}\tan\varphi_i \sin\alpha_i$，（图 8.18）；$b_i$ 为土条 i 的宽度，$b_i = l_i \cos\alpha_i$。

将式(8-25)代入到式(8-23)得：

$$\Delta E_i = (W_i + \Delta X_i)\tan\alpha_i - \frac{1}{K}\left[(W_i + \Delta X_i)\tan\varphi_i + c_i b_i\right]\frac{1}{m_{\alpha i}\cos\alpha_i} = B_i - \frac{A_i}{K} \tag{8-26}$$

$$A_i = \left[(W_i + \Delta X_i)\tan\varphi_i + c_i b_i\right]\frac{1}{m_{\alpha i}\cos\alpha_i} \tag{8-27}$$

$$B_i = (W_i + \Delta X_i)\tan\alpha_i \qquad (8-28)$$

对于整个土坡而言，ΔE_i 均为内力，若滑动土体上无水平外力作用时，则 $\sum \Delta E_i = 0$，故得：

$$\sum \Delta E_i = \sum B_i - \frac{1}{K}\sum A_i = 0 \qquad (8-29)$$

$$K = \frac{\sum A_i}{\sum B_i} \qquad (8-30)$$

3. 求 ΔX_i 值

土条上各作用力对滑动面中点 O 取矩，按力矩平衡条件 $\sum M_o = 0$ 得：

$$X_i b_i + \frac{1}{2}\Delta X_i b_i + E_i \Delta t_i - \Delta E_i t_i = 0$$

如果土条宽度 b_i 很小，则高阶微量 $\Delta X_i b_i$ 可略去，上式可写成：

$$X_i = \Delta E_i \frac{t_i}{b_i} - E_i \tan\alpha_i = 0 \qquad (8-31)$$

式中：α_i——E_i 与 $E_i + \Delta E_i$ 作用点连线(亦称压力线)的倾角。

E_i 值是土条 i 一侧各土条的 ΔE_i 之和，即 $E_i = E_1 + \sum\limits_{i=1}^{i-1} \Delta E_i$，其中 E_1 是第一个土条边界上的水平法向力。如图 8.19 所示土坡，E_1 值为土坡 D 点处边界上的水平法向力，由图 8.19 知 $E_1 = 0$。故得：

$$\Delta X_i = X_{i+1} - X_i \qquad (8-32)$$

若已知 ΔE_i 及 E_i 的值，可按式(8-31)及式(8-32)求得 ΔX_i。

4. 计算步骤

用式(8-30)计算土坡稳定安全系数时，可以看到该式是安全系数 K 的隐函数，因为 m_{ai} 是 K 的函数，而且式(8-26)中的 ΔE_i 也是 K 的函数。因此，在求解安全系数 K 时需用迭代法计算。其计算步骤如下：

(1) 第一次迭代时，先假定 $\Delta X_i = 0$(这也就是毕肖普的公式)，按式(8-27)和式(8-28)计算 A_i、B_i 值。计算 A_i 值时要先知道 m_{ai} 值，但它是 K 的函数，故要先假定一个 K 值进行试算。为了节省试算时间，杨布建议开始时可先假定 $\dfrac{1}{m_{ai}\cos\alpha_i} = 1$，按式(8-30)求得试算的安全系数 K_0 值。然后参考 K_0 值假定一个新的 K_0 值计算 m_{ai} 值及 A_i 值，并求得安全 K_1 值。若 K_1 值与假定的 K 值得相近，其误差小于 5% 时，即可停止试算。

(2) 第二次迭代计算时应考虑 ΔX_i 的影响，这时先用 K_1 值代入式(8-26)计算 ΔE_i 及 E_i 值(这时 A_i、B_i 值仍为第一次迭代时的结果)，并由式(8-31)、式(8-32)求得 ΔX_i 值。然后假定一个试算安全系数 K 计算 m_{ai}，考虑 ΔX_i 影响求得 A_i 及 B_i 值，并求得安全系数 K_2 值。同样，当 K_2 与假定的 K 值相近，其误差小于 5% 时，即可停止试算。

（3）第三次迭代计算同第二次迭代，用 K_2 值计算 ΔE_i、E_i 及 ΔX_i 值，然后用试算法计算 $m_{\alpha i}$、A_i、B_i 及安全系数 K_3 值。

当多次迭代求得的安全系数 K_1、K_2、K_3、…，趋向接近时，一般当其误差 $\leqslant 0.005$ 时，即可停止计算。

上述计算是在滑动面已经确定的情况下进行的，因此，整个土坡稳定分析过程，需假定几个可能的滑动面分别按上述步骤进行计算，相应于最小安全系数的滑动面才是最危险的滑动面。由此可见，土坡稳定分析的计算工作量是很大的，一般均借助于电算进行。可以看到，杨布普遍条分法同样可用于圆弧滑动面的情况。

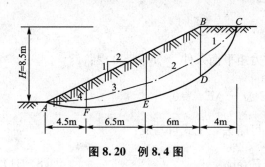

图 8.20　例 8.4 图

例 8.4　如图 8.20 所示土坡。已知土坡高度 $H=8.5\text{m}$，土坡坡度为 $1:2$，土的重度 $\gamma=19.6\text{kN/m}^3$，内摩擦角 $\varphi=20°$，黏聚力 $c=18\text{kPa}$。试用杨布法计算土坡的稳定安全系数。

解：若可能滑动面 AFEDC 如图 8.20 所示，将滑动土体分成 4 条，各土条的基本数据列于表 8－4 中。

表 8－4　基 本 数 据

土条标号	土条宽度 b_i (m)	底坡角 (°)	$\tan\alpha_i$	$\cos\alpha_i$	$\sin\alpha_i$	土条高 h^i (m)	$\gamma_i h_i$	土条重力 $W=\gamma_i h_i b_i$ (kN/m)	$\tan\varphi_i$	c_i (kPa)	$c_i b_i$ (kN/m)
1	4	50.7	1.222	0.633	0.744	3.5	68.6	274.4	0.364	18	72
2	6	22.6	0.416	0.923	0.384	5.5	107.8	646.8	0.364	18	109
3	6.5	9.6	0.169	0.986	0.167	4.1	80.4	522.6	0.364	18	117
4	4.5	−7.6	−0.133	0.991	−0.132	1.65	32.3	145.4	0.364	18	81

（1）第一次迭代计算。

第一次迭代计算时，假定 $\Delta X_i=0$。为求得试算安全系数 K 的参考数值，可先假设 $\dfrac{1}{m_{\alpha i}\cos\alpha_i}=1$，则式（8－28）和式（8－29）分别为：

$$A_i=(W_i\tan\varphi_i+c_i b_i)$$

$$B_i=W_i\tan\alpha_i$$

将各土条按上式计算的 A_i、B_i 值列于表 8－5，并求得安全系数为：

$$K_0=\frac{\sum A_i}{\sum B_i}=\frac{956.4}{673.4}=1.420$$

然后参考值 K_0 值假设一个试算安全系数 $K=1.700$ 计算 $m_{\alpha i}$ 值，此时式（8－26）的 A_i

值变为：

$$A_i = (W_i \tan\varphi_i + c_i b_i) \frac{1}{m_{\alpha i} \cos\alpha_i}$$

将各土按上式计算的 A_i 值列于表 $8-5$，由此可求得安全系数为：

$$K_1 = \frac{\sum A_i}{\sum B_i} = \frac{1155.15}{673.4} = 1.715$$

因为 K_1 的值与假设值 $K=1.700$ 相近（不超过 5%），故不必再进行试算，见表 $8-5$。

表 8-5 第一次迭代计算结果

土条编号 i	第一次迭代						
	$B_i = W_i \tan\alpha_i$	$A_i = W_i \tan\varphi_i + c_i b_i$	$K_0 = \dfrac{\sum A_i}{\sum B_i}$	$m_{\alpha i}$	$\dfrac{1}{m_{\alpha i}\cos\alpha_i}$	$A_i = (W_i \operatorname{tg}\varphi_i + c_i b_i) \cdot 1/(m_{\alpha i}\cos\alpha_i)$	K_1
1	335.3	171.9	956.4/673.4 = 1.420	0.799	1.977	339.81	= 1.715
2	269.1	343.4		1.005	1.078	370.22	
3	88.3	307.2		1.002	0.992	304.77	
4	−19.3	133.9		0.963	1.048	149.35	
	$\sum 673.4$	$\sum 956.4$		假设 $K=1.700$		$\sum 1155.15$	

（2）第二次迭代计算。

第二次迭代计算时因考虑 ΔX_i 的作用，故要先计算 ΔE_i 及 E_i 值，从式（8-28）知：

$$\Delta E_i = B_i - \frac{A_i}{K}$$

$$E_i = E_1 + \sum_{i=1}^{i-1} \Delta E_i \quad （由图 8.19 知 E_1 = 0）$$

按式（8-25）计算 ΔE_i 值时，安全系数采用第一代迭代结果 K_1 代入，将求得的各土条 ΔE_i 及 E_i 值列于表 $8-6$ 中第（2）、（3）列。然后按式（8-30）计算各土条间的竖向剪切力 X_i 值［见表中第（7）列］：

$$X_i = \frac{\Delta E_i}{b_i} t_i - E_i \tan\alpha_i$$

其中，$\Delta E_i/b_i$ 应取相邻两土条的平均值，即：

$$\frac{\Delta E_i}{b_i} = \frac{\Delta E_i + \Delta E_{i+1}}{b_i + b_{i+1}}$$

$\Delta E_i/b_i$ 值列于表 $8-6$ 中第（4）列，按式（8-31）求得 ΔX_i 值列于表 $8-6$ 中第（8）列。

表 8-6 第二次迭代计算结果

土条编号 i	第二次迭代							
	A_i/K_1	ΔE_i	E_i	$\Delta E_i/b_i$	t_i	$\tan\alpha_i$	X_i	ΔX_i
	(1)	(2)	(3)	(4)	(5)	(6)	(7)	(8)
1	198.14	137.16	0	—	—	—	0	−127.21
			137.16	19.04	−0.07	0.917	−127.21	
2	215.87	53.23						40.83
			190.39	−2.89	0.67	0.443	−86.28	
3	177.71	−89.41						47.57
			100.98	−17.32	0.62	0.277	−38.71	
4	81.84	−101.14						38.71
			0	—	—	—	0	
								$\sum 0$

土条编号 i	第二次迭代				
	$B_i=(W_i+\Delta X_i)\tan\alpha_i$	$m_{\alpha i}$	$1/(m_{\alpha i}\cos\alpha_i)$	$A_i=\left[(W_i+\Delta x_i)\tan\varphi_i+c_ib_i\right]\dfrac{1}{m_{\alpha i}\cos\alpha_i}$	K_2
	(9)	(10)	(11)	(12)	(13)
1	179.99	0.767	2.059	258.63	
2	286.05	0.990	1.095	392.33	1129.41/
3	96.36	1.015	0.999	324.22	537.91=2.100
4	−24.49	0.968	1.042	154.23	
	$\sum 537.91$	假设 $K=2.10$		$\sum 1129.41$	

假设一个试算安全系数 $K=2.10$，计算 $m_{\alpha i}$ 及 $\dfrac{1}{m_{\alpha i}\cos\alpha_i}$ 值［表中第(10)、(11)列］，然后按式(8-26)和式(8-27)计算 A_i 及 B_i 值［见表中第(12)、(9)列］，并求得安全系数为：

$$K_2=\frac{\sum A_i}{\sum B_i}=\frac{1129.41}{537.91}=2.100$$

由于 K_2 与假设 K 值相同，故可结束试算。

（3）第三次迭代计算。

与第二次迭代计算相同，用第二次迭代计算结果 K_2 值，依次计算 ΔE_i、E_i、X_i 及 ΔX_i 值，列于表 8-7。然后假设一个试算安全系数 $K=1.90$，计算 $m_{\alpha i}$ 及 $\dfrac{1}{m_{\alpha i}\cos\alpha_i}$ 值，计算 A_i 及 B_i 值，并求得 $K_3=\dfrac{\sum A_i}{\sum B_i}=\dfrac{1147.13}{603.09}=1.902$，与假设的 K 值相近。

表8-7 第三次迭代计算结果

土条编号 i	A_i/K_i	ΔE_i	E_i	$\Delta E_i/b_i$	X_i	ΔX_i	B_i	$1/(m_{ai}\cos\alpha_i)$	A_i	K_3
			0	—	0					
	123.16	56.38				−53.21	270.29	2.022	308.38	
			56.83	15.61	−53.21					
1	186.82	99.23				−13.71	263.37	1.087	367.89	
			156.06	3.30	−66.92					1147.13/603.09 =1.902
2	154.39	−58.03				30.97	93.55	0.996	317.23	
			98.03	−14.18	−35.95					
3	73.44	−97.93				35.95	−24.12	1.045	153.63	
			0	—	0					
4						$\sum = 603.09$	假设 K=1.90		$\sum = 1147.13$	

（4）后续迭代计算。

由于上述3次迭代计算结果 $K_1=1.715$，$K_2=2.100$，$K_3=1.902$ 差异较大，故尚需继续进行迭代计算，先将10次迭代计算结果列出：

$$K_1=1.715，\quad K_2=2.100$$

$$K_3=1.902，\quad K_4=2.023$$

$$K_5=1.949，\quad K_6=1.991$$

$$K_7=1.996，\quad K_8=1.980$$

$$K_9=1.972，\quad K_{10}=1.976$$

因为 K_{10} 与 K_9 已很接近了（误差<0.005），故可结束迭代计算。最后求得土坡的稳定安全系数 $K=1.976$。

本 章 小 结

边坡稳定分析的目的主要在于验算拟定的边坡是否安全、合理、经济，并根据给定的边坡高度、土的性质设计合理的边坡断面，以及对自然边坡进行稳定性分析和安全评价。本章对于无黏性土及黏性土边坡稳定分析的基本方法进行了介绍，并且对一些特殊土坡，如边坡土体分层、土体中有渗流、滑动面为非圆弧的情况进行了介绍，在掌握基本分析原理的基础上，能够结合具体土坡的实际情况进行稳定分析。

习　题

一、填空题

1. 无黏性土土坡的稳定性，与_____和_____有关。

2. 黏性土土坡稳定安全系数是指_____和_____之比。

3. 均质黏性土坡失稳时的破坏可近似假定为圆弧滑动面，滑动面形式一般有_____、_____和_____ 3 种。

二、选择题

1. 土坡中最危险滑动面指的是（　　）。

  A. 滑动力最大的面　 B. 稳定安全系数最小的面

  C. 抗滑力最小的面　 D. 滑动路径最短的面

2. 当土坡处于稳定状态时，其稳定安全系数值应（　　）。

  A. 大于 1　 B. 小于 1　 C. 等于 1　 D. 等于 0

3. 费伦纽斯条分法分析土坡稳定性时，土条两侧条间力之间的关系假定为（　　）。

  A. 大小相等，方向相同，作用线重合

  B. 大小相等，方向相反，作用线重合

  C. 大小不等，方向相同，作用线重合

  D. 大小相等，方向相同，作用线距土条底 1/3 土条高度

4. 与均质无黏性土土坡稳定性相关的因素是（　　）。

  A. 土的黏聚力　 B. 土的内摩擦角　 C. 土的重度　 D. 土坡坡角

三、简答题

1. 控制边坡稳定性的主要因素有哪些？

2. 毕肖普条分法与瑞典条分法的主要差别是什么？

3. 杨布法可用于圆弧滑动分析吗？

4. 如若发现边坡可能不稳定，可以采取哪些措施增加其稳定性？

5. 试简述摩擦圆法的基本原理。简述如何用泰勒的稳定因素表确定土坡稳定安全系数。

第9章

地基承载力

【教学目标与要求】

● **概念及基本原理**

【掌握】地基变形的阶段划分和地基变形破坏形式；临塑荷载、临界荷载及极限荷载的概念；太沙基极限承载力的基本原理；地基容许承载力和地基承载力特征值的概念。

【理解】普朗特尔地基极限承载力的基本原理。

● **计算理论及计算方法**

【掌握】临塑荷载及临界荷载的计算；太沙基极限承载力公式；《建筑地基基础设计规范》(GB 50007—2011)确定地基容许承载力；《公路桥涵地基与基础设计规范》(JTG D63—2007)确定地基的承载力。

【理解】普朗特尔地基极限承载力的计算；汉森极限承载力的计算。

● **试验**

【掌握】现场载荷试验的试验方法、加载方法、终止加载情况及地基承载力特征值的确定方法。

【理解】静力触探试验、动力触探试验。

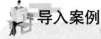 导入案例

案例：某电站汇合渠 3 号渡槽进口槽台失事过程及原因分析(图 9.1)

某电站工程指挥部于 1996 年 10 月 27 日对已完工的部分工程进行试水；8：30 左右，在黄九坳渠首开闸放水，放水流量为 $0.8m^3/s$(黄九坳引水渠设计流量为 $2.7m^3/s$；汇合渠设计流量为 $6.0m^3/s$)；10：30 左右，水流到达汇合渠的溢流堰，由于溢流堰的冲砂孔直径只有 400mm，排水流量小，以至汇合渠水位基本达到设计水位；14：15 左右，值班人员巡查至汇合渠 3 号渡槽进口槽台时未发现漏水和渗水现象；15：45 左右，值班人员发现汇合渠 3 号渡槽进口槽台附近的连段出现裂缝和大量漏水，并立即报告指挥部；16：00 左右，有关人员赶到出事地点，发现连接段距 B 点 1.3m 处的 E 点有一条向上游倾斜的裂缝(图 9.1)。EB 段下沉 1cm，槽身微微倾斜，在场的技术人员感到情况不妙，立即赶到上游 300m 左右的冲砂闸，开闸放水，但开闸很不顺利；17：00 左右，有关人员返回 3 号渡槽时，发现槽台基础已被大量的漏水淘空，情况已十分严重。

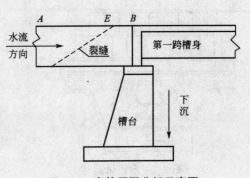

图 9.1 事故原因分析示意图

17：10，槽台失稳跌落，槽身一端已跌落在冲刷坑中；另一端仍支在排架上。17：30，整段槽身跌落土坑中，从放水至槽台、槽身破坏共历时 9h 左右。

根据各方面的调查和分析，该电站汇合渠 3 号渡槽进口槽台失事原因之一是该槽台地基没有相应的地质资料及相关土工试验资料。经事后土工试验分析，该地基土质偏软，压缩性大，实际承载力为 100～120kPa，地基承载力偏低(地基的设计承载力平均值为 116.8kPa)。当渡槽通水时，地基的应力达到或接近地基承载力，地基沉降严重，造成整个槽台下沉，致使渡槽连接段断裂，直接引发这次事故。

9.1 概　述

地基承载力是指地基土单位面积上所能承受荷载的能力，以 kPa 计。在荷载作用下，建筑物会发生变形，并且可能产生所不允许的沉降；如果超过了地基的承载能力，就会导致地基发生破坏。一般认为地基承载力可分为容许承载力和极限承载力。容许承载力是指地基土稳定有足够的安全度并且变形控制在建筑物容许范围内时的承载力；极限承载力是地基土不致失稳时地基土单位面积上所能承受的最大荷载。在工程设计中为了保证地基土不发生剪切破坏而失去稳定，同时也为使建筑物不致因基础产生过大的沉降和差异沉降，而影响其正常使用，必须限制建筑物基础底面的压力，使其不得超过地基的承载力设计值。因此，确定地基承载力是工程实践中迫切需要解决的问题。本章将要介绍地基的破坏特征及如何确定地基承载力。

9.1.1 现场载荷试验

确定地基承载力的方法有载荷试验法、理论计算法、规范查表法、经验估算法等许多种。可以通过现场载荷试验或室内模型试验来研究地基承载力，如图 9.2 所示。现场载荷试验是在要测定的地基上放置一块模拟基础的载荷板，载荷板的尺寸一般约为 0.25～1.0m²，较实际基础的尺寸小。然后在载荷板上逐级施加荷载，同时测定在各级荷载下载荷板的沉降量及周围土的位移情况，直到地基土破坏失稳为止。通过试验可以得到载荷板在各级压力 p 的作用下，其相应的稳定沉降量，绘得 p-s 曲线，如图 9.3 所示。

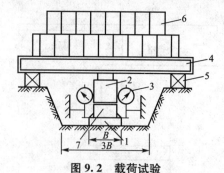

图 9.2　载荷试验

1—载荷板；2—千斤顶；3—百分表；
4—反力梁；5—枕木垛；6—荷载

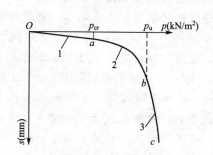

图 9.3　p-s 曲线

1—压密阶段；2—剪切阶段；3—破坏阶段

典型的 p-s 曲线由三个阶段组成，即压密阶段、剪切阶段和破坏阶段。

1）压密阶段

压密阶段就是图 9.3 上的 oa 段，在这个阶段，p-s 曲线近似成线性变化。土中产生三角形压密区，各点的剪应力均小于土的抗剪强度，土体处于弹性平衡状态。载荷板的沉降主要是由于土的压密变形引起的，p-s 曲线上相应于 a 点的荷载称为比例界限 p_{cr}，也称临塑荷载。

2）剪切阶段

剪切阶段就是图 9.3 上的 ab 段。此阶段 p-s 曲线已不再保持线性关系，沉降的增长率随荷载的增大而增加。地基土中局部范围内的剪应力达到土的抗剪强度，土体发生剪切破坏，这些区域也称塑性区。随着荷载的继续增加，土中塑性区的范围也逐步扩大，直到土中形成连续的滑动面，由载荷板两侧挤出而破坏。因此，剪切阶段也是地基中塑性区的发生与发展阶段。p-s 曲线上相应于 b 点的荷载称为极限荷载 p_u。

3）破坏阶段

破坏阶段就是图 9.3 上的 bc 段。当荷载超过极限荷载后，载荷板急剧下沉，即使不增加荷载，沉降也将继续发展。在这一阶段，由于土中塑性区范围的不断扩展，最后在土中形成连续滑动面，土从载荷板四周挤出隆起，地基土因失稳而破坏。

9.1.2　地基变形破坏形式

从上面的试验曲线的研究可以看出，地基的破坏可能经历 3 个阶段，这是通过载荷试验获得的比较常见的一种地基破坏形式，p-s 曲线有明显的转折点，称为整体剪切破坏，如图 9.4（a）所示。整体剪切破坏常发生在浅埋基础下的密砂或硬黏土等坚实地基中。地基破坏形式还有局部剪切破坏和刺入剪切破坏。局部剪切破坏常发生于中等密实砂土中，如图 9.4（b）所示，其特征是：随着荷载的增加，基础下也产生压密区及塑性区，但塑性区仅仅发展到地基某一范围内，土中滑动面并不延伸到地面，基础两侧地面微微隆起，没有出现明显的裂缝。曲线也有一个转折点，但不像整体剪切破坏那么明显。刺入剪切破坏发生在松砂及软土中，其特征是：在基础下没有明显的连续滑动面，随着荷载的增加，基础随着土层发生压缩变形而下沉，当荷载继续增加，基础周围附近土体发生竖向剪切破坏，使基础刺入土中。刺入剪切破坏没有明显的转折点，没有明显的比例界限及极限荷载，如图 9.4（c）所示。

（a）整体剪切破坏　　　　　（b）局部剪切破坏　　　　　（c）刺入剪切破坏

图 9.4　地基破坏形式

整体剪切破坏、局部剪切破坏、刺入剪切破坏是地基失稳的三种破坏形式，地基土发生哪种形式的破坏，主要和地基土的性质和基础的埋置深度有关，加荷速度等因素也有所影响。如在密砂地基中，一般常发生整体剪切破坏，但当基础埋置深时，在很大荷载作用下密砂就会产生压缩变形，而产生刺入剪切破坏；在软黏土中，当加荷速度较慢时会产生压缩变形而产生刺入剪切破坏，但当加荷很快时，由于土体不能产生压缩变形，就可能发生整体剪切破坏。

9.2 临塑荷载及临界荷载计算

临塑荷载 p_{cr} 是指在外部荷载作用下，地基中刚开始出现塑性变形区时，相应的基底底面单位面积上所承受的荷载。临界荷载是指土中塑性区开展到不同深度时，其相应的荷载。

9.2.1 塑性区边界方程的推导

如图 9.5(a)所示，在地基表面作用均布荷载 p_0，求地表以下任何一点 M 点产生的大小主应力 σ_1、σ_3。可以用第 4 章有关的公式计算：

$$\left.\begin{array}{c}\sigma_1\\\sigma_3\end{array}\right\}=\frac{p_0}{\pi}(\beta_0\pm\sin\beta_0) \tag{9-1}$$

如果条形基础有一定的埋深 d，地基中任意深度 z 处一点 M 点的应力，如图 9.5(b)所示。除了由基底附加压力产生以外，还有土的自重应力。其竖直方向的自重应力 $\sigma_{cz}=\gamma_m d+\gamma z$，假定土的侧压力系数为 1，则可以将自重应力叠加到最大、最小主应力上：

$$\sigma_1=\frac{p_0}{\pi}(\beta_0+\sin\beta_0)+\gamma_m d+\gamma z \tag{9-2a}$$

$$\sigma_3=\frac{p_0}{\pi}(\beta_0-\sin\beta_0)+\gamma_m d+\gamma z \tag{9-2b}$$

当 M 点达到极限平衡状态时，大、小主应力应满足下列关系式：

$$\frac{1}{2}(\sigma_1-\sigma_3)=\left[c\cdot\cot\varphi+\frac{1}{2}(\sigma_1+\sigma_3)\right]\sin\varphi \tag{9-3}$$

将式(9-2)代入式(9-3)中，其中 $p_0=p-\gamma_m D$ 整理后可得：

$$z=\frac{p-\gamma_m d}{\pi\gamma}\left(\frac{\sin\beta_0}{\sin\varphi}-\beta_0\right)-\frac{c}{\gamma\cdot\tan\varphi}-\frac{\gamma_m}{\gamma}d \tag{9-4}$$

式(9-4)即为塑性区的边界方程，表示塑性区边界上任一点的 z 与 β_0 的关系。当基础埋深 d，荷载 p 和土的 γ、c、φ 已知，就可应用式(9-4)得出塑性区的边界线，如图 9.6 所示。

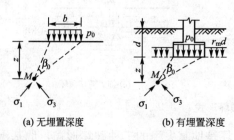

(a) 无埋置深度　　(b) 有埋置深度

图 9.5　均布条形荷载作用下地基中的主应力

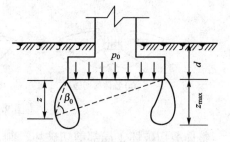

图 9.6　条形基础底面边缘的塑性区

例 9.1 有一条形基础，如图 9.7 所示，基础宽度 $b=3\text{m}$，埋置深度 $d=2\text{m}$，作用在基础底面的均布荷载 $p=190\text{kPa}$。已知土的内摩擦角 $\varphi=15°$，黏聚力 $c=1.5\text{kPa}$，重度 $\gamma=18\text{kN/m}^3$。求此时地基中的塑性区范围。

解：地基土中塑性区的边界线的表达式(9-4)，该例中 $\gamma_m=\gamma$，所以有

$$z=\frac{p-\gamma_m d}{\pi\gamma}\left(\frac{\sin\beta_0}{\sin\varphi}-\beta_0\right)-\frac{c}{\gamma\cdot\tan\varphi}-\frac{\gamma_m}{\gamma}d$$

$$=\frac{190-18\times2}{18\pi}\times\left(\frac{\sin\beta_0}{\sin15°}-\beta_0\right)-\frac{15\times\cot15°}{18}-2$$

$$=10.52\sin\beta_0-2.72\beta_0-5.11$$

将不同的 β_0 代入上式，求得对应与不同 β_0 的 z 值，见表9-1。

表 9-1 塑性区边界线计算结果

$\beta_0(°)$	30	40	50	60	70	80	90	100	110
$10.50\sin\beta_0$	5.25	6.75	8.04	9.09	9.87	10.34	10.50	10.34	9.87
$-2.72\beta_0$	−1.42	−1.90	−2.37	−2.85	−3.32	−3.79	−4.27	−4.74	−5.22
-5.11	−5.11	−5.11	−5.11	−5.11	−5.11	−5.11	−5.11	−5.11	−5.11
$z(\text{m})$	−1.28	−0.26	0.56	1.13	1.44	1.44	1.12	0.49	−0.46

按表9-1的计算结果，绘出土中塑性区的范围，如图 9.7 所示。

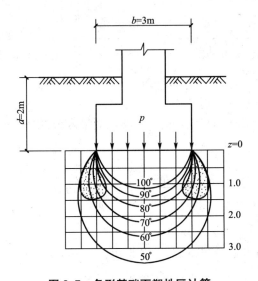

图 9.7 条形基础下塑性区计算

9.2.2 临塑荷载及临界荷载的计算

为了计算塑性变形区最大深度 z_{max}，令 $\dfrac{\text{d}z}{\text{d}\beta_0}=0$，得出

$$z_{max}=\frac{p-\gamma_m d}{\pi\gamma}\left[\cot\varphi-\left(\frac{\pi}{2}-\varphi\right)\right]-\frac{c}{\gamma\cdot\tan\varphi}-\frac{\gamma_m}{\gamma}d \qquad (9-5)$$

由式(9-5)可得相应的基底均布荷载 p 的表达式：

$$p=\frac{\pi}{\cot\varphi+\varphi-\frac{\pi}{2}}\gamma z_{max}+\frac{\cot\varphi+\varphi+\frac{\pi}{2}}{\cot\varphi+\varphi-\frac{\pi}{2}}\gamma_m d+\frac{\pi\cot\varphi}{\cot\varphi+\varphi-\frac{\pi}{2}}c \qquad (9-6)$$

如果 $z_{max}=0$，则表示地基土中即将产生塑性区，其相应的荷载就是临塑荷载 p_{cr}，其计算公式是：

$$p_{cr}=\frac{\cot\varphi+\varphi+\frac{\pi}{2}}{\cot\varphi+\varphi-\frac{\pi}{2}}\gamma_m d+\frac{\pi\cot\varphi}{\cot\varphi+\varphi-\frac{\pi}{2}}c=N_q\gamma_m d+N_c\cdot C \qquad (9-7)$$

式中：N_q、N_c——承载力系数，可查表9-2得出。

大量工程实践表明，用 p_{cr} 作为地基承载力设计值是比较保守和不经济的。即使地基中出现一定范围的塑性区，也不致危及建筑物的安全和正常使用。工程中允许塑性区发展到一定范围，这个范围的大小是与建筑物的重要性、荷载性质以及土的特征等因素有关的。一般中心受压基础可取 $z_{max}=b/4$，偏心受压基础可取 $z_{max}=b/3$，与此相应的地基承载力用 $p_{1/4}$、$p_{1/3}$ 表示，称为临界荷载。

若地基中允许塑性区开展的深度 $z_{max}=B/4$（B 为基础宽度），则带入式(9-6)，可得相应的临界荷载 $p_{1/4}$ 的计算公式：

$$p_{1/4}=\frac{\pi}{\cot\varphi+\varphi-\frac{\pi}{2}}\gamma\cdot\frac{b}{4}+\frac{\cot\varphi+\varphi+\frac{\pi}{2}}{\cot\varphi+\varphi-\frac{\pi}{2}}\gamma_m d+\frac{\pi\cot\varphi}{\cot\varphi+\varphi-\frac{\pi}{2}}c$$
$$=N_{r(1/4)}\gamma b+N_q\gamma_m d+N_c c \qquad (9-8)$$

式中：$N_{r(1/4)}$——承载力系数，可查表9-2得出。

若地基中允许塑性区开展的深度 $z_{max}=b/3$，则带入公式(9-6)，可得相应的临界荷载 $p_{1/3}$ 的计算公式：

$$p_{1/3}=\frac{\pi}{\cot\varphi+\varphi-\frac{\pi}{2}}\gamma\cdot\frac{b}{3}+\frac{\cot\varphi+\varphi+\frac{\pi}{2}}{\cot\varphi+\varphi-\frac{\pi}{2}}\gamma_m d+\frac{\pi\cot\varphi}{\cot\varphi+\varphi-\frac{\pi}{2}}c$$
$$=N_{r(1/3)}\gamma b+Nq\gamma_m d+N_c c \qquad (9-9)$$

式中：$N_{r(1/3)}$——承载力系数，可查表9-2得出。

表9-2 承载力系数 $N_{r(1/4)}$、$N_{r(1/3)}$、N_q、N_c

$\varphi(°)$	$N_{r(1/4)}$	$N_{r(1/3)}$	N_q	N_c
0	0.00	0.00	1.00	3.14
2	0.03	0.04	1.12	3.32
4	0.06	0.08	1.25	3.51
6	0.10	0.13	1.39	3.71
8	0.14	0.18	1.55	3.93

（续）

$\varphi(°)$	$N_{r(1/4)}$	$N_{r(1/3)}$	N_q	N_c
10	0.18	0.24	1.73	4.17
12	0.23	0.31	1.94	442
14	0.29	0.39	2.17	4.69
16	0.36	0.48	2.43	4.99
18	0.43	0.58	2.73	5.31
20	0.51	0.69	3.06	5.66
22	0.61	0.81	3.44	6.04
24	0.72	0.96	3.87	6.45
26	0.84	1.12	4.37	6.90
28	0.98	1.31	4.93	7.40
30	1.15	1.53	5.59	7.94
32	1.33	1.78	6.34	8.55
34	1.55	2.07	7.22	9.27
36	1.81	2.41	8.24	9.96
38	2.11	2.81	9.43	10.80
40	2.46	3.28	10.84	11.73

式(9-8)与式(9-9)中，γ 为基底面以下地基土的重度；γ_m 为基础埋置深度范围内土的重度；如系均质土地基则重度相同。另外，如地基中存在地下水时，则位于水位以下的地基土取浮重度 γ' 值计算。

9.3 极限承载力计算

极限承载力可以通过载荷试验的 p-s 曲线确定，也可以通过半经验半理论的公式进行计算。极限承载力的理论推导目前只能针对整体剪切破坏模式进行。确定极限承载力的计算公式可归纳为两大类：一类是假定滑动面法，先假定在极限荷载作用时土中滑动面的形状，然后根据滑动土体的静力平衡条件求解。另一类是理论解，根据塑性平衡理论导出在已知边界条件下，滑动面的数学方程式来求解。由于假定不同，计算极限荷载的公式的形式也各不相同。

9.3.1 普朗特尔地基极限承载力公式

普朗特尔(L. Prandtl)1920 年根据塑性理论研究了刚性体压入介质中，介质达到破坏时，滑动面的形状及极限压应力的公式。在推导公式时，假设：介质是无质量的；荷载为无限长的条形荷载；荷载板底面是光滑的。

根据弹塑性极限平衡理论及由上述假定所确定的边界条件，得出滑动面的形状如图 9.8 所示，滑动面所包围的区域分五个区：1 个Ⅰ区，2 个Ⅱ区，2 个Ⅲ区。由于假设荷载板底面是光滑的，因此，Ⅰ区中的竖向应力即为大主应力，成为郎肯主动区，滑动面与水平面成 $(45°+\varphi/2)$ 角。由于Ⅰ区的土楔 ABC 向下位移，把附近的土体挤向两侧，使Ⅲ区中的土体 ADF 和 BEG 达到被动郎肯状态，成为郎肯被动区，滑动面与水平面成 $(45°-\varphi/2)$ 角。在主动区与被动去之间是由一组对数螺线和一组辐射线组成的过渡区。对数螺线方程为 $r=r_0 e^{\theta\tan\varphi}$，若以 A 或 B 为极的点 AC 或 BC 为 r_0，则可证明对数螺线分别与主动和被动区的滑动面相切。

根据以上的假设，普朗特尔导出极限承载力的理论解为：

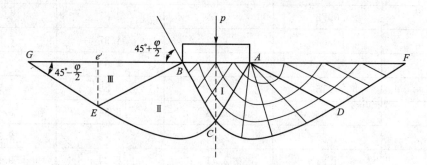

图 9.8 普朗特尔地基滑动面形式

$$p_u = c\left[e^{\pi\tan\varphi}\tan^2\left(\frac{\pi}{4}+\frac{\varphi}{2}\right)-1\right]\cot\varphi = cN_c \tag{9-10}$$

式中：c——地基土的黏聚力；

N_c——承载力系数，$N_c = \left[e^{\pi\tan\varphi}\tan^2\left(\frac{\pi}{4}+\frac{\varphi}{2}\right)-1\right]\cot\varphi$，是土的内摩擦角 φ 的函数，可由表 9-3 查得。

表 9-3 普朗特尔地基承载力系数

$\varphi(°)$	N_c	N_q	N_r
0	5.14	1.00	0.00
2	5.63	1.20	0.15
4	6.19	1.43	0.34
6	6.81	1.72	0.57
8	7.53	2.06	0.86
10	8.35	2.47	1.22
12	9.28	2.97	1.60
14	10.37	3.59	2.29
16	11.63	4.34	3.06

（续）

$\varphi(°)$	N_c	N_q	N_r
18	13.10	5.26	4.07
20	14.83	6.40	5.39
22	16.88	7.82	7.13
24	19.32	9.60	9.44
26	22.25	11.85	12.54
28	25.80	14.72	16.72
30	30.14	18.40	22.40
32	35.49	23.18	30.22
34	42.16	29.44	41.06
36	50.59	37.75	56.31
38	61.35	48.93	78.03
40	75.31	64.20	109.41

普朗特尔公式是求解宽度为 b 的条形基础，置于地基表面，在中心荷载 p 作用下的极限荷载 p_u 值。

普朗特尔的基本假设及结果，归纳为如下几点：

（1）地基土是均匀、各向同性的无重量介质，即认为土的 $\gamma=0$，而只具有 c、φ 的影响。

（2）基础底面光滑，即基础底面与土之间无摩擦力存在，所以基底的压应力垂直于地面。

（3）当地基处于极限平衡状态时，将出现连续的滑动面，其滑动区域将由郎肯主动区 I、过渡区 II 和被动区 III 所组成。其中滑动区 I 边界 BC 或 AC 为直线，并与水平面成 $(45°+\varphi/2)$ 角；即三角形 ABC 是主动应力状态区；滑动区 II 的边界 CE 或 CD 为对数螺旋曲线，其曲线方程为 $r=r_0 e^{\theta\tan\varphi}$，$r_0$ 为起始矢径；θ 为射线 r 与 r_0 夹角，滑动区 III 的边界 EG、DF 为直线并与水平面成 $(45°-\varphi/2)$ 角。

1）赖斯纳（Reiddner）对普朗特尔公式的补充

1924 年，赖斯纳采用普朗特尔的物理模型和假定，考虑了基础的埋置深度问题，但是为了简化计算，对于浅基础，忽略基础底面以上土的抗剪强度，把基础埋置深度范围内的土体作为作用在基底水平面上的垂直等效荷载。由此得到浅基础地基极限承载力公式：

$$p_u=cN_c+qN_q$$
$$q=\gamma d$$

$$(9-11)$$

式中：γ——基底以上土层的重度；

N_q——承载力系数，$N_q=\left[e^{\pi\tan\varphi}\tan^2\left(\dfrac{\pi}{4}+\dfrac{\varphi}{2}\right)\right]$，可由表 9.3 查得。

例 9.2 黏性土地基上条形基础宽度 $b=2$m，埋置深度 $d=1.5$m，地基土的天然容重 $\gamma=$

17.6kN/m^3，$c=10\text{kPa}$，$\varphi=20°$，按赖斯纳对普朗特尔修正的公式计算地基的极限承载力。

解：(1) 基础底面以上地基土的重量，即均布荷载 q：

$$q=\gamma d=17.6\times1.5=26.4\text{kN/m}^3$$

(2) 求承载力系数 N_c：

$$N_c=\cot\varphi\cdot\left[e^{\pi\tan\varphi}\cdot\tan^2\left(45°+\frac{\varphi}{2}\right)-1\right]=14.8$$

求承载力系数 N_q：

$$N_q=e^{\pi\tan\varphi}\cdot\tan^2\left(45°+\frac{\varphi}{2}\right)=6.40$$

(3) 求地基的极限承载力 p_u：

$$p_u=q\cdot N_q+c\cdot N_c=26.4\times6.40+10\times14.8=317\text{kN/m}^2$$

2) 其他学者对公式的补充

上述公式没有考虑土的重度，但由于土的强度很小，同时内摩擦角又不等于零，因此不考虑土的重力作用是不妥当的，但是考虑土体的重力时，目前还无法得到其解析解，许多学者在普朗特尔的基础上，经过研究，作了一些近似计算，一般认为地基极限承载力的公式如下：

$$p_u=cN_c+qN_q+\frac{1}{2}\gamma bN_r \tag{9-12}$$

式中：γ——地基土的重度；

b——基底宽度；

N_r——考虑地基土自重的地基极限承载力系数。

N_r 的表达式比较多，卡柯(Caquot)和凯利赛尔(Kerisel)1953 年给出了一个 N_r 的经验近似公式：

$$N_r=2(N_q+1)\tan\varphi \tag{9-13}$$

梅耶霍夫于 1955 年提出的公式是：

$$N_r=(N_q-1)\tan(1.4\varphi) \tag{9-14}$$

汉森(Hansen)1961—1970 年提出的公式为：

$$N_r=(1.5\sim1.8)(N_q-1)\tan\varphi \tag{9-15}$$

泰勒(D. W. Taylor)1948 年提出的公式为：

$$N_r=\tan\left(\frac{\pi}{4}+\frac{\varphi}{2}\right)\left[e^{\pi\tan\varphi}\tan^2\left(\frac{\pi}{4}+\frac{\varphi}{2}\right)-1\right] \tag{9-16}$$

9.3.2 太沙基(K. Terzaghi)极限承载力公式

太沙基 1943 年利用塑性理论推导了条形浅基础地基极限荷载的理论公式。太沙基认为当基础的长宽比 $L/B\geqslant5$，基础的埋置深度 $D\leqslant B$ 时，可以认为是条形浅基础。基底以上土体看做是作用在基础两侧的均布荷载，如图 9.9 所示。

其假定为：

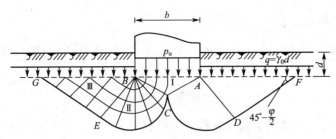

图 9.9 太沙基公式滑动面形状

（1）基底面粗糙，Ⅰ区在基底面下的三角形弹性楔体，处于弹性压密状态，它在地基破坏时随基础一同下沉。楔体与基底面的夹角太沙基假定为 φ。

（2）Ⅱ区的假定与普朗特尔相同，认为下部近似为对数螺旋曲线。Ⅲ区下部为一斜直线，其与水平面夹角为 $\alpha(\alpha=\pi/4-\varphi/2)$，塑性区（Ⅱ与Ⅲ）的地基，同时达到极限平衡。

（3）太沙基忽略了土的重度对滑动面形状的影响。Ⅲ区的重量抵消了上举作用力，并通过Ⅱ、Ⅰ区阻止基础的下沉。

根据对弹性楔体（基底下的三角形土楔体）的静力平衡条件分析，可知，弹性楔体上作用的力有：

（1）弹性楔体自重，竖直向下，数值为：$W=\dfrac{1}{4}\gamma b^2\tan\varphi$。

（2）基底面上的极限荷载 P_u，方向竖直向下，数值等于地基极限承载力 p_u 与基础宽度 b 的乘积，即：$P_u=p_u\times b$。

（3）弹性楔体两个斜面上总的黏聚力 C，与斜面平行，方向向上，等于土的黏聚力 c 与斜面长度 $\overline{AC}$ 的乘积，即：

$$C=c\times\overline{AC}=c\times\frac{b}{2\cos\varphi} \tag{9-17}$$

（4）作用在弹性楔体两斜面上的反力 p_p，它与 AC、BC 面的法线成 φ 角，故 p_p 是竖直向的。

将上述各个力在竖直方向建立平衡方程，得：

$$P_u=\frac{2p_p}{b}+c\cdot\tan\varphi-\frac{1}{4}\gamma b\tan\varphi \tag{9-18}$$

下面进行反力 p_p 的求解。反力 p_p 也就是被动土压力，可以看成是由土的黏聚力 c、基础两侧超载 q 和土的重度 γ 所引起的。对于完全粗糙的基底，太沙基把弹性楔体边界 AC 视作挡土墙，分三步求反力 p_p。

（1）当 γ 和 c 均为零时，求出仅由超载 q 引起的反力 p_{pq}，即：

$$p_{pq}=qHK_{pq}=\frac{1}{2}qb\tan\varphi K_{pq} \tag{9-19}$$

（2）当 γ 和 q 均为零时，求出仅由黏聚力 c 引起的反力 p_{pc}，即：

$$p_{pc}=cHK_{pc}=\frac{1}{2}cb\tan\varphi K_{pc} \tag{9-20}$$

（3）当 c 和 q 均为零时，求出仅由土的重度 γ 引起的反力 $p_{p\gamma}$，即：

$$p_{p\gamma}=cHK_{p\gamma}=\frac{1}{2}cb\tan\varphi K_{p\gamma} \tag{9-21}$$

式中：H——竖直高度，$H=\frac{1}{2}b\tan\varphi$。

然后利用叠加原理求得反力 $p_p=p_{pq}+p_{pc}+p_{p\gamma}$，代入式(9-18)，经过整理得出如下公式：

$$p_u=\frac{1}{2}\gamma bN_r+qN_q+cN_c \qquad (9-22)$$

式中：N_c、N_q、N_r——地基承载力系数，可以查表9-4。

表9-4　太沙基公式承载力系数

$\varphi(°)$	0	5	10	15	20	25	30	35	40	45
N_r	0	0.51	1.20	1.80	4.0	11.0	21.8	45.4	125	326
N_q	1.00	1.64	2.69	4.45	7.42	12.7	22.5	41.4	81.3	173.3
N_c	5.71	7.32	9.58	12.9	17.6	25.1	37.2	57.7	95.7	172.2

式(9-22)适合条形基础，对于圆形或者方形基础，太沙基提出了半经验的极限承载力公式：

圆形基础：
$$p_u=0.6\gamma bN_r+qN_q+1.2cN_c \qquad (9-23)$$

式中：R——圆形基础的半径。

方形基础：
$$p_u=0.4\gamma bN_r+qN_q+1.2cN_c \qquad (9-24)$$

式(9-22)、式(9-23)、式(9-24)适合整体剪切破坏，如果发生局部剪切破坏，太沙基根据经验，建议在这种情况下采用 φ'、c' 代入上面公式进行计算：

$$\tan\varphi'=\frac{2}{3}\tan\varphi \qquad (9-25)$$

$$c'=\frac{2}{3}c \qquad (9-26)$$

利用太沙基公式进行极限承载力计算时，安全系数一般取3。

例9.3 某办公楼采用砖混结构基础。设计基础宽度 $b=1.5m$，基础埋深 $d=1.4m$，地基为粉土，$\gamma=18.0kN/m^3$，$\varphi=30°$，$c=10kPa$，地下水位深7.8m。计算此地基的极限承载力和地基承载力。

解：（1）地基的极限承载力，由太沙基公式：

$$p_u=\frac{1}{2}\gamma bN_r+qN_q+cN_c$$

因为 $\varphi=30°$，查表得 $N_r=21.8$，$N_c=37.2$，$N_q=22.5$，代入公式有

$$p_u=\frac{18.0\times1.5\times21.8}{2}+10\times37.2+18.0\times1.4\times22.5=1233.3kPa$$

（2）地基承载力。

$$f=\frac{p_u}{K}=\frac{1233.3}{3.0}=411.1kPa$$

例9.4 在例9.3中，若地基的 $\varphi=20°$，其余条件不变，求 p_u 和 f。

解：（1）当 $\varphi=20°$，查表得 $N_r=4.0$，$N_c=17.6$，$N_q=7.42$，由太沙基公式：

$$p_u=\frac{1}{2}\gamma bN_r+qN_q+cN_c，可得$$

$$p_u = \frac{18.0 \times 1.5 \times 4.0}{2} + 10 \times 17.6 + 18.0 \times 1.4 \times 7.42 = 417.0\text{kPa}$$

（2）地基承载力：

$$f = \frac{p_u}{K} = \frac{417.0}{3.0} = 139.0\text{kPa}$$

由上两例计算结果可见：基础的形式、尺寸与埋深相同，地基土的 γ、c 不变，只是 φ 由 30°减为 20°，极限荷载与地基承载力均降低为原来的 38%，可知 φ 的大小，对 p_u 和 f 影响很大。

例 9.5 某路堤断面如图 9.10 所示。已知路堤填土的 $\gamma = 18.8\text{kN/m}^3$；地基土的 $\gamma = 16.0\text{kN/m}^3$，$c = 8.7\text{kPa}$，$\varphi = 10°$，试求：

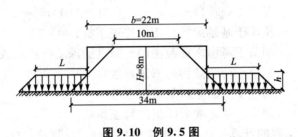

图 9.10 例 9.5 图

（1）用太沙基公式验算路堤下地基承载力是否满足，要求安全系数 $K = 3$。

（2）若不满足，在路堤两侧采用反压护道压重方法，以提高地基承载力，则反压护道填土厚度 h 要多少才能满足要求（填土重度与路堤土相同），反压护道宽度 L 应为多少？

解：（1）根据 $\varphi = 10°$ 查表 9-3 得 $N_r = 1.2$，$N_q = 2.69$，$N_c = 9.58$。

$$p_u = \frac{1}{2}\gamma \cdot b \cdot N_r + q \cdot N_q + c \cdot N_c$$

$$= 0.5 \times 1.2 \times 16.0 \times 22 + 2.69 \times 16.0 \times 0 + 9.58 \times 8.7 = 294.55\text{kPa}$$

$$p = \gamma \cdot H = 18.8 \times 8 = 150.4\text{kPa}$$

$$\frac{p_u}{p} = 1.96 < K = 3.0$$

故不满足。

（2）$h \geqslant \dfrac{K \cdot \gamma \cdot H - 0.5 N_r \cdot \gamma \cdot b - c \cdot N_c}{N_q \cdot \gamma}$

$$= \frac{3 \times 18.8 \times 8 - 0.5 \times 1.2 \times 16.0 \times 22 - 9.58 \times 8.7}{2.69 \times 18.8} = 3.1\text{m}$$

参照图 9.9，填土范围 L 就是基底两侧的滑动范围 AF 或 BG，只有在这个范围的超载才能限制郎肯被动区（Ⅲ区）的隆起，根据图中的几何关系可知：

$$L = \overline{AF} = 2 \times \overline{AD} \cdot \cos(45° - \varphi/2)$$

$$\overline{AD} = \overline{AC} \cdot e^{\theta\tan\varphi}$$

$$\overline{AC} = \frac{b}{2\cos\varphi}$$

$$\theta = \pi - \varphi - \left(\frac{\pi}{4} - \frac{\varphi}{2}\right) = \frac{3}{4}\pi - \frac{\varphi}{2}$$

$$L = \overline{AF} = \frac{b}{\cos\varphi} \cdot e^{\left(\frac{3}{4}\pi - \frac{\varphi}{2}\right)\tan\varphi} \cdot \cos\left(45° - \frac{\varphi}{2}\right) = 25.53\text{m}$$

9.3.3 汉森(Hansen, J. B)极限承载力公式

汉森在极限承载力上的主要贡献就是对承载力进行了数项修正，包括非条形荷载的基础形状修正，埋深范围内考虑土抗剪强度的深度修正，基底有水平荷载时的荷载倾斜修正，地面有倾角 β 时的地面修正及其底有倾角 η 时的基底修正，每种修正均需在承载力系数 N_r、N_q、N_c 上乘以相应的修正系数。加修正后的汉森极限承载力公式为：

$$p_u = \frac{1}{2}\gamma B N_r S_r d_r i_r q_r b_r + q N_q S_q d_q i_q q_q b_q + c N_c S_c d_c i_c q_c b_c \qquad (9-27)$$

式中：N_r，N_q，N_c——地基承载力系数 [在汉森公式中取 $N_q = \tan^2(45° + \varphi/2) e^{\pi\tan\varphi}$，
 $N_c = (N_q - 1)\cot\varphi$，$N_r = 1.8(N_q - 1)\tan\varphi$]；

 S_r，S_q，S_c——相应于基础形状修正的修正系数；

 d_r，d_q，d_c——相应于考虑埋深范围内土强度的深度修正系数；

 i_r，i_q，i_c——相应于荷载倾斜的修正系数；

 q_r，q_q，q_c——相应于地面倾斜的修正系数；

 b_r，b_q，b_c——相应于基础底面倾斜的修正系数。

汉森提出上述各系数的计算公式见《建筑地基基础设计规范》(GB 50007—2011)。

9.4 按原位试验确定地基承载力

9.4.1 载荷试验

载荷试验分为浅层平板载荷试验和深层平板载荷试验，深层平板载荷试验详见《建筑地基基础设计规范》(GB 50007—2011)。

地基土浅层平板载荷试验可适用于确定浅部地基土层的承压板下应力主要影响范围内的承载力。承压板面积不应小于 0.25m^2，对于软土不应小于 0.5m^2。试验基坑宽度不应小于承压板宽度或直径的三倍。应保持试验土层的原状结构和天然湿度。宜在拟试压表面用粗砂或中砂层找平，其厚度不超过 20mm。

加载分级不应少于 8 级。最大加载量不应小于设计要求的两倍。每级加载后，按间隔 10min、10min、10min、15min、15min，以后为每隔半小时测读一次沉降量，当在连续两小时内，每小时的沉降量小于 0.1mm 时，则认为已趋稳定，可加下一级荷载。

当出现下列情况之一时，即可终止加载：

(1) 承载板周围的土明显地侧向挤出。

(2) 沉降 s 急剧增大，荷载-沉降(p-s)曲线出现陡降段。

(3) 在某一级荷载下，24h 内沉降速率不能达到稳定。

(4) 沉降量与承压板宽度或直径之比大于或等于 0.06。

当满足前 3 种情况之一时，其对应的前一级荷载定为极限荷载。

承载力特征值的确定应符合下列规定：

（1）当 p-s 曲线上有比例界限时，取该比例界限所对应的荷载值。

（2）当极限荷载小于对应比例界限的荷载值的 2 倍时，取极限荷载值的一半。

（3）当不能按上述两款要求确定时，当压板面积为 $0.25\sim0.50\text{m}^2$，可取 $s/b=0.01-0.015$ 所对应的荷载，但其值不应大于最大加载量的一半。

同一土层参加统计的试验点不应少于三点，当试验实测值的极差不超过其平均值的 30% 时，取此平均值作为该土层的地基承载力特征值 f_{ak}。

9.4.2 静力触探试验

静力触探试验简称 CPT，它是将一锥形金属探头，按一定的速率（一般为 $0.5\sim1.2\text{m/min}$）匀速地静力压入土中。量测其贯入阻力，而进行的一种原位测试方法。静力触探是一种快速的现场勘探和原位测试方法，具有设备简单、轻便、机械化和自动化程度高、操作方便等一系列优点，在实际工程中得到广泛应用。

1）静力触探设备

（1）静力触探仪。静力触探仪按贯入能力大致可分为轻型（$10\sim50\text{kN}$）、中型（$80\sim120\text{kN}$）、重型（$200\sim300\text{kN}$）3 种；按贯入度的动力及传动方式可分为人力给进、机械转动及液压传动 3 种，按测力装置可分为油压表式、应力环式、电阻应变片式及自动记录等不同类型。如图 9.11 所示为我国铁道部鉴定批量生产的 2Y-16 型双缸液压静力触探仪构造示意图。

（2）探头和探杆。探头由金属制成，有锥尖和侧壁两个部分，锥尖为圆锥体，锥角一般为 60°。探头在土中贯入时，阻力分布如图 9.12 所示，探头总贯入阻力 P 为锥尖总阻力 Q_c 和侧壁总摩阻力 P_f 之和，即

$$P=Q_c+P_f \tag{9-28}$$

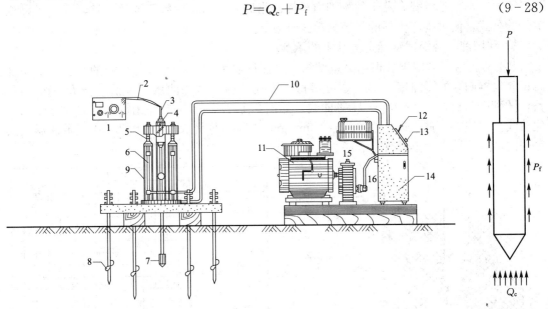

图 9.11 双缸油压静力触探仪构造示意图

1—电阻应变仪；2—电缆；3—探杆；4—卡杆器；5—防尘罩；6—贯入深度标尺；7—探头；8—地锚；9—千斤顶；10—高压软管；11—汽油机；12—手动换向阀；13—溢流阀；14—高压油箱；15—变速箱；16—油泵

图 9.12 探头阻力分布图

根据量测贯入阻力的方法不同，探头可分为两大类：一类只能量测总贯入阻力 P，不能区分锥尖阻力 Q_c 和侧壁总摩阻力 P_f，这类探头称为单用探头或综合型探头；另一类能分别量测探头锥尖总阻力 Q_c 和侧壁总摩阻力 P_f，这类探头称为双用探头。

2）静力触探的基本原理

静力触探的贯入阻力与探头的尺寸和形状有关。在我国，对一定规格的圆锥形探头，对单桥探头采用比贯入阻力 P_s，简称贯入阻力；对双桥探头则指锥尖阻力 q_c 和侧壁摩阻力 f_s。

$$P_s = \frac{P}{A}$$

$$q_c = \frac{Q_c}{A}$$

$$f_s = \frac{P_f}{F}$$

式中：P——探头总贯入阻力(N)；

Q_c——锥尖总阻力(N)；

P_f——探头侧壁总摩阻力(N)；

A——探头截面积(cm^2)；

F——探头套筒侧壁表面积(cm^2)。

当静力触探探头在静压力作用下向土层中匀速贯入时，探头附近土体受到压缩和剪切破坏，形成剪切破坏区、压密区和未变化区 3 个区域，如图 9.13 所示，同时对探头产生贯入阻力（P_s、q_c 和 f_s），通过量测系统，可测出不同深度处的贯入阻力。贯入阻力的变化，反映了土层物理力学性质的变化，同一种土层贯入阻力大，土的力学性质好，承载能力就大；相反，贯入阻力小，土层就相对软弱，承载力就小。利用贯入阻力与现场荷载试验对比，或与桩基承载力及土的物理力学性质指标对比，运用数理统计方法，建立各种相关经验公式，便可确定土层的承载力等设计参数。

3）利用静力触探试验确定地基土的承载力

（1）静力触探的成果。根据测量结果，再按仪器和试验过程进行必要的修正，如深度修正和仪器归零的零漂修正等，便可得每一探孔的静力触探曲线，包括 $p_s - H$、$q_c - H$、$f_s - H$ 和摩阻比 $R_f(= f_s/q_c) - H$ 等曲线。如图 9.14 所示单桥探头比贯入阻力随深度的变化曲线。试验时，贯入速度在 $0.5 \sim 2.0 m/min$ 之间，每贯入 $0.1 \sim 0.2m$ 在记录仪器上读数一次，或采用自动记录仪。

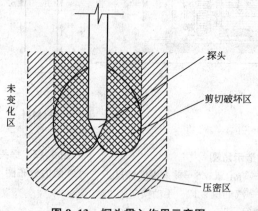

图 9.13　探头贯入作用示意图

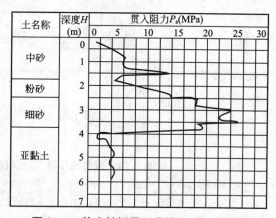

图 9.14　静力触探贯入曲线（$p_s - H$ 曲线）

（2）确定浅基础的承载力。用静力触探确定浅基础的承载力的经验公式很多，这里只介绍浅基础地基承载力特征值的确定方法。

对于老黏土，贯入阻力 p_s 在 $3000\sim6000\text{kPa}$ 范围内时，f_{ak} 按 p_s 的 $1/10$ 计算，即

$$f_{ak}=0.1p_s \tag{9-29}$$

对于软土、一般黏土及砂黏土，f_{ak} 可按式（9-30）计算：

$$f_{ak}=5.8\sqrt{p_s}-46 \tag{9-30}$$

对于砂黏土及饱和砂土，f_{ak} 可按式（9-31）计算：

$$f_{ak}=0.89p_s^{0.63}+14.4 \tag{9-31}$$

上述式中的 p_s 和 f_{ak} 的单位均为 kPa；当能确认该地基在施工期间和竣工后均不会达到饱和时，所求得的 f_{ak} 可提高 $25\%\sim50\%$。

9.4.3 动力触探试验

动力触探试验简称 DPT，它是用一定质量的落锤（冲击锤），提升到与型号相应的高度，让其自由下落，冲击钻杆上端的锤垫，使与钻杆下端相连的探头贯入土中，根据贯入的难易程度，即贯入规定深度所需的锤击次数（击数），来判定土的工程性质。

在我国，动力触探仪按冲击锤的质量大小可分为轻型、重型和超重型 3 类。每类动力触探仪都是由圆锥形探头、钻杆（或称探杆）、冲击锤 3 个主要部分构成。各类组成部分、规格尺寸和贯入指标详（图 9.15）和表 9-5。

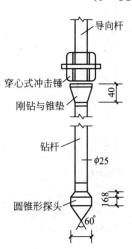

图 9.15 轻型动力触探仪

表 9-5 圆锥动力触探类型

类型		轻型	重型	超重型
冲击锤	锤的质量（10N）	10 ± 0.2	63.5 ± 0.5	120 ± 1
	落距（cm）	50 ± 2	76 ± 2	100 ± 2
探头	直径（mm）	40	74	74
	锥角（°）	60	60	60
钻杆直径（mm）		25	42	$50\sim60$
贯入指标	深度（mm）	30	10	10
	锤击数	N_{10}	$N_{63.5}$	N_{120}

采用动力触探可直接获得 N_{10}、$N_{63.5}$、N_{120} 沿土层深度的分布曲线，即动力触探曲线，如图 9.16 所示。图中 $N_{63.5}$ 表示采用重型触探仪，即锤重 635N，落距 76cm，探头直径 74cm，锥角 60° 和钻杆直径 42mm 的条件下，探头在某一深度处贯入土中 10cm 时所施加的锤击次数，在我国工程界所采用的贯入速率为 $15\sim30$ 击/min，由表可推知 N_{10} 和 N_{120} 的含义。

动力触探试验的成果除用锤击数表示外，还可用动贯入阻力 q_d 来表示。q_d 一般应由仪器直接量测，也可用下列公式计算校核和计算：

$$q_d=\frac{M}{l(M+M')}\cdot\frac{MgH}{A} \tag{9-32}$$

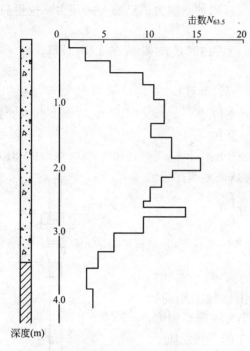

图 9.16 动力触探曲线

式中：q_d——动贯入阻力；

$\quad\quad M$——落锤质量；

$\quad\quad M'$——探头、钻杆、垫锤和导向杆的质量；

$\quad\quad g$——重力加速度；

$\quad\quad A$——探头的截面积；

$\quad\quad l$——每击的贯入度。

式(9-32)是根据 Newton 的碰撞理论得出的，认为碰撞后锤与垫完全不分开，也不考虑弹性能的消耗，故在应用时受下列条件的限制：$l = 2 \sim 50\text{mm}$；触探的深度一般不超过 10m；$M/M' \leqslant 2$。

在我国，大多采用表 9-6 来确定地基土的承载力。当采用动贯入阻力 q_d 来评价地基土时，法国的 San-glerat 提出了浅基础（深宽比 $d/b = 1 \sim 4$）地基容许承载力的计算公式。

对于砂土及黏土：

$$f_{ak} = \frac{q_d}{20} \tag{9-33}$$

对于密实粗砂：

$$f_{ak} = \frac{q_d}{15} \tag{9-34}$$

表 9-6 按锤击数确定地基承载力

土的种类	黏性土				黏性素填土				中砂和碎石类土				
动力触探类型	轻便型				轻便型				重型				
锤击次数	15	20	25	30	10	20	30	40	3	8	16	22	30
基本承载力(kPa)	100	140	180	220	80	110	130	150	140	320	630	800	950
备注									所用锤击数为每层次的平均数				

此外，还有旁压试验等原位测试方法来确定地基土的承载力。

9.5 按规范方法确定地基承载力

9.5.1 地基容许承载力和地基承载力特征值

所有建筑物和土工建筑物地基基础设计时，均应满足地基承载力和变形的要求，对经常受水平荷载作用的高层建筑、高耸结构、高路堤和挡土墙以及建造在斜坡上或边坡附近的建筑物，尚应验算地基稳定性。通常地基计算时，首先应限制基底压力小于等于地基容许承载力或地基承载力特征值，以便确定基础的埋置深度和底面尺寸，然后验算地基变形，必要时验算地基稳定性。

地基容许承载力是指地基稳定有足够安全度的承载力，它相当于地基极限承载力除以一个安全系数，此即定值法确定的地基承载力；同时必须验算地基变形不超过允许变形值。地基承载力特征值是指地基稳定有保证可靠度的承载力，它作为随机变量是以概率理论为基础的，分项系数表达的极限状态设计法确定的地基承载力；同时也要验算地基变形不超过允许变形值。因此，地基容许承载力或地基承载力特征值的定义是在保证地基稳定的条件下，使建筑物基础沉降的计算值不超过允许值的地基承载力。

在前面所介绍的地基临塑荷载、临界荷载及极限荷载，都属于地基承载力，它是基底接触面的地基抗力。地基承载力是土的内摩擦角 φ、黏聚力 c、重度 γ、基础埋深 d 和宽度 b 的函数。

按照承载力定值法计算时，基底压力 p 不得超过修正后的地基容许承载力 $[\sigma]$；按照承载力极限状态计算时，基底荷载效应（相应于荷载效应基础底面处的平均压力值） p_k 不得超过修正后的地基承载力特征值 f_a。所谓修正后的地基容许承载力和承载力特征值均指所确定的地基承载力包含了基础埋深和宽度两个因素，如理论公式法确定的地基承载力均为修正后的地基承载力 $[\sigma]$ 和 f_a，而原位试验法和规范表格法确定的地基承载力未包含基础埋深和宽度两个因素，则分别称为地基容许承载力 $[\sigma_0]$ 或地基承载力特征值 f_{ak}，再经过深宽修正，为修正后的地基容许承载力 $[\sigma]$ 和修正后的地基承载力特征值 f_a。

9.5.2 《建筑地基基础设计规范》确定地基容许承载力

(1)《建筑地基基础设计规范》(GB 50007—2011)规定：当基础宽度大于 3m 或埋置深度大于 0.5m 时，从载荷试验或其他原位测试、经验值等方法确定的地基承载力特征值，尚应按下式修正：

$$f_a = f_{ak} + \eta_b \gamma (b-3) + \eta_d \gamma_m (d-0.5) \qquad (9-35)$$

式中：f_a——修正后的地基承载力特征值(kPa)；

f_{ak}——地基承载力特征值(kPa)；

η_b、η_d——基础宽度和埋深的地基承载力修正系数，按基底下土的类别查表 9-7 取值；

γ——基础底面以下土的重度(kN/m³)，地下水位以下取浮重度；

b——基础底面宽度(m)，当基础底面宽度小于 3m 时按 3m 取值，大于 6m 时按 6m 取值；

γ_m——基础底面以上土的加权平均重度(kN/m³)，位于地下水位以下的土层取有效重度；

d——基础埋置深度(m)，宜自室外地面标高算起。在填方整平地区，可自填土地面标高算起，但填土在上部结构施工后完成时，应从天然地面标高算起。对于地下室，如采用箱形基础或筏基时，基础埋置深度自室外地面标高算起；当采用独立基础或条形基础时，应从室内地面标高算起。

表 9-7　承载力修正系数

土的类别		η_b	η_d
淤泥和淤泥质土		0	1.0
人工填土 e 或 I_L 大于等于 0.85 的黏性土		0	1.0
红黏土	含水比 $\alpha_w > 0.8$	0	1.2
	含水比 $\alpha_w \leqslant 0.8$	0.15	1.4
大面积压实填土	压实系数大于 0.95、粘粒含量 $\rho_c \geqslant 10\%$ 的粉土	0	1.5
	最大干密度大于 2100kg/m³ 的级配砂石	0	2.0
粉土	黏粒含量 $\rho_c \geqslant 10\%$ 的粉土	0.3	1.5
	黏粒含量 $\rho_c < 10\%$ 的粉土	0.5	2.0
e 及 I_L 均小于 0.85 的粘性土		0.3	1.6
粉砂、细砂(不包括很湿与饱和时的稍密状态)		2.0	3.0
中砂、粗砂、砾砂和碎石土		3.0	4.4

注：① 强风化和全风化的岩石，可参照所风化成的相应土类取值，其他状态下的岩石不修正。
　② 地基承载力特征值按《建筑地基基础设计规范》(GB 50007—2011)附录 D 深层平板载荷试验确定时，η_d 取 0。
　③ 含水比是指土的天然含水量与液限的比值。
　④ 大面积压实填土是指填土范围大于两倍基础宽度的填土。

(2) 当偏心距(e)小于或等于 0.033 倍基础底面宽度时，根据土的抗剪强度指标确定地基承载力特征值可按式(9-36)计算，并应满足变形要求：

$$f_a = M_b \gamma b + M_d \gamma_m d + M_c C_k \tag{9-36}$$

式中：　　f_a——由土的抗剪强度指标确定的地基承载力特征值(kPa)；
M_b、M_d、M_c——承载力系数，按表 9-8 确定；
　　　　b——基础底面宽度(m)，大于 6m 时按 6m 取值，对于砂土小于 3m 时按 3m 取值；
　　　　C_k——基底下一倍短边宽度的深度范围内土的黏聚力标准值(kPa)。

表 9-8　承载力系数 M_b、M_d、M_c

土的内摩擦角标准值 φ_k (°)	M_b	M_d	M_c
0	0	1.00	3.14
2	0.03	1.12	3.32
4	0.06	1.25	3.51
6	0.10	1.39	3.71
8	0.14	1.55	3.93
10	0.18	1.73	4.17
12	0.23	1.94	4.42
14	0.29	2.17	4.69

（续）

土的内摩擦角标准值 φ_k (°)	M_b	M_d	M_c
16	0.36	2.43	5.00
18	0.43	2.72	5.31
20	0.51	3.06	5.66
22	0.61	3.44	6.04
24	0.80	3.87	6.45
26	1.10	4.37	6.90
28	1.40	4.93	7.40
30	1.90	5.59	7.95
32	2.60	6.35	8.55
34	3.40	7.21	9.22
36	4.20	8.25	9.97
38	5.00	9.44	10.80
40	5.80	10.84	11.73

注：φ_k 为基底下一倍短边宽度的深度范围内土的内摩擦角标准值(°)。

（3）对于完整、较完整、较破碎的岩石地基承载力特征值可按《建筑地基基础设计规范》(GB 50007—2011)附录 H 岩基载荷试验方法确定；对破碎、极破碎的岩石地基承载力特征值，可根据平板载荷试验确定。对完整、较完整和较破碎的岩石地基承载力特征值，也可根据室内饱和单轴抗压强度按下式进行计算：

$$f_a = \psi_r f_{rk} \tag{9-37}$$

式中：f_a——岩石地基承载力特征值(kPa)；

　　　f_{rk}——岩石饱和单轴抗压强度标准值(kPa)，可按《建筑地基基础设计规范》(GB 50007—2011)附录 J 确定；

　　　ψ_r——折减系数。根据岩体完整程度以及结构面的间距、宽度、产状和组合，由地方经验确定。无经验时，对完整岩体可取 0.5；对较完整岩体可取 0.2～0.5；对较破碎岩体可取 0.1～0.2。

注：① 上述折减系数值未考虑施工因素及建筑物使用后风化作用的继续。

② 对于黏土质岩，在确保施工期及使用期不致遭水浸泡时，也可采用天然湿度的试样，不进行饱和处理。

例 9.6 某柱下扩展基础(2.2m×3.0m)承受中心荷载作用，场地土为粉土，水位在地表以下 2.0m，基础埋深 2.5m，水位以上土的重度 $\gamma=17.6\text{kN/m}^3$，水位以下饱和重度 $\gamma_{sat}=19\text{kN/m}^3$。土的抗剪强度指标为内聚力 $c_k=14\text{kPa}$，内摩擦角 $\varphi_k=21°$。试按规范(GB 50007—2011)推荐的理论公式确定地基承载力特征值。

解： 由 $\varphi_k=21°$，查表 9-8 并做内插，得 $M_b=0.56$，$M_d=3.25$，$M_c=5.85$。

基底以上土的加权平均重度为

$$\gamma_m = \frac{17.6\times2.0+(19-10)\times0.5}{2.5} = 15.9\text{kN/m}^3$$

由式(9-36)可得

$$f_a = M_b \gamma b + M_d \gamma_m d + M_c C_k$$
$$= 0.56 \times (19-10) \times 2.2 + 3.25 \times 15.9 \times 2.5 + 5.85 \times 14$$
$$= 222.2 \text{kPa}$$

9.5.3 《公路桥涵地基与基础设计规范》确定地基的承载力

《公路桥涵地基与基础设计规范》（JTG D63—2007）规定，地基承载力的验算，应以修正后的地基承载力容许值［f_a］控制。该值是在地基原位测试或各类岩土承载力基本容许值［f_{a0}］的基础上，经修正而得。

地基承载力基本容许值应首先考虑由载荷试验或其他原位测试取得，其值不应大于地基极限承载力的1/2。当设计的基础宽度 $b \leqslant 2m$，埋置深度 $h \leqslant 3m$ 时，地基承载力基本容许值［f_{a0}］可根据岩土类别、状态及其物理力学特性指标按表9-9～表9-15取用。

表9-9 岩石地基承载力基本容许值［f_{a0}］（kPa）

坚硬程度 ＼ 节理发展程度	节理不发育	节理发育	节理很发育
坚硬岩、较硬岩	＞3000	3000～2000	2000～1500
较软岩	3000～1500	1500～1000	1000～800
软岩	1200～1000	1000～800	800～500
极软岩	500～400	400～300	300～200

表9-10 碎石土地基承载力基本容许值［f_{a0}］（kPa）

土名 ＼ 密实程度	密实	中密	稍密	松散
卵石	1200～1000	1000～650	650～500	500～300
碎石	1000～800	800～550	550～400	400～200
圆砾	800～600	600～400	400～300	300～200
角砾	700～500	500～400	400～300	300～200

表9-11 砂土地基承载力基本容许值［f_{a0}］（kPa）

土名及水位情况		密实	中密	稍密	稍密
砾砂、粗砂	与湿度无关	550	430	370	200
中砂	与湿度无关	450	370	330	150
细砂	水上	350	270	230	100
	水下	300	210	190	—
粉砂	水上	300	210	190	—
	水下	200	110	90	—

表 9－12　一般黏性土地基承载力基本容许值 $[f_{a0}]$（kPa）

I_L e	0	0.1	0.2	0.3	0.4	0.5	0.6	0.7	0.8	0.9	1.0	1.1	1.2
0.5	450	440	430	420	400	380	350	310	270	240	220	—	—
0.6	420	410	400	380	360	340	310	280	250	220	200	180	—
0.7	400	370	350	330	310	290	270	240	220	190	170	160	150
0.8	380	330	300	280	260	240	230	210	180	160	150	140	130
0.9	320	280	260	240	220	210	190	180	160	140	130	120	100
1.0	250	230	220	210	190	170	160	150	140	120	110	—	—
1.1	—	—	160	150	140	130	120	110	100	90			

注：① 一般黏性土是指第四纪全新世（Q_4）沉积年的黏性土，一般为正常沉积的黏性土。
　　② 土中含有粒径大于 2mm 的颗粒重量超过全部重量 30％以上的，$[f_{a0}]$ 可以酌量提高；
　　③ 当 $e<0.5$ 时，取 $e=0.5$；$I_L<0$ 时，取 $I_L=0$。
　　④ 超过表列范围的一般黏性土，可按照下面公式计算 $[f_{a0}]$：$[f_{a0}]=57.22E_s^{0.57}$，E_s 为土的压缩模量（MPa）。

表 9－13　老黏性土地基承载力基本容许值 $[f_{a0}]$（kPa）

E_s（MPa）	10	15	20	25	30	35	40
$[f_{a0}]$（KPa）	380	430	470	510	550	580	620

表 9－14　粉土地基承载力基本容许值 $[f_{a0}]$（kPa）

$w(\%)$ e	10	15	20	25	30	35
0.5	400	380	355	—	—	—
0.6	300	290	280	270	—	—
0.7	250	235	225	215	205	—
0.8	200	190	180	170	165	—
0.9	160	150	145	140	130	125

表 9－15　新近沉积黏性土地基承载力基本容许值 $[f_{a0}]$（kPa）

I_L e	≤0.25	0.75	1.25
≤0.8	140	120	100
0.9	130	110	90
1.0	120	100	80
1.1	110	90	—

当设计的基础宽度 $b>2\text{m}$，埋置深度 $h>3\text{m}$ 时，设计规范给出了修正后的地基承载力容许值 $[f_a]$ 公式：

$$[f_a]=[f_{a0}]+k_1\gamma_1(b-2)+k_2\gamma_2(h-3) \tag{9-38}$$

式中：$[f_a]$——修正后的地基承载力容许值(kPa)；

$[f_{a0}]$——按表查得的地基承载力容许值(kPa)；

b——基础底面最小边宽(m)(当 $b<2\text{m}$ 时，取 $b=2\text{m}$；当 $b>10\text{m}$ 时，取 $b=10\text{m}$)；

h——基础的埋置深度(m)(自天然地面起算，有水流冲刷时自一般冲刷线起算；当 $h<3\text{m}$ 时，取 $h=3\text{m}$；当 $h/b>4$ 时，取 $h=4b$)；

k_1、k_2——基底宽度、深度修正系数，根据基底持力层土的类别按表 9-16 取用；

γ_1——基底持力层土的天然重度(kN/m^3)，若持力层在水面以下且为透水者，应取浮重度；

γ_2——基底面以上土层的加权平均重度(kN/m^3)；换算时若持力层在水面以下且为不透水时，不论基底以上土的透水性质如何，一律取饱和重度；当透水时，水中部分土层应取浮重度(kN/m^3)。

表 9-16 地基土承载力宽度、深度修正系数 k_1、k_2

土类 系数	黏性土			粉土	砂土								碎石土			
	老黏性土	一般黏性土		新近沉积黏性土	—	粉砂		细砂		中砂		砾砂、粗砂		碎石、角砾、圆砾		卵石	
		$I_L\geqslant0.5$	$I_L<0.5$	—	—	中密	密实	中密	密实	中密	密实	中密	密实	中密	密实	中密	密实
k_1	0	0	0	0	0	1.0	1.2	1.5	2.0	2.0	3.0	3.0	4.0	3.0	4.0	3.0	4.0
k_2	2.5	1.5	2.5	1.0	1.5	2.0	2.5	3.0	4.0	4.0	5.5	5.0	6.0	5.0	6.0	6.0	10.0

式(9-38)中的第二项和第三项分别表示基础宽度和深度修正后的地基容许承载力提高值。应该指出，确定地基容许承载力时，不仅要考虑地基强度，还要考虑基础沉降的影响。因此在表 9-16 中黏性土的宽度修正系数是 k_1 均等于零，这是因为黏性土在外荷载作用下，后期沉降量较大，基础越宽，沉降量也越大，这对桥涵的正常运营很不利，故除在确定基本承载力时已经考虑基础平均宽度的影响外，一般不再做宽度修正，而砂土等粗颗粒土，其后期沉降量较小，对运营影响不大，故可做宽度修正提高。此外，在进行宽度修正时，还规定若基础宽度 $b>10\text{m}$ 时，只能按 $b=10\text{m}$ 计算修正，这是因为 b 越大，基础沉降也越大，故需对宽度修正做一定的经验性限制。

在进行深度修正时，规定只有在基础相对埋深 $h/b\leqslant4$ 时才能修正。这是因为上述的修正公式(9-38)是按照浅基础概念导出的，$h/b>4$ 时，已经属于深基础范畴，故不能按照公式(9-38)修正，需另行考虑。

还应指出，对于一般工程和一般地质条件，在缺乏试验资料时，可结合当地具体情况和实践经验，按规范中所给表格数值及公式计算地基承载力。对于重要工程或地质条件复杂时，宜进行必要的室内外试验，经综合分析才能确定合适的地基容许承载力。

例 9.7 某桥墩基础，底面宽度 $b=5\text{m}$，长度 $l=10\text{m}$，埋置深度 $d=4\text{m}$，作用在基底

中心的竖向荷载 $N=8000\text{kN}$，地基土为中密粉砂（地下水位在基础底面处），粉砂的饱和容重 $\gamma_{sat}=20\text{kN/m}^3$，基础底面粉砂容重为 $\gamma=18\text{kN/m}^3$，检验地基强度是否满足要求。

解： 按《公路桥涵地基与基础设计规范》(JTG D63—2007)确定地基容许承载力：

$$[f_a]=[f_{a0}]+k_1\gamma_1(b-2)+k_2\gamma_2(h-3)$$

已知基底下持力层为中密粉砂（水下），土的重度 γ_1 应考虑浮力作用，故 $\gamma_1=\gamma_{sat}-\gamma_w=10\text{kN/m}^3$。由表 9 - 11 查得粉砂的容许承载力 $[f_{a0}]=110\text{kPa}$。由表 9 - 16 查得宽度及深度修正系数是：$k_1=1.0$，$k_2=2.0$。基底以上土的重度 $\gamma_2=18\text{kN/m}^3$。由式(9 - 38)可得粉砂经过修正提高的容许承载力 $[f_a]$ 为：

$$[f_a]=110+1\times10\times(5-2)+2\times18\times(4-3)$$
$$=110+20+36=166\text{kPa}$$

基底压力：

$$p=\frac{N}{b\times l}=\frac{8000}{5\times10}=160\text{kPa}<[f_a]$$

故该地基强度满足要求。

例 9.8 某基础宽度 $b=2\text{m}$，基础埋深 $h=3\text{m}$，地基土是均匀的 Q_3（第四纪晚更新世）老黏性土，其物理及力学性质指标见表 9 - 17。表中 p_{cr} 为荷载试验的比例界限，抗剪强度指标是由直接固结快剪试验求得。试用已介绍过的几种确定地基容许承载力的方法进行分析比较，提出建议值。

表 9 - 17　土的物理力学性质指标

量	γ_s	γ	ω	e	ω_p	ω_l	I_p	I_l	c	φ	p_{cr}	E_a
单位	kN/m³	kN/m³	%		%	%			kPa	(°)	kPa	kPa
数值	27.4	20.2	23.5	0.68	37	20	17	0.18	85	25	600	31.2

解：（1）按规范确定地基的容许承载力。

土层是老黏土。应由表 9 - 13 按 $E_s=31.2\text{MPa}$ 查得容许承载力 $[f_{a0}]=557\text{kPa}$。必须注意若误按一般黏性土查表 9 - 12 时，则得容许承载力 $[f_{a0}]=364\text{kPa}$，仅为表 9 - 13 数值的 65%。

由于基础宽度 $b=2\text{m}$，埋置深度 $d=3\text{m}$，故地基容许承载力 $[f_a]=[f_{a0}]$，不必做宽度和深度修正。

（2）根据荷载试验结果，比例界限 $p_{cr}=600\text{kPa}$，与按规范查得的数值比较接近，但应注意到荷载试验是在无埋深条件下进行的，若考虑到埋深的影响，则地基承载力可以提高。

（3）按太沙基极限荷载公式(9 - 22)计算。

① 若按整体剪切破坏考虑，用 $\varphi=25°$，查表 9 - 4 得：

$$N_r=11.0,\quad N_q=12.7,\quad N_c=25.1$$

由式(9 - 22)求得极限荷载为：

$$p_u=\frac{1}{2}\gamma\cdot b\cdot N_r+q\cdot N_q+c\cdot N_c$$

$$=\frac{20.2\times2\times11}{2}+20.2\times3\times12.7+85\times25.1$$

$$=3125.3\text{kPa}$$

取安全系数 $K=3$，得地基承载力为 1041.8kPa。

② 若按局部剪切破坏考虑，则有：

$$\varphi'=\arctan\left(\frac{2}{3}\tan\varphi\right)=\arctan\left(\frac{2}{3}\times\tan25°\right)=17.3°$$

由下式求得局部剪切时的极限荷载为：

$$p_u=\frac{1}{2}\gamma\cdot b\cdot N_r'+q\cdot N_q'+c'N_c'$$

$$=\frac{20.2\times2\times2.81}{2}+20.2\times3\times5.82+57\times15.1$$

$$=1270.2\text{kPa}$$

取安全系数 $k=3$，得地基承载力为 423.4kPa。

(4) 按临界荷载 $p_{1/4}$ 公式计算。

按 $\varphi=25°$ 由表 9-2 查得承载力系数为：

$$N_r=0.78, \quad N_q=4.12, \quad N_c=6.68$$

由式(9-8)，求得：

$$p_{1/4}=N_{r(1/4)}\gamma b+N_q\gamma_m d+N_c c$$

$$=20.2\times2\times0.78+20.2\times3\times4.12+85\times6.68$$

$$=848.98\text{kPa}$$

可见按太沙基公式整体剪切破坏时得到的结果最高，按局部剪力破坏求得的最低。

本 章 小 结

(1) 地基承载力是指地基土单位面积上所能承受荷载的能力。一般认为地基承载力可分为容许承载力和极限承载力。确定地基承载力的方法有载荷试验、理论计算法、规范查表法、经验估算法等。

(2) 典型 $p\text{-}s$ 曲线由三个阶段组成，即压密阶段、剪切阶段和破坏阶段。地基土破坏有整体剪切破坏、局部剪切破坏、刺入剪切破坏三种形式。破坏形式受加载速率、地基土性质、基础形式等因素影响。

(3) 地基土的荷载主要包括临塑荷载、临界荷载和极限荷载三种，了解临塑荷载和临界荷载的推导过程。极限荷载主要包括普朗特尔、赖斯纳、太沙基、汉森等理论公式，要注意以上几种理论的假设条件及适用条件，重点掌握太沙基和汉森极限承载力公式的应用。

(4) 按原位试验确定地基承载力主要包括载荷试验、静力触探试验、动力触探试验等，重点掌握载荷试验确定地基承载力的方法。

(5) 按规范方法确定地基承载力，本章重点介绍了《建筑地基基础设计规范》（GB 50007—2011）法和《公路桥涵地基与基础设计规范》（JTG D63—2007)法两种，要注意两种方法修正公式的应用。

习　题

一、填空题

1. 地基失稳包括_____、_____和_____ 3种破坏形式。

2. 地基承载力的确定方法主要有_____、_____、_____和经验估算等多种。

3. 《建筑地基基础设计规范》(GB 50007—2011)规定：当基础宽度大于_____埋置深度大于_____时，从载荷试验或其他原位测试、经验值等方法确定的地基承载力特征值，尚应进行修正。

4. 《建筑地基基础设计规范》(GB 50007—2011)规定：当偏心距(e)小于或等于_____时，可根据土的抗剪强度指标确定地基承载力特征值。

5. 《公路桥涵地基与基础设计规范》(JTG D63—2007)规定，当设计的基础宽度大于_____，埋置深度大于_____时，地基承载力要进行修正。

二、简答题

1. 地基破坏形式有哪几种？各有什么特征？

2. 什么是地基的临界荷载、临塑荷载和极限荷载？它们之间的大小关系如何？

3. 什么是地基承载力？什么是地基极限承载力？什么是地基容许承载力？

4. 确定地基容许承载力的方法有哪些？

三、计算题

1. 一个方形基础，受垂直中心荷载作用，基础宽 $b=3m$，基础埋深 $d=2.5m$，地基土的重度 $\gamma=18kN/m^3$，$c=30kPa$，$\varphi=0$，试求 p_u。

2. 某桥墩基础如图 9.17 所示，已知基础底面宽度 $b=5m$，长度 $l=10m$，埋置深度 $h=4m$，作用在基底中心的竖直荷载 $N=8000kN$，基础底面以上土的底重 $\gamma=18kN/m^3$ 地基土的性质如图所示。检验地基强度是否满足要求。

3. 某条形基础如图 9.18 所示，作用在基础底面的荷载 $P=250kPa$。求临塑荷载 p_{cr}、临界荷载 $p_{1/4}$，并用普朗特尔公式求极限荷载 p_u。

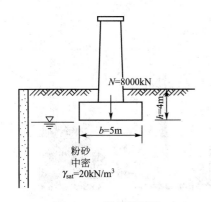

图 9.17　某桥墩基础

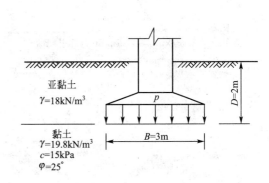

图 9.18　某条形基础

第**10**章
土在动荷载作用下的力学性质

【教学目标与要求】

● **概念及基本原理**

【掌握】砂土振动液化的概念及机理；影响砂土液化的主要因素；场地液化危害性防止措施。

【理解】土的动强度和变形特性；砂土液化造成的灾害；土压实对工程的意义；压实土的压缩性和强度。

● **计算理论及计算方法**

【掌握】《建筑抗震设计规范》(GB 50011—2010)液化判别方法；《公路工程抗震设计规范》(JTJ 004—89)液化判别方法。

【理解】土的压实特性。

● **试验**

【掌握】击实试验用途；击实试验分类；击实试验方法和试验结果整理。

【理解】动力测试基本原理；振动三轴试验、振动剪切试验、共振柱试验、振动台试验、离心模拟试验的基本原理及测得土的主要动参数。

导入案例

案例一：中国台湾1999年9月21日地震时发生砂土液化的景象

砂土空隙被水充满时叫饱和砂土。比较疏松的饱和砂土，在地震的强烈震动下，有可能形成悬浮状态而失去承载力，叫做砂土液化。处于上面的建筑，会因沉陷突然加大而破坏。国内外许多地震都曾出现过砂土液化现象。如图10.1和图10.2所示为台湾1999年9月21日地震时发生砂土液化的景象。

图 10.1 台中港大面积地基液化，码头到处可见沉陷和裂缝

图 10.2 局部砂土液化造成房屋倾斜

案例二：新西兰基督城 Ms7.1 级地震砂土液化及诱发滑坡

2010 年 9 月 4 日，新西兰南澳岛基督城(Christchuch)发生了 Ms7.1 级地震。该次地震震源深度 10km，在基督城西 24km 以西产生了明显的地震地表破裂，地表破裂长度达 22km，最大水平位移 4.6m，最大垂向位移约 2.0m，表现为正断走滑性质。该次地震震级、震源深度、地表破裂长度、断裂主要活动方式与我国玉树地震有许多相似之处。如图 10.3 所示为新西兰基督城 Ms7.1 级地震砂土液化及诱发滑坡的景象。

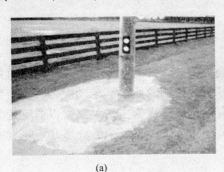

(a)　　　　　　　　　　　　　(b)

图 10.3　新西兰基督城 Ms7.1 级地震砂土液化及诱发滑坡

10.1 概　述

实际工程中，大多数荷载都不是静止不变的，只是它对被作用体系所引起的动力效应很小，因而可以忽略不计。当荷载的大小、方向、作用位置随时间而变化，而且对作用体系的动力效应不能忽略时，这种荷载就被称作动荷载。地基土经常会受到各种不同的动荷载作用，如机器运转的惯性力、车辆行驶的移动荷载、爆破引起的冲击荷载、风荷载及地震荷载等。这类荷载的特点：一是荷载施加的瞬时性；二是荷载的反复性或周期性（加卸荷或者荷载变向）。一般对于加荷时间在 10s 以上者看做是静力问题，10s 以下者则应作为动力问题。反复荷载作用的周期往往较短如几秒、几十分之一秒乃至几百分之一秒，反复次数从几次、几十次乃至千百万次。由于动荷载的作用大小随时间发生改变，对土体产生不同的动荷效应，如速率效应与循环效应等。与静荷载相比，动荷载对土体变形、强度及稳定性等的影响有很大不同。动荷载作用对土的主要影响有降低土体强度、引起地基附加沉降、导致砂土与粉土液化及黏性土的蠕变等。

根据动荷载作用的特点，可以将其分成三种类型。

1）周期荷载

所谓周期荷载就是以同一振幅和周期往复循环作用的荷载，其中最简单的就是简谐荷载，也是工程中常遇到的荷载，许多机械振动以及一般波浪荷载都属于这种荷载。简谐荷载随时间的变化规律可以用正弦或余弦函数来表示：

$$P(t) = P_0 \sin(\omega t + \theta) \tag{10-1}$$

式中：P_0——简谐荷载的单幅值；

ω——圆频率(rad/s)；

θ——初相位角。

2）冲击荷载

冲击荷载的强度很大，持续时间很短，例如打桩时坠落重物所引起的动荷、爆破荷载等，可表示为：

$$P(t)=P_0\varphi\left(\frac{t}{t_0}\right) \tag{10-2}$$

式中：P_0——冲击荷载的峰值；

$\varphi(t/t_0)$——描述冲击荷载形状的无因次时间函数。

3）不规则荷载

荷载随时间的变化无规律可循，即为不规则荷载。最为典型的不规则荷载就是地震荷载。地震作用时，位于土体表面、内部或者基岩的作用源所引起的动应力、动应变，将以波动的形式在土体中传播。土体中波的形式有以拉压应变为主的纵波、以剪应变为主的横波和主要发生在土体表面附近的表面波。在波动过程中，振动中的介质并不在波的传播方向产生位移，而只围绕自已的平衡位置振动。

10.2 土的动强度和变形特性

汽车、火车分别通过路面和轨道时，将动荷传到路基上，它们产生的荷载的周期不规则，约从 0.1s 到数分钟，其特点是一个一个加荷，而且循环次数很多。地震荷载也是随机作用的动载，一般约为 0.03～0.1s 的周期性作用。可见，动荷载具有瞬时性和反复性的特点，在动力条件下分析土的变形和强度问题时往往都要考虑速度效应和循环（振次）效应。前者是将加荷时间的长短换成加荷速度或相应的应变速度的快慢。速度不同，土的反应也不同。如图 10.4 所示慢速加荷时强度虽然低于快速加荷，但承受的应变范围较大。

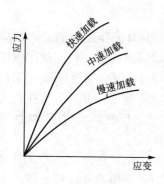

图 10.4 加荷速度对土应力-应变的影响

10.2.1 反复荷载下土的强度特征

土的动强度是随着动荷载作用的速度效应和循环效应而不同的，它通常是在一定动荷载作用次数下产生某一破坏应变所需的动应力的大小。土在动力荷载下的抗剪强度即动强度问题不同于静强度，由于有了速度效应和循环效应，使得土的动强度试验确定比静强度更为复杂。在周期性循环荷载作用下土的动强度有可能高于或低于静强度，要看土的类别、所处的应力状态以及加荷速度、循环次数等而定。循环效应是指土的特性受荷载循环次数的影响情况。如图 10.5 和图 10.6 所示为是非饱和土和饱和土循环效应的例子，图中 σ_f 表示静力破坏强度，σ_d 为动应力幅值，σ_s 是在加动应力前对土样所施加的一个小于 σ_f 的竖向静力偏应力。由图可见，振次 n 越少，动力强度越高。

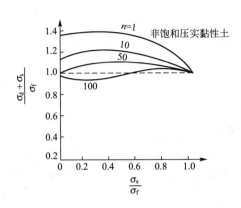

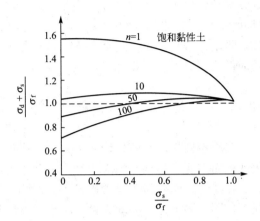

图 10.5 荷载振次对强度的影响(非饱和黏土) 　　　图 10.6 荷载振次对强度的影响(饱和黏土)

对于非饱和土,随着动荷载反复作用,土的强度降低,当反复作用 100 次时,土样的动强度($\sigma_d + \sigma_s$)几乎与静强度 σ_f 等同,再加大作用次数,动强度就会低于静强度。对于饱和土,当 $n > 50$ 次时,动强度基本上小于静强度。

对于给定的土样,在固结后施加动应力之前,先在轴向加上不同的静应力(偏应力),然后再施加相同大小的动应力,则各土样到达破坏时的循环次数就各不相同(图 10.7)。静偏应力越大,破坏所需的振次越少。反之,就越大。此外,若对各个土样施加同样大小的静应力,但由于动应力不同,则各土样达到破坏的振次也不一样,它将随动应力的增加而减少(图 10.8)。

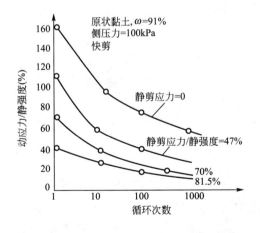

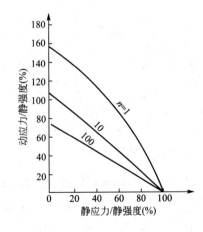

图 10.7 黏性土动强度与循环次数的关系 　　　图 10.8 动应力与振次的关系

试验研究还表明,黏性土动强度的降低与循环应变的幅值有很大关系。例如,当应变幅值的大小不超过 1.5% 时,即使是中等灵敏度的软黏土,在 200 次循环荷载作用下,其强度几乎也没有变化。

对于一般的黏土,在动荷载作用下的动强度与静强度比较,并无太大变化。但是对于软弱的黏性土,如淤泥和淤泥质土等,则动强度会有明显降低。在道路与桥梁工程中遇到此类地基时,必须考虑其动荷载作用下的强度降低问题。黏性土的动强度指标是指黏性土在动荷载作用下发生破坏或产生足够大的应变(例如也可以用应变达到1.5％时作为破坏标准)时所具有的黏聚力和内摩擦角。黏性土的动强度也可通过强度指标 c_d、φ_d 得到反映，它们是动荷载作用下进行地基土工设计如挡土墙土压力、地基承载力和验算边坡稳定等问题时需要用到的重要指标。

10.2.2 反复荷载下土的变形特征

在周期性的循环荷载作用下，土的变形强度特性已不能用静力条件下的概念和指标来表征，而需要了解动态的应力和应变及强度特性。影响土的动力特性的因素也包括周围压力、孔隙比、颗粒组成、含水量等，但同时它还受到应变幅值的影响，而且又以后者最为显著。同一种土，它的动力性状将会随着应变大小的不同而发生质的变化。日本石原研而的研究指出，只有当应变在 $10^{-6} \sim 10^{-4}$ 范围内时，土的特性可认为是属于弹性性质。一般由火车、汽车的行驶以及机器基础等所产生的振动的反应都属于这种弹性特征。这种条件下土的动力参数等可在现场或室内进行测定研究。当应变在 $10^{-4} \sim 10^{-2}$ 时，土表现为弹塑性性质，在工程中，如打桩、地震等所产生的振动反应即属于此弹性特征。当应变超过 10^{-2} 时，土将破坏或产生液化、压密等现象，这些土的特性可用频率为几周的循环荷载来确定。

最简单的反复荷载下的应力-应变反应如图 10.9 所示，这是静三轴仪中为确定弹性模量(静弹模)所作的加卸荷试验曲线。如图 10.10 所示为动力试验中所得到的剪应力-剪应变关系线，由于荷载周期性变向而形成一个滞回圈。

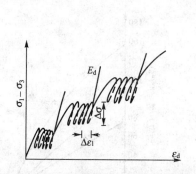

图 10.9 三轴试验确定土的弹性模量

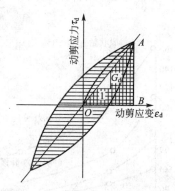

图 10.10 动力试验的应力-应变曲线

静三轴加卸荷试验所确定的静弹性模量以及用动三轴试验得到的动弹性模量都是表示土在动力条件下变形特性的指标。前者是以静代动的拟静法确定弹性模量的方法，用来计算受瞬时或反复荷载作用时的沉降量。在工程实用上，由于动力分析的复杂性，常用拟静力法来简化，如在海洋环境荷载及地震力作用下的地基承载力和变形计算等，均可近似地采用拟静法和拟静指标。试验表明，土的物理状态、固结压力和应变数量级等因素对弹性模量都有影响，其中尤以后者为最。对于某个既定土样而言，由于动应力与动应变之间的非线性关系，因此增大应变的数量级会降低弹性模量的数值。如图 10.11 所示试验所得弹性模量与应变的关系线，由图中可以看出应变对模量的影响，此图的曲线规律可由式(10-3)表示：

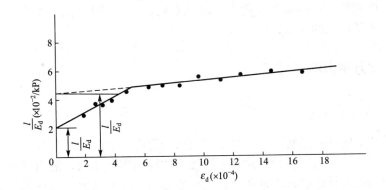

图 10.11 三弹性模量与应变关系曲线

$$\frac{1}{E_d} = a + b\varepsilon_d \qquad (10-3)$$

式中：E_d——弹性模量；

ε_d——竖向应变；

a、b——试验常数，不同的应变阶段，数值不同。

根据上海软土的 74 个试验资料，求得以孔隙比 e、平均固结压力 $\sigma_0 = \dfrac{1+2K_0}{3}\sigma_1$ 和应变 ε_d 表示的经验公式为：

$$E_d = 0.23 \frac{(2.5-e)^{1/2}}{1+e}(\sigma_0)^{1/3} \cdot \varepsilon_d^{-1} \qquad (10-4)$$

在室内模拟地震力等动力荷载对土的作用试验时（循环荷载），由于荷载变向，应力-应变曲线为一狭长的封闭回线，也称滞回圈（图 10.10）。每一个滞回圈的特征将由两个参数：剪切模量和阻尼比所定义，它们就是表征土的动力特性的两个主要参数（或指标）。土的动剪切模量 G_d，是指产生单位动应变时所需的动剪应力，也即动剪应力 τ_d 与动剪应变 ε_d 的比值，它可由联结滞回圈的顶峰和根部的直线斜率来定出，即可按式(10-5)求得：

$$G_d = \frac{\tau_d}{\varepsilon_d} \qquad (10-5)$$

土的阻尼比 λ 是阻尼系数与临界阻尼系数的比值，它是衡量土体吸收地震能量的尺度。由物理学中知道，非弹性体对振动波的传播有阻尼作用，这种阻尼作用与振动的速度成正比关系，比例系数称为阻尼系数；使非弹性体不产生振动时的阻尼系数称为临界阻尼系数。地基土体在地震时对地震波传播起的阻尼作用，主要是土粒间相互滑动时，由称为滞后作用的摩擦效应产生的。

土的阻尼比 λ 可由图 10.10 中的滞回圈通过式(10-6)求得：

$$\lambda = \frac{\Delta F}{4\pi F} \qquad (10-6)$$

式中：ΔF——滞回圈的面积，表示在一周期中所消耗的能量；

F——三角形 AOB 的面积，表示最大弹性能。

由动力试验所得滞回圈表明：土具有强烈的非线性性质。滞回圈形状随应变的大小而变化，当应变较小时，参数 G_d 和 λ 可视为常量，即土可假定为线性的。当应变较大时，应力-应变曲线的斜率变小，G_d 也变小；又因为滞回圈面积 ΔF 代表土在加荷和卸荷之间能量的吸收，应变越大，能量吸收越多，ΔF 就增大，所以阻尼比 λ 增大。因此，在选用动力参数时，要考虑土的非线性特点。

10.2.3　土动力室内测试技术

1. 动力测试基本原理

土动力特性室内试验是将土的试样按照要求的湿度、密度、结构和应力状态制备于一定的试样容器中，然后施加不同形式和不同强度的振动荷载作用，测出试样的应力-应变，对土性和指标的变化规律进行定量和定性分析的过程。各种动力测试技术包括两部分：激振和测振。

1) 激振

激振的基本原理就是向土样施加某种动荷载，使其尽可能地模拟实际的动力作用。室内模拟激振的方法主要有：①机械激振；②电磁激振；③电液激振；④气动激振。

2) 测振

土动力试验的各项物理量，不论是仪器直接输出给试样的，还是试样间接反应回来的，均需要由振动系统进行量测。测振的参数包括 3 大类：①应力；②应变；③振动性状（阻尼、衰减等）。

2. 振动三轴试验

土的动力参数可通过现场和室内试验测定。室内一般多采用振动三轴仪试验测定。试验时对圆柱形土样施加轴向循环变化的压缩与拉伸荷载，直接量测土样的应力和应变值，从而绘制应力-应变曲线即滞回圈（图 10.12）。试验所得滞回圈是试样在循环荷载下压缩与拉伸的结果，所以求得的模量是动弹性模量 E_d。而剪切模量 G_d 由式（10-7）求出：

$$G_d = \frac{E_d}{2(1+\mu)} \tag{10-7}$$

式中：μ——土的泊松比。

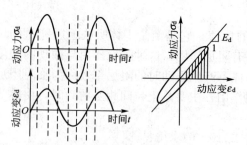

图 10.12　应力-应变滞回圈的绘制

用振动三轴试验测定土的动剪切模量和阻尼比，相对比较简单，原状土或扰动土试样制备也较为方便，而且可以精确地控制应力和应变，所以得到广泛应用。但这种方法存在着不能完全模拟地震时现场土体单元受力状态的缺点。

振动三轴仪是室内动力试验的重要仪器，土的动力特性指标以及动强度、动弹性模量等都可用它进行试验测定或确定。振动三轴仪的种类很多，按动荷载施加的方式区分，可以分为气动式、液压脉动式、惯性式和电磁式；按动荷载作用方向的不同，又可分为单向式和双向式。单向式的仪器只能在土样的竖轴方向施加动荷载，而周围压力 σ_3 不是脉动的。双向式的仪器则不仅能施加轴向脉动荷载，而且 σ_3 也是脉动荷载。

我国应用较多的是电磁式单向激振振动三轴仪，其主机部分如图 10.13 所示，它主要由土样压力室、激振器和气垫三部分组成。土样压力室和静力三轴仪相似，是一个有机玻璃的圆筒，里面充入压缩空气或压力水以后，可对土样施加侧向静荷载。激振器包括激振线圈（动圈）、励磁线圈（定圈）及全部磁路部分，其作用是通入一定频率的电信号以后，能产生一个施加于土样的轴向动荷载。气垫由金属波纹管构成，通入压缩空气以后，可对土样施加轴向静荷载。下活塞、应力传感器、激振线圈和气垫顶部由传力轴连成一个刚性的活动整体，并由导向轮保证它作轴向运动。

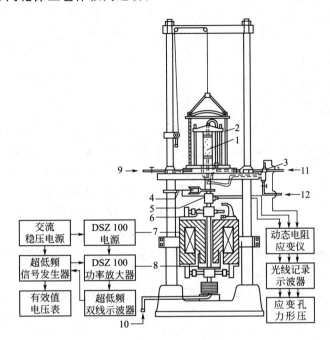

图 10.13 振动三轴仪

1—试样；2—压力室；3—孔隙水压力传感器；4—变形传感器；5—拉压力传感器；6—导轮；
7—励磁线圈；8—激振线圈；9—接侧压力稳压罐系统；10—接垂直压力稳压罐系统；
11—接反压力稳压罐系统；12—接静孔隙压力测量系统

振动三轴仪除主机外，通常还有轴向动力控制装置、轴向和侧向静力控制系统以及参数测读仪表系统等三部分。

3. 振动剪切试验

对实际地基来说，土的振动变形大部分是由于从下卧层向上传递的剪切波引起的，如图 10.14 所示。对于地表为水平的土层，地震前在地下某一深度的水平面上只作用垂直应力 σ_0，而初始剪应力为零。由于地震作用，在水平面上附加一往复剪应力，而垂直应力 σ_0 仍保持不变。当地面为倾斜面或有建筑物时，则地面某一深度水平面不仅有初始垂直应力 σ_0，而且还存在初始剪应力。

振动单剪试验的试验仪器是振动单剪仪，其试样

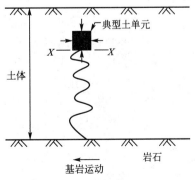

**图 10.14 剪切波由基岩
向覆盖土层传播**

容器为刚框式单剪容器，试样为方形，试样两侧由刚性板约束。上盖板与下底板的对角线由铰链连接，这样在固结时可向下移动，但不能张开，剪切时的剪切变形与侧板一致。试样包以橡胶膜，保证完全不排水，可以量测孔隙水压力。

试验时，在土样上施加垂直应力后，使容器的一对侧壁在交变剪应力作用下往复运动，以观测土的动力特性。振动单剪试验对研究地震作用下动剪应力和动剪应变的变化规律较为适宜，但它不能直接测量也不能直接控制循环加荷过程中的侧向压力。为了能在循环加荷前和加荷过程中量测和控制侧向压力，人们设计了振动扭转剪切仪，试验时，对土样施加静态应力 σ_1 和 σ_3 后，在土样上施加往复扭力，从而在试样的横截面上产生往复的剪应力，模拟地震时侧向压力的变化。

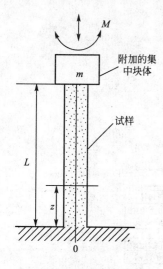

图 10.15　共振柱试验原理

4. 共振柱试验

共振柱试验是根据共振原理，在一个圆柱形试样上进行振动，改变振动频率使其产生共振，并借以测求试样的动弹性模量及阻尼比等参数。其工作原理可以用如图 10.15 所示简化模型表示。图中圆柱形试样的底端固定，试样的顶端附加一个集中质量块，并通过该质量块对试样施加垂直轴向振动或水平振动。当土柱的顶端受到施加的周期荷载而处于强迫振动时，振动由柱体顶端以波动形式沿柱体向下传播，使整个柱体处于振动状态。共振柱试验是一种无损试验技术，它的优越性表现在试验的可逆性和重复性上，从而可求得十分稳定的结果。

5. 振动台试验

振动台试验是 20 世纪 70 年代发展起来的专门用于土的液化性状研究的室内大型动力试验。相对于常用的动三轴和动单剪试验，振动台试验有下述优点。

（1）可以制备模拟现场 K_0 状态饱和砂的大型均匀试样，可以测出土样内部的应变和加速度。

（2）在低频和平面应变条件下，整个土样中将产生均匀的加速度，相当于现场剪切波的传播。

（3）可以查出液化时大体积饱和土中实际孔隙水压力的分布。

（4）在振动时能用肉眼观察试样。

试验过程中，为了保证测试土样在受震动过程中处于"自由场"状态，试样的长高比必须大于 10。振动必须是接近于地震时剪切波自基岩向上垂直输入的情况，试样上覆以密封胶膜，施加气压以模拟液化层的上覆有效压力。然而，振动台试验在实际应用中也并非理想的方法，因为制备大型试样费用很高，而且不同的制备方法对试验结果的影响很大。

6. 离心模型试验

离心机模型试验首先需要根据试验研究的目的和要求，选择适合的用于单向或双向振动试验的模型箱，然后与静力离心模型试验一样需要综合考虑离心机的容量、原型的尺寸、模型箱尺寸和观测仪器的布置等，合理确定模型比尺。理想的模型箱应该具备如下条件。

(1) 振动过程中，不影响剪切波或剪切应力的传递，尽量使水平剪切刚度为零，对土的变形无影响。

(2) 振动过程中模型箱水平断面尺寸应保持不变。

(3) 模型箱侧壁应具有足够的刚度。

(4) 尽量减少模型箱壁的质量，以减少边界处侧向动土压力。

为了避免模型箱侧壁的反射作用，解决的方法除了尽量采用自由边界以外，便是将模型箱沿振动方向的侧壁设计成柔性。模型中常用的观测仪器有微型加速度传感器、微型孔隙水压力传感器、差动式位移传感器、激光位移传感器以及近年来发展的各种光纤传感器等。

由于模型与液体共存，因此模型箱的吊装更需要平稳，减少振动。在动力离心模型试验中，根据模型律的要求，振动时间比尺是原型的 $1/N$，而水在土体中的渗流时间比尺为原型的 $1/N$，两者之间存在时间比尺不相似的矛盾，因此需要通过减小颗粒粒径或增大液体黏滞性的方法使相似关系得到满足。

试验过程中，在固定模型箱后，连接数采系统，检查数采通道；启动离心机及振动台控制系统，同时启动数据采集系统，达到设计加速度后，等待模型中由于离心机升速引起的超孔压全部消散；振动过程中数据采集频率通常为 $2500 \sim 3000\text{Hz}$，也可以根据试验要求采用更高的数采频率，在调整数采频率之后，迅速输入预设的地震波使模型产生振动。多数模型试验，振动在不到 1s 的时间内完成，因此大量的数据暂存在位于离心机转轴附近的计算机中，振动完成后可以通过滑环或无线传输系统将数据导入主控室的计算机中进行处理分析。随着计算机及网络技术的飞速发展，多数离心机振动台开始采用以上数据传输方式。

10.3 砂土振动液化

在动力荷载(振动)作用下砂土(特别是饱和砂土)表现出类似液体性状而完全失去了承载能力的现象称为砂土液化。地震、波浪、车辆行驶、机器振动、打桩以及爆破等都可能引起饱和砂土的液化，其中又以地震引起的大面积甚至深层的砂土液化的危害性最大，它具有面广、量大、危害重等特点，常能造成工程场地的整体性失稳。因此，近年来引起国内外工程界的普遍重视，成为工程抗震设计的重要内容之一。

10.3.1 砂土液化机理

1. 砂土液化造成的灾害

(1) 喷砂冒水。地震时，砂土层中产生相当高的孔隙水压力，在覆盖层比较薄弱的地方或地震所形成的裂缝中喷出砂、水混合物。喷砂冒水的范围往往很大，持续时间可达几小时甚至十几天，有的水头可高达 $2 \sim 3\text{m}$。

（2）震陷。液化时喷砂冒水带走了大量砂土，导致建筑物地基产生不均匀沉陷，使建筑物倾斜、开裂甚至倒塌。例如 1964 年日本新潟地震时，有的建筑物产生了 1m 左右的沉陷和 2.3°以上的倾斜，机场跑道遭到严重破坏，卡车和混凝土结构物沉入土中。又如 1976 年唐山地震时，天津某农场高 10m 左右的砖砌水塔，因其西北角处地基土喷砂冒水，水塔整体向西北倾斜了 6°。

（3）滑坡。在岸坡或坝坡中的饱和砂层，由于液化而丧失抗剪强度，使土坡失去稳定沿着液化层滑动，形成大面积滑坡。1971 年美国加州 San Fernando 坝在地震中发生上游坝坡大滑动，研究表明这是因为在地震振动即将结束时，在靠近坝底和黏土心墙上游面处的广阔区域内砂土发生液化的缘故。

（4）地基失稳。建筑物地基中的砂土层因液化而失去承载能力，使地基整体失稳而破坏。例如日本新潟地震时，有一公寓因地基砂土层液化失稳而陷入土中并以 80°的倾斜度倾倒。

2. 液化机理

液化的砂土层在失去承载能力的同时出现很高的孔隙水压力，因此可从砂土的抗剪强度着手来研究液化的机理。在地震时，饱和松砂趋于密实（剪缩性），而细、粉砂的透水性并不很大，孔隙水一时间来不及排出，从而导致孔隙水压力上升，有效应力减小。如果在周期性荷载作用下积聚起来的孔隙水压力等于总应力时，有效应力就变为零。根据有效应力原理，饱和砂土抗剪强度可表达为：

$$\tau_f = (\sigma - u) \tan\varphi' = \bar{\sigma} \tan\varphi'$$

当孔隙水压力 $u = \sigma$ 以及 $\bar{\sigma} = 0$ 时，没有黏聚力的砂土的强度就完全丧失，而处于没有抵抗外荷能力的悬浮状态，故产生了砂土"液化"。地震时地面发生喷砂冒水现象，一般可认为是地下砂层出现了液化，压力将砂粒喷出地面的结果。

在地震时，土体内单元体所受的力主要是从基岩向上传播的剪切波所引起的。水平砂层内单元体理想的受力状态如图 10.16 所示。在地震前，单元体上受到有效主应力 σ_0' 和 $K_0\sigma_0'$ 的作用（K_0 为静止土压力系数）。在地震时，单元体上将受到周期性的、其大小和方向都在不断变化的剪应力 τ_d 的重复剪切作用。在实验室模拟上述受力情况有助于揭示液化的机理，其中动三轴试验是被广泛地使用的一种方法。土样是在不排水条件下，承受着均匀的周期荷载。当然地震时实际发生的剪应力大小是不规则的，但经过分析认为可以转换为等效的、均匀的周期荷载，就比较容易在试验中重现。

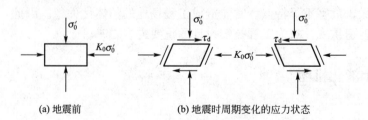

(a) 地震前　　　　　　　　(b) 地震时周期变化的应力状态

图 10.16　地震前和地震时单元体的理想受力状态

如图 10.17 所示饱和粉砂的液化试验结果。从图中的周期偏应力 δ_d、动应变 ε_d 和动孔隙水压力 u_d 等与循环次数 n 的关系曲线表明：即使偏应力在很小范围内变动，每次应力

循环后都残留着一定的孔隙水压力；随着应力
循环次数的增加，孔隙水压力不断积累而逐渐
上升，有效应力逐渐减小；最后有效应力接近
于零，土的强度骤然下降至零，试样发生液
化。应变的变化在开始阶段很小，动应力 σ_d 维
持等幅循环，孔隙水压力逐渐上升；到了某个
循环以后，孔隙水压力急剧上升，应变急剧变
大，动应力幅值开始降低，这说明已在孕育着
液化，土的承载能力正在逐渐丧失；当到达孔
隙水压力与固结压力几乎相等时，土已不能再
承受荷载，应变猛增，动应力缩减到零，此后
进入完全的液化状态，土全部丧失其承载
能力。

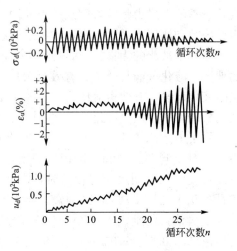

图 10.17　饱和粉砂的液化试验

3. 影响砂土液化的主要因素

研究与观察发现，并不是所有的饱和砂土和少黏性土颗粒的地基在地震时都会发生液
化现象。影响砂土液化的主要因素有以下几方面。

1）土的种类

黏性土由于有黏聚力 c，即使孔隙水压力等于全部有效应力，抗剪强度也不会全部
丧失，因而不具备液化的内在条件。粗粒砂土由于透水性好，孔隙水压力易于消散，在
周期荷载作用下，孔隙水压力也不易积累增长，因而一般也不会产生液化。只有没有黏
聚力或黏聚力相当小的处于地下水位以下的粉细砂或轻亚黏土，渗透系数较小不足以在
第二次荷载施加之前把孔隙水压力全部消散掉，才具有积累孔隙水压力并使强度完全丧
失的内部条件。因此，土的粒径大小是一个重要因素。试验及实测资料都表明：粉细砂
土、轻亚黏土比中、粗砂土容易液化；级配均匀的砂土比级配良好的砂土易发生液化。
有文献提出平均粒径 $d_{50}=0.05\sim0.09$mm 的粉细砂最易液化。而根据多处震害调查实例
却发现，实际发生液化的土类范围更广一些。可以认为，在地震作用下发生液化的饱和土
的平均粒径 d_{50} 一般小于 2mm，黏粒含量一般低于 $10\%\sim15\%$，塑性指数 I_p 常在 7 个
左右。

2）土的密度

松砂在振动中体积易于缩小，孔隙水压力上升快，故松砂较密砂容易液化。1964 年
日本新潟地震表明，相对密度为 0.5 的地方普遍液化，而相对密度大于 0.5 的地方就没有
液化。我国科学院的"海城地震砂土液化考察报告"中也提到，7 度烈度的地震，对于相
对密度大于 0.5 的砂土不会液化；砂土相对密度大于 0.7 时即使 8 度地震也不易发生液
化。根据砂土液化机理的论述可知，剪切时孔隙水压力增长的原因在于松砂的剪缩性，但
在砂土密度增大之后剪缩性会减弱，一旦砂土开始具有剪胀性的时候，剪切时内部会产生
负的孔隙水压力，土的阻抗能力增大了，因此土不会发生液化。

3）土的初始应力状态

在地震力作用下，土中孔隙水压力等于固结压力是产生液化的必要条件。如果固结压
力越大，则在其他条件相同时越不易发生液化。试验也表明，对于同样条件的土样，发生

液化所需的动应力将随着固结压力的增加而增大。地震前地基土的固结压力，可以用有效覆盖压力和侧压力系数来表示，所以地震时砂土的埋藏深度，即覆盖压力的大小就成了直接影响砂土液化的因素。"海城地震砂土液化考察报告"指出：有效覆盖压力小于 50kPa 的地区，液化普遍且严重；有效覆盖压力介于 50～100kPa 的地区，液化现象较轻；而未发生液化地段，有效覆盖压力大多大于 100kPa。调查资料还表明，埋藏深度大于 20m 时，甚至松砂也很少发生液化。

除了上述因素之外，地震强度和地震持续时间也是影响砂土液化的因素。室内试验表明，对于同一土类和一定密度的土，在一定固结压力时，动应力较高则振动次数不多就会发生液化；而动应力较低时，需要较多振次才会发生液化。如日本新潟地区在过去三百多年中虽遭受过 25 次地震，但记录了新潟及其附近地区发生了液化的只有 3 次，而这 3 次估计的地面加速度都在 $0.13 \times 10^{-2} \mathrm{m/s^2}$ 以上。1964 年地震时，记录到地面最大加速度为 $0.16 \times 10^{-2} \mathrm{m/s^2}$，其余 22 次地震的地面加速度变化范围估计为 $(0.005 \sim 0.12) \times 10^{-2} \mathrm{m/s^2}$，但都没有发生液化。1964 年阿拉斯加地震时，安科雷奇滑坡是在地震开始以后 90s 才发生的，这表明要持续足够的应力周数后才会发生液化和土体失去稳定。

10.3.2 砂性土地基液化判别

砂土液化易导致建筑物产生严重破坏，故砂性土液化的判别是地基基础抗震设计的一项重要任务。目前的判别方法很多，归纳起来主要是现场试验、室内试验及经验对比法三大类。经验方法是以地震现场的液化调查资料为基础，对其进行归纳、统计，得出判别液化可能性的经验公式或分界曲线，如西特(seed)的临界曲线法及我国《建筑抗震设计规范》(GB 50011—2010)推荐的临界标准贯入法等。试验方法是室内模拟地震力作用于土体上，通过研究土单元体的应力-应变状况和边界条件来揭示土体液化的机理及发生、发展的条件和规律，然后用于分析现场情况。

1)《建筑抗震设计规范》判别方法

《建筑抗震设计规范》(GB 50011—2010)规定：当饱和砂土、粉土的初步判别认为需要进一步进行液化判别时，应采用标准贯入试验判别法判别地面下 20m 范围内的液化；但对规范规定可不进行天然地基及基础的抗震承载力验算的各类建筑，可只判别地面下 15m 范围内土的液化。当饱和土标准贯入锤击数(未经杆长修正)小于或等于液化判别标准贯入锤击数临界值时，应判为液化土。

在地面下 20m 深度范围内，液化判别标准贯入锤击数临界值可按下式计算：

$$N_{cr} = N_0 \beta [\ln(0.6d_r + 1.5) - 0.1d_w] \sqrt{3/\rho_c} \tag{10-8}$$

式中：N_{cr}——液化判别标准贯入锤击数临界值；

N_0——液化判别标准贯入锤击数基准值，应按表 10-1 采用；

d_r——饱和土标准贯入点深度(m)；

d_w——地下水位(m)；

ρ_c——黏粒含量百分率，当小于 3 或为砂土时，应采用 3；

β——调整系数，设计地震第一组取 0.80，第二组取 0.95，第三组取 1.05。

表 10 - 1 标准贯入锤击数基准值 N_0

设计基本地震加速度(g)	0.10	0.15	0.20	0.30	0.40
液化判别标准贯入锤击数基准值	7	10	12	16	19

当饱和砂土或粉土地基满足下式要求时，可判别液化。

$$N_{63.5} < N_{cr} \tag{10-9}$$

式中：$N_{63.5}$——饱和土标准贯入锤击数实测值(未经杆长修正)。

2)《公路工程抗震设计规范》判别方法

在《公路工程抗震设计规范》(JTJ 004—89)中，砂性土液化判别公式是以 Seed H B 的液化判别图 $\tau/\sigma_v - N_1$ 曲线族中震级 $M = 7.5$ 的分界线为基础换算得到的，对地面以下 20m 深度范围内的砂土和亚砂土，其液化判别公式如下：

$$N_1 = C_n N_{63.5} \tag{10-10}$$

式中：C_n——标准贯入锤击数的修正系数，应按表 10 - 2 采用。

表 10 - 2 标准贯入锤击数的修正系数 C_n

σ_0 (kPa)	0	20	40	60	80	100	120	140	160	180
C_n	2	1.70	1.46	1.29	1.16	1.05	0.97	0.89	0.83	0.78
σ_0 (kPa)	200	220	240	260	280	300	350	400	450	500
C_n	0.72	0.69	0.65	0.60	0.58	0.55	0.49	0.44	0.42	0.40

$$N_c = \left[11.8 \left(1 + 13.06 \frac{\sigma_0}{\sigma_e} K_h C_v \right)^{1/2} - 8.09 \right] \xi \tag{10-11}$$

$$\sigma_0 = \gamma_u d_w + \gamma_d (d_s - d_w)$$

$$\sigma_e = \gamma_u d_w + (\gamma_d - 10)(d_s - d_w)$$

$$\xi = 1 - 0.17 (P_c)^{1/2}$$

式中：$N_{63.5}$——实测的标准贯入锤击数；

$\quad\quad K_h$——平地震系数，应按表 10 - 3 采用；

$\quad\quad \sigma_0$——标准贯入点处土的总上覆压力(kPa)；

$\quad\quad \sigma_e$——标准贯入点处土的有效覆盖压力(kPa)；

$\quad\quad \gamma_u$——地下水位以上土容重 [砂土 $\gamma_u = 18.0 \text{kN/m}^3$；亚砂土 $\gamma_u = 18.5 \text{kN/m}^3$]；

$\quad\quad \gamma_d$——地下水位以下土容重 [砂土 $\gamma_d = 20.0 \text{kN/m}^3$；亚砂土 $\gamma_d = 20.5$，kN/m^3]；

$\quad\quad d_s$——标准贯入点深度(m)；

$\quad\quad d_w$——地下水位深度(m)；

$\quad\quad C_v$——地震剪应力随深度的折减系数，应按表 10 - 4 采用；

$\quad\quad \xi$——黏粒含量修正系数；

$\quad\quad P_c$——黏粒含量百分数(%)。

表 10 - 3 水平地震系数 K_h

基本烈度(度)	7	8	9
水平地震系数 K_h	0.1	0.2	0.4

表 10 - 4　地震剪应力随深度的折减系数 C_v

d_s (m)	1	2	3	4	5	6	7	8	9	10
C_v	0.994	0.991	0.986	0.976	0.965	0.958	0.945	0.935	0.920	0.902
d_s (m)	11	12	13	14	15	16	17	18	19	20
C_v	0.884	0.866	0.844	0.822	0.794	0.741	0.691	0.647	0.631	0.612

若 $N_1 < N_c$，则判为液化，否则判为不液化。

10.3.3　场地液化危害性防治措施

为保证承受场地地震危害的建筑物的安全和适用，必须采取相应的工程措施。防止液化危害应从加强基础方面入手，主要是采用桩基或沉井、全补偿筏板基础、箱形基础等深基础。采用桩基时，桩端伸入液化深度以下稳定土层中的长度应按计算确定，对碎石土、砾、粗、中砂，坚硬黏性土不应小于 0.5m，对其他非岩石土不应小于 2m。采用深基础时，基础底面埋入液化深度以下稳定土层中的深度不应小于 0.5m。对于穿过液化土层的桩基，其桩周摩阻力应视土层液化可能性大小，或全部扣除，或做适当折减。对于液化指数不高的场地，仍可采用浅基础，但应适当调整基底面积，以减小基底压力和荷载偏心；或者选用刚度和整体性较好的基础形式，如十字交叉条形基础、筏板基础等。

从消除或减轻土层液化可能性着手，则有换土、加密、胶结和设置排水系统等方法。加密处理方法主要有振冲、挤密砂桩、强夯等。加密处理或换土处理以后土层的实测标准贯入击数应大于规范规定的临界值。胶结法包括使用添加剂的深层搅拌和高压喷射注浆。设置排水通道往往与挤密结合起来做，材料可以用碎石和砂。对于排水系统的长期有效性，一般还有不同看法。

在选用和确定抗液化措施的过程中，应综合考虑方法的可行性、经济性和次生影响（比如对结构静力稳定性的影响等），具体权衡场地勘察结果的确实性、防治方法的技术效果、造价、长期维护可能性、环境影响等方面的因素，从风险水平和花费代价两个方面的平衡出发来进行决策。

10.4　土的压实性

10.4.1　土的压实性对工程的意义

工程建设中的路基、土堤、土坝、飞机跑道、平整场地修建建筑物等，都是把土作为建筑材料，按一定要求和范围进行填筑而成。填土不同于天然土层，因为经过挖掘、搬运之后，原状结构已被破坏，含水量也已变化，填筑时必然在土团之间留下许多大孔隙。未经压实的填土强度低，压缩性大且不均匀，遇水易发生陷坍、崩解等现象。因此，这些填土一般都要经过压实以减少其沉降量，降低其透水性，提高其强度。土的压实就是指填土在压实能量作用下，使土颗粒克服颗粒间阻力而重新排列，使土中的孔隙减少、密度增加，从而使填土在短时间内得到新的结构强度。

压实细粒土宜用夯击机具或压力较大的碾压机具，同时必须控制土的含水量。对过湿的黏性土进行碾压或夯实时会出现软弹现象，填土难以压实。对于很干的黏性土进行碾压或夯实时，也不能把填土充分压实。含水量太高或太低的填土都得不到最好的压实效果，因此，必须把填土的含水量控制在适当的范围内。压实粗粒土时，采用振动机具，同时充分洒水。在同一压实功能对于不同状态的土的压实效果可以完全不同，为了达到同样的压实效果又可能要花费相当大的不符合技术经济要求的代价。为了技术上可靠和经济上的合理，有些状态的就需要了解土的压实特性与变化规律。

10.4.2 击实试验与土的压实特性

1. 击实试验

击实试验是研究土的压实性能的室内试验方法。击实试验所用的主要设备是击实仪。目前我国通用的击实仪有两种，即轻型击实仪和重型击实仪，其规格见表 10-5，击实仪示意图如图 10.18 所示，其基本部分是击实筒和击实锤，前者是用来盛装制备土样，后者对土样施以夯压功能。

表 10-5 击实仪规格

击实仪型号	锤重（kg）	锤底直径（cm）	落高（cm）	击实功（kJ/m³）	击实筒		
					直径（cm）	高度（cm）	容积（cm³）
轻型 I	2.5	5	30	598	10	12.7	997
轻型 II	2.5	5	30	598	15.2	12	2177
重型 I	4.5	5	45	2687	10	12.7	997
重型 II	4.5	5	45	2687	15.2	12	2177

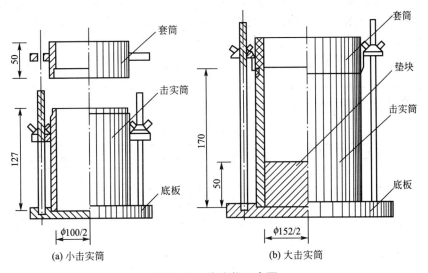

(a) 小击实筒   (b) 大击实筒

图 10.18 击实仪示意图

击实试验时，击实仪的标准击数根据型号的不同，所需的锤击数也不同。另外击实筒分为大、小两种，大筒适用于最大颗粒为38mm的土，小筒适用于最大粒径为25mm的土。

试验时，将含水量为一定值的土样分层放入击实筒内，每铺一层后都用击实锤按规定的落距锤击一定的击数，然后由击实筒的体积和筒内被击实土的总重力算出被击实土的湿容重γ。从已被击实的土中取样测定其含水量ω，则由式(10-12)算出击实土样的干容重γ_d(它可以反映出被击实土的密度)：

$$\gamma_d = \frac{\gamma}{1+w} \qquad\qquad (10-12)$$

通过对每一个土样做击实试验能得到两个相对应的数据，即击实土的含水量ω与干容重γ_d。由一组几个不同含水量的同一种土样的击实试验结果绘制的击实曲线如图10.19所示。

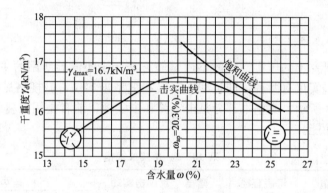

图 10.19　击实曲线

2. 土的压实特性

1) 压实曲线性状

击实曲线(图10.19)是研究土的压实特性的基本关系图。从图中可见，击实曲线(γ_d-ω曲线)上有一峰值，此处的干容重为最大，称为最大干容重γ_{dmax}。与之对应的制备土样含水量则称为最佳含水量ω_{op}(或称最优含水量)。可见，在一定的击实功作用下，当土料为最佳含水量时压实效果最好，土才能被击实至最大干容重，达到最为密实的填土密度。由于最佳含水量ω_{op}与塑限含水量ω_P相接近，可取$\omega_{op}=\omega_P$。在缺乏试验资料时也可用经验公式$\omega_{op}=(0.65\sim0.75)\omega_L$($\omega_L$是液限含水量)计算。表10-6给出了塑性指数小于22的土的最佳含水量的经验数值。

表 10-6　最佳含水量经验系数表

塑性指数 I_p	最大干密度 γ_d(kN/m³)	最佳含水量 w_{op}(%)
<10	>18.5	<13
10~14	17.5~18.5	13~15
14~17	17.0~17.5	15~17
17~20	16.5~17.0	17~19
20~22	16.0v16.5	19~21

图 10.19 中还给出了饱和曲线，它表示当土处于饱和状态时的 γ_d - w 关系。从饱和曲线与击实曲线的位置关系说明，击实土不可能被击实到完全饱和状态。试验证明，黏性土在最佳击实情况下（即击实曲线峰点），其饱和度通常约为 80% 左右。

2）土类对压实特性的影响

在同一击实功能条件下，不同土类的击实特性不一样。如图 10.20(a) 所示为五种不同土料的击实试验结果。图 10.20(a) 是其不同的粒径曲线，图 10.20(b) 是 5 种土料在同一标准击实试验中所得到的 5 条击实曲线。由图可见，含粗粒越多的土样其最大干容重越大，而最佳含水量越小，即随着粗粒土增多，曲线形态虽不变但峰点向左上方移动。如图 10.21 所示变化也反映出土粒状态不同（表 10-7）对击实结果的影响。从图中可见，在击数相同时，b 土比 a 土具有高得多的最大干容重和低得多的最佳含水量，而 b 土的黏粒含量及塑性指数均比 a 土小。

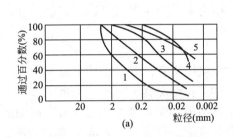
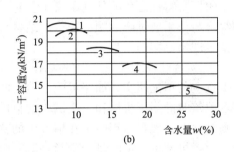

图 10.20　各种土的击实曲线

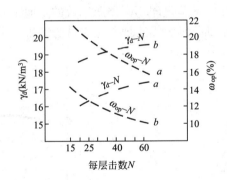

图 10.21　不同土料的压实效果

表 10-7　土粒状态

土料编号	土粒容重 γ_s (kN/m³)	颗粒成分(%)			塑性界限			土名
		>0.05	0.05~0.005	<0.005	液限	塑限	塑性指数	
a	27.0	9	58	33	37	21	16	重亚黏土
b	26.9	54	29	17	23	13	10	轻亚黏土

3）击实功能对压实特性的影响

如图 10.22 所示为同一种土样在不同击实功能作用下所得到的压实曲线。随着压实功能的增大，击实曲线形态不变，但位置发生了向左上方的移动，即 γ_{dmax} 增大了，而 w_{op} 却

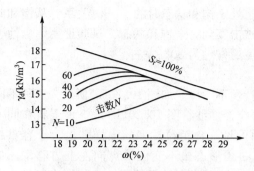

图 10.22　压实功能对压实曲线的影响

减小了。图中的曲线形态还表明，当土为偏干时，增加击实功对提高干容重的影响较大，偏湿时则收效不大，故对偏湿的土采用增大击实功以提高它的密度是不经济的。

4）土的压实机理解释

击实曲线所反映的变化说明了土压实性的复杂，其内在机理解释或者所谓压实理论尚在发展中。直至 20 世纪 70 年代经过学者们不断研究和探索，基本上认为土的压实特性同土的组成与结构、土粒的表面现象、毛细管压力、孔隙水和孔隙气压力等均有关系，所以影响因素是复杂的。

土的压实特性变化的外观因素主要有：土类、制备含水量和外部击实功能，这三者的不同组合与作用通过土的颗粒变位，结构调整，引力和孔隙压力（包括水和气）的作用等内在因素表现出不同的结果。

5）压实特性在现场填土中的应用

工程上的填土压实，如路堤施工填筑的情况与室内击实试验在条件上是有差别的，例如现场填筑时的碾压机械和击实试验的自由落锤的工作情况就不一样，前者大都是碾压而后者则是冲击。现场填筑中土在填方中的变形条件与击实试验时土在刚性击实筒中的也不一样，前者可产生一定的侧向变形，后者则完全受侧限。目前，尚未能从理论上找出二者的普遍规律，但为了把室内击实试验的结果用于设计和施工，必须研究室内击实试验和现场碾压的关系。如图 10.23 所示羊足碾不同碾压遍数的工地试验结果与室内击实仪试验结果的比较。如图 10.24 所示则是某大坝工地羊足碾试验结果与击实仪试验结果的比较。

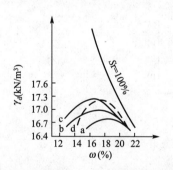

图 10.23　工地试验与击实试验的比较
a—羊足碾，碾压 6 遍；b—羊足碾，碾压 12 遍；
c—羊足碾，碾压 24 遍；d—击实仪

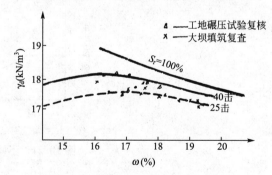

图 10.24　工地试验与击实试对比

对图 10.23 和图 10.24 进行比较，结果表明：室内击实试验来模拟工地压实是可靠的。击实试验既是研究土的压实特性的室内基本方法，又对实际填方工程提供了两方面用途：一是用来判别在某一击实功作用下土的击实性能是否良好，以及土可能达到的最佳密实度范围与相应的含水量值，为填方设计（或为现场填筑试验设计）合理选用填筑含水量和填筑密度提供依据；另一是为制备试样以研究现场填土的力学特性时提供合理的密度和含水量。为便于工地压实质量的施工控制，可采用压实系数 K 表示：

$$K = \frac{\gamma_d'}{\gamma_d} \qquad\qquad (10-13)$$

式中：γ_d'——工地碾压要求达到的干容重；

γ_d——室内试验得到的最大干容重。

K 值越接近于 1，表示对压实质量的要求越高，可应用于主要受力层或者重要工程中。对于路基的下层或次要工程，K 值可取得小一些。

10.4.3　压实土的压缩性和强度

1. 压缩性

压实土的压缩性取决于它的密度和加载时的含水量，以击实土做压缩试验时可以发现，在某一荷载作用下，有些土样压缩稳定后，如加水饱和，土样就会在同一荷载作用下出现明显的附加压缩，而这一现象的出现与否和击实试验时的含水量有很大的关系。表 10-8 中的数据表明，尽管土的干重度相同，但偏湿土样附加压力的增加比偏干时附加压力的增长来得大。这一现象在路堤填筑工程的设计与施工控制中必须引起注意，特别是为水浸润的路堤构筑物可能因此造成损坏和行车不安全。为了消除这一不利影响就有必要确定填土受水饱和时不会产生附加压缩所需的最小含水量。

表 10-8　不同填筑含水量试样的附加压缩量(压缩试验中的体积应变值)

有效轴向荷载(kPa)	填筑条件		
	低于最佳值 1% ($\gamma_d = 17.76 \text{kN/m}^3$)	最佳含水量时 ($\gamma_{dmax} = 17.76 \text{kN}$)	高于最佳值 1% ($\gamma_d = 17.76 \text{kN/m}^3$)
175	1.9	1.9	2.3
700	2.9	3.7	4.5
1225	5.2	5.9	7.6
1750	6.8	7.8	9.0

一般来说，填土在压实到一定密度以后，其压缩性就大为减小。当填土的干密度 $\gamma_d > 16.5 \text{kN/m}^3$ 时，变形模量 E_0 显著提高。这对于作为建筑物地基的填土显得尤为重要。

2. 强度

压实土的抗剪强度性状取决于受剪时的密度和含水量。填筑水量对强度的影响，在偏干和偏湿时均不相同。如图 10.25 所示同一种土的两个含水量不同(偏干和偏湿)的试样的无侧限抗压强度试验($\sigma_3 = 0$)曲线。由图可见，偏干试样强度大，但试样具有明显的脆性破坏特点。如图 10.26 所示同样条件的试样，但是进行三轴不固结不排水(UU)试验和固结不排水(CU)试验的对比

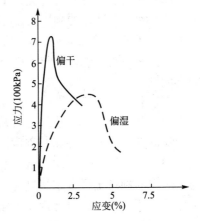

图 10.25　不同含水量时土的
无侧限抗压强度试验

曲线，试验时所施加的侧压力同为 $\sigma_3 = 175\text{kPa}$。图中可见，当试样受到一定大小的侧压力时，偏干试样强度也大，但都不呈现明显的脆性破坏特性。在现场填筑工程中，填方处于不固结不排水情况，所以就强度而言，用偏干的土去填筑是大有好处的。这一室内试验得出的论据已为相当多的现场资料所证实。

从如图 10.27 所示曲线可见，当压实土的含水量低于最佳含水量时（偏干状态），虽然干重度比较小，强度却比最大干重度时大得多。这是因为此时的击实虽未使土达到最密实状态，但它克服了土粒引力等的联结，形成了新的结构，能量转化为土强度的提高。这就是说，压实土的强度在一定的条件下可以通过增加压实功能予以提高。

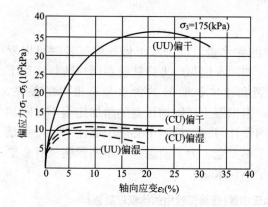 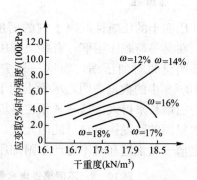

图 10.26　不同含水量时土的三轴试验　　　　图 10.27　压实土强度与干重度、含水量的关系

本 章 小 结

（1）土在动荷载作用下的变形与强度特性不同于静载情况。饱和状态砂土或粉土在一定强度的动荷载作用下表现出类似液体的性状，完全失去强度和刚度形成砂土液化，它的工程危害严重，应对场地液化危害性进行评价并采取防治措施。

（2）砂土液化与土的种类、土的密度、土的初始应力状态等因素有关。

（3）砂性土液化的判别是地基基础抗震设计的一项重要任务。目前的判别方法很多，归纳起来主要是现场试验、室内试验和经验对比法三大类。

（4）场地液化危害性防治措施：一方面是加强基础；另一方面是消除或减轻土层液化的可能性。

（5）土的压实就是指填土在压实能量作用下，使土颗粒克服颗粒间阻力而重新排列，使土中的孔隙减少、密度增加，从而使填土在短时间内得到新的结构强度，以减少其沉降量，降低其透水性，提高其强度。

（6）击实曲线（$\gamma_d \sim \omega$ 曲线）上有一峰值，此处的干容重为最大，称为最大干容重 $\gamma_{d\text{max}}$。与之对应的制备土样含水量则称为最佳含水量 ω_{op}（或称最优含水量）。该两项指标可用于指导填土压实施工，也可由压实填土的质量控制。

（7）击实试验分为轻型击实和重型击实，击实筒分为大、小两种，大击实筒适用于最大粒径为 38mm 的土，小击实筒适用于最大粒径为 25mm 的土。含粗粒越多的土样其最大干容重越大，而最佳含水量越小。

习　题

一、简答题

1. 试分析土中水对压密性的影响。若黏性土料中掺加砂土，则对最佳含水量和最大干容重将有什么样的影响？

2. 试从式(10-8)分析影响砂土震动液化的因素有哪些？它们各有什么影响？

二、计算题

1. 某黏性土样的击实试验成果见表10-9。该土的土粒容重 $\gamma_s = 27.0 \text{kN/m}^3$，试绘出该土的击实曲线，确定其最佳含水量 w_{op} 与最大干容重 γ_{dmax}，并求出相应于击实曲线峰值点的饱和度与孔隙比各为多少？

表10-9　某黏性土样的击实试验成果

含水量(%)	14.7	16.5	18.4	21.8	23.7
干容重(kN/m³)	15.9	16.3	16.6	16.5	16.2

2. 有一仓库地基，地面以下5~11m系一层细砂，地下水位埋深3m，标准贯入试验平均击数 $N=10$，试以临界标准贯入击数法判断该土层中点在发生7度烈度的地震时是否发生液化？

参 考 文 献

[1] 高达钊，袁聚云. 土质学与土力学 [M]. 3 版. 北京：人民交通出版社，2006.

[2] 张钦喜. 土质学与土力学 [M]. 北京：科学出版社，2005.

[3] 刘增荣. 土力学 [M]. 上海：同济大学出版社，2005.

[4] 赵树德. 土力学 [M]. 北京：高等教育出版社，2001.

[5] 宛新林. 土力学与地基基础 [M]. 合肥：合肥工业大学出版社，2006.

[6] 陈仲颐，周景星，王洪瑾. 土力学 [M]. 北京：清华大学出版社，2006.

[7] 席永慧. 土力学与基础工程 [M]. 上海：同济大学出版社，2006.

[8] 王杰. 土力学与基础工程 [M]. 北京：中国建筑工业出版社，2003.

[9] 曾庆军，梁景章. 土力学与地基基础 [M]. 北京：清华大学出版社，2006.

[10] 陈国兴，等. 土质学与土力学 [M]. 2 版. 北京：中国水利水电出版社，2006.

[11] 洪毓康. 土质学与土力学 [M]. 北京：人民交通出版社，2002.

[12] 张向东，李萍. 土力学 [M]. 北京：人民交通出版社，2006.

[13] 刘大鹏，尤晓纬. 土力学 [M]. 北京：清华大学出版社，2005.

[14] 刘干斌，刘红军. 土质学与土力学 [M]. 北京：科学出版社，2009.

[15] 唐芬，唐德兰. 土力学与地基基础 [M]. 北京：人民交通出版社，2004.

[16] 陆培毅. 土力学 [M]. 北京：中国建材工业出版社，2000.

[17] 同济大学，长安大学. 土质学与土力学 [M]. 北京：人民交通出版社，2006.

[18] 王铁儒，陈云敏. 工程地质及土力学 [M]. 武汉：武汉理工大学出版社，2001.

[19] 王成华. 土力学原理 [M]. 天津：天津大学出版社，2002.

[20] 河海大学. 土力学与地基 [M]. 北京：中国水利水电出版社，1999.

[21] 中华人民共和国行业标准. 公路桥涵设计通用规范(JTG D60—2004) [S]. 北京：人民交通出版社，2004.

[22] 中华人民共和国电力行业标准. 水工建筑物抗震设计规范(DL 5073—2000) [S]. 北京：中国电力出版社，2000.

[23] 中华人民共和国行业标准. 公路土工试验规程(JTG E40—2007) [S]. 北京：人民交通出版社，2007.

[24] 中华人民共和国行业标准. 公路桥涵地基与基础设计规程(JTG D63—2007) [S]. 北京：人民交通出版社，2007.

[25] 中华人民共和国国家标准. 建筑地基基础设计规范(GB 50007—2011) [S]. 北京：中国建筑工业出版社，2011.

[26] 中华人民共和国国家标准. 建筑抗震设计规范(GB 50011—2010) [S]. 北京：中国建筑工业出版社，2010.

[27] 中华人民共和国行业标准. 公路工程抗震设计规范(JTJ 004—89) [S]. 北京：人民交通出版社. ，1989.

[28] 中华人民共和国国家标准. 岩土工程勘察规范(GB 50021—2009) [S]. 北京：中国建筑工业出版社，2009.

北京大学出版社土木建筑系列教材(已出版)

序号	书名	主编	定价	序号	书名	主编	定价
1	建筑设备(第2版)	刘源全 张国军	46.00	50	土木工程施工	石海均 马哲	40.00
2	土木工程测量(第2版)	陈久强 刘文生	40.00	51	土木工程制图(第2版)	张会平	45.00
3	土木工程材料(第2版)	柯国军	45.00	52	土木工程制图习题集(第2版)	张会平	28.00
4	土木工程计算机绘图	袁果 张渝生	28.00	53	土木工程材料(第2版)	王春阳	50.00
5	工程地质(第2版)	何培玲 张婷	26.00	54	结构抗震设计(第2版)	祝英杰	37.00
6	建设工程监理概论(第3版)	巩天真 张泽平	40.00	55	土木工程专业英语	霍俊芳 姜丽云	35.00
7	工程经济学(第2版)	冯为民 付晓灵	42.00	56	混凝土结构设计原理(第2版)	邵永健	52.00
8	工程项目管理(第2版)	仲景冰 王红兵	45.00	57	土木工程计量与计价	王翠琴 李春燕	35.00
9	工程造价管理	车春鹂 杜春艳	24.00	58	房地产开发与管理	刘薇	38.00
10	工程招标投标管理(第2版)	刘昌明	30.00	59	土力学	高向阳	32.00
11	工程合同管理	方俊 胡向真	23.00	60	建筑表现技法	冯柯	42.00
12	建筑工程施工组织与管理(第2版)	余群舟 宋会莲	31.00	61	工程招投标与合同管理(第2版)	吴芳 冯宁	43.00
13	建设法规(第2版)	肖铭 潘安平	32.00	62	工程施工组织	周国恩	28.00
14	建设项目评估	王华	35.00	63	建筑力学	邹建奇	34.00
15	工程量清单的编制与投标报价	刘富勤 陈德方	25.00	64	土力学学习指导与考题精解	高向阳	26.00
16	土木工程概预算与投标报价(第2版)	刘薇 叶良	37.00	65	建筑概论	钱坤	28.00
17	室内装饰工程预算	陈祖建	30.00	66	岩石力学	高玮	35.00
18	力学与结构	徐吉恩 唐小弟	42.00	67	交通工程学	李杰 王富	39.00
19	理论力学(第2版)	张俊彦 赵荣国	40.00	68	房地产策划	王直民	42.00
20	材料力学	金康宁 谢群丹	27.00	69	中国传统建筑构造	李合群	35.00
21	结构力学简明教程	张系斌	20.00	70	房地产开发	石海均 王宏	34.00
22	流体力学(第2版)	章宝华	25.00	71	室内设计原理	冯柯	28.00
23	弹性力学	薛强	22.00	72	建筑结构优化及应用	朱杰江	30.00
24	工程力学(第2版)	罗迎社 喻小明	39.00	73	高层与大跨建筑结构施工	王绍君	45.00
25	土力学(第2版)	肖仁成 俞晓	25.00	74	工程造价管理	周国恩	42.00
26	基础工程	王协群 章宝华	32.00	75	土建工程制图	张黎骅	29.00
27	有限单元法(第2版)	丁科 殷水平	30.00	76	土建工程制图习题集	张黎骅	26.00
28	土木工程施工	邓寿昌 李晓目	42.00	77	材料力学	章宝华	36.00
29	房屋建筑学(第2版)	聂洪达 郇恩田	48.00	78	土力学教程(第2版)	孟祥波	34.00
30	混凝土结构设计原理	许成祥 何培玲	28.00	79	土力学	曹卫平	34.00
31	混凝土结构设计	彭刚 蔡江勇	28.00	80	土木工程项目管理	郑文新	41.00
32	钢结构设计原理	石建军 姜袁	32.00	81	工程力学	王明斌 庞永平	37.00
33	结构抗震设计	马成松 苏原	25.00	82	建筑工程造价	郑文新	39.00
34	高层建筑施工	张厚先 陈德方	32.00	83	土力学(中英双语)	郎煜华	38.00
35	高层建筑结构设计	张仲先 王海波	23.00	84	土木建筑CAD实用教程	王文达	30.00
36	工程事故分析与工程安全(第2版)	谢征勋 罗章	38.00	85	工程管理概论	郑文新 李献涛	26.00
37	砌体结构(第2版)	何培玲 尹维新	26.00	86	景观设计	陈玲玲	49.00
38	荷载与结构设计方法(第2版)	许成祥 何培玲	30.00	87	色彩景观基础教程	阮正仪	42.00
39	工程结构检测	周详 刘益虹	20.00	88	工程力学	杨云芳	42.00
40	土木工程课程设计指南	许明 孟茁超	25.00	89	工程设计软件应用	孙香红	39.00
41	桥梁工程(第2版)	周先雁 王解军	37.00	90	城市轨道交通工程建设风险与保险	吴宏建 刘宽亮	75.00
42	房屋建筑学(上:民用建筑)	钱坤 王若竹	32.00	91	混凝土结构设计原理	熊丹安	32.00
43	房屋建筑学(下:工业建筑)	钱坤 吴歌	26.00	92	城市详细规划原理与设计方法	姜云	36.00
44	工程管理专业英语	王竹芳	24.00	93	工程经济学	都沁军	42.00
45	建筑结构CAD教程	崔钦淑	36.00	94	结构力学	边亚东	42.00
46	建设工程招投标与合同管理实务(第2版)	崔东红	49.00	95	房地产估价	沈良峰	45.00
47	工程地质(第2版)	倪宏革 周建波	30.00	96	土木工程结构试验	叶成杰	39.00
48	工程经济学	张厚钧	36.00	97	土木工程概论	邓友生	34.00

49	工程财务管理	张学英	38.00	98	工程项目管理	邓铁军　杨亚频	48.00
序号	书名	主编	定价	序号	书名	主编	定价
99	误差理论与测量平差基础	胡圣武　肖本林	37.00	128	暖通空调节能运行	余晓平	30.00
100	房地产估价理论与实务	李龙	36.00	129	土工试验原理与操作	高向阳	25.00
101	混凝土结构设计	熊丹安	37.00	130	理论力学	欧阳辉	48.00
102	钢结构设计原理	胡习兵	30.00	131	土木工程材料习题与学习指导	鄢朝勇	35.00
103	钢结构设计	胡习兵　张再华	42.00	132	建筑构造原理与设计(上册)	陈玲玲	34.00
104	土木工程材料	赵志曼	39.00	133	城市生态与城市环境保护	梁彦兰　阎利	36.00
105	工程项目投资控制	曲娜　陈顺良	32.00	134	房地产法规	潘安平	45.00
106	建设项目评估	黄明知　尚华艳	38.00	135	水泵与水泵站	张伟　周书葵	35.00
107	结构力学实用教程	常伏德	47.00	136	建筑工程施工	叶良	55.00
108	道路勘测设计	刘文生	43.00	137	建筑学导论	裘鞠　常悦	32.00
109	大跨桥梁	王解军　周先雁	30.00	138	工程项目管理	王华	42.00
110	工程爆破	段宝福	42.00	139	园林工程计量与计价	温日琨　舒美英	45.00
111	地基处理	刘起霞	45.00	140	城市与区域规划实用模型	郭志恭	45.00
112	水分析化学	宋吉娜	42.00	141	特殊土地基处理	刘起霞	50.00
113	基础工程	曹云	43.00	142	建筑节能概论	余晓平	34.00
114	建筑结构抗震分析与设计	裴星洙	35.00	143	中国文物建筑保护及修复工程学	郭志恭	45.00
115	建筑工程安全管理与技术	高向阳	40.00	144	建筑电气	李云	45.00
116	土木工程施工与管理	李华锋　徐芸	65.00	145	建筑美学	邓友生	36.00
117	土木工程试验	王吉民	34.00	146	空调工程	战乃岩　王建辉	45.00
118	土质学与土力学	刘红军	36.00	147	建筑构造	宿晓萍　隋艳娥	36.00
119	建筑工程施工组织与概预算	钟吉湘	52.00	148	城市与区域认知实习教程	邹君	30.00
120	房地产测量	魏德宏	28.00	149	幼儿园建筑设计	龚兆先	37.00
121	土力学	贾彩虹	38.00	150	房屋建筑学	董海荣	47.00
122	交通工程基础	王富	24.00	151	园林与环境景观设计	董智　曾伟	46.00
123	房屋建筑学	宿晓萍　隋艳娥	43.00	152	中外建筑史	吴薇	36.00
124	建筑工程计量与计价	张叶田	50.00	153	建筑构造原理与设计(下册)	梁晓慧　陈玲玲	38.00
125	工程力学	杨民献	50.00	154	建筑结构	苏明会　赵亮	50.00
126	建筑工程管理专业英语	杨云会	36.00	155	工程经济与项目管理	都沁军	45.00
127	土木工程地质	陈文昭	32.00				

相关教学资源如电子课件、电子教材、习题答案等可以登录 www.pup6.cn 下载或在线阅读。

扑六知识网(www.pup6.com)有海量的相关教学资源和电子教材供阅读及下载(包括北京大学出版社第六事业部的相关资源)，同时欢迎您将教学课件、视频、教案、素材、习题、试卷、辅导材料、课改成果、设计作品、论文等教学资源上传到 pup6.com，与全国高校师生分享您的教学成就与经验，并可自由设定价格，知识也能创造财富。具体情况请登录网站查询。

如您需要免费纸质样书用于教学，欢迎登录第六事业部门户网(www.pup6.cn)填表申请，并欢迎在线登记选题以到北京大学出版社来出版您的大作，也可下载相关表格填写后发到我们的邮箱，我们将及时与您取得联系并做好全方位的服务。

扑六知识网将打造成全国最大的教育资源共享平台，欢迎您的加入——让知识有价值，让教学无界限，让学习更轻松。

联系方式：010-62750667，donglu2004@163.com，pup_6@163.com，欢迎来电来信咨询。